O. A. LADYSHENSKAJA

FUNKTIONALANALYTISCHE UNTERSUCHUNGEN DER NAVIER-STOKESSCHEN GLEICHUNGEN

MATHEMATISCHE LEHRBÜCHER UND MONOGRAPHIEN

HERAUSGEGEBEN VON DER
DEUTSCHEN AKADEMIE DER WISSENSCHAFTEN ZU BERLIN
INSTITUTE FÜR MATHEMATIK

II. ABTEILUNG
MATHEMATISCHE MONOGRAPHIEN

BAND XIX

FUNKTIONALANALYTISCHE UNTERSUCHUNGEN DER NAVIER-STOKESSCHEN GLEICHUNGEN

VON

O. A. LADYSHENSKAJA

AKADEMIE-VERLAG · BERLIN

1965

O. A. LADYSHENSKAJA

FUNKTIONALANALYTISCHE UNTERSUCHUNGEN DER NAVIER-STOKESSCHEN GLEICHUNGEN

In deutscher Sprache herausgegeben von

Dr. JOACHIM FÖRSTE

AKADEMIE-VERLAG · BERLIN

1965

О. А. Ладыженская
Математические вопросы динамики вязкой несжимаемой жидкости

Erschienen im Staatsverlag für phys.-math. Literatur (FISMATGIS)
Moskau

Übersetzung aus dem Russischen:
Dipl.-Math. HELMUT BAUSCH, Berlin

Erschienen im Akademie-Verlag GmbH, Berlin W 8, Leipziger Straße 3–4

Lizenznummer: 202 · 100/500/65
Gesamtherstellung: VEB Druckerei „Thomas Müntzer“ Bad Langensalza
Bestellnummer: 5539 • ES: 18 B 2, 19 B 4

VORWORT ZUR DEUTSCHEN AUSGABE

Seitdem 1927 in Leipzig das Werk von C. W. OSEEN, Neuere Methoden und Ergebnisse in der Hydrodynamik, herausgegeben wurde, erschien meines Wissens keine zusammenfassende Darstellung zur Theorie der hydrodynamischen Grundgleichungen. Da in den letzten 35 Jahren auf diesem interessanten und wichtigen Gebiet wesentliche Fortschritte gemacht wurden, war es wünschenswert, durch die vorliegende deutsche Übersetzung des vor wenigen Jahren in der Sowjetunion erschienenen Buches von O. A. LADYSHENSKAJA, die zu den bedeutenden Vertretern der modernen Theorie der NAVIER-STOKESschen Gleichungen gehört, eine Lücke zu schließen.

Gebracht werden Ergebnisse von ODQUIST [15][1]), LERAY [11, 12, 13] und EBERHARD HOPF [14], sowie Beiträge der Verfasserin, ihrer Kollegen und Schüler.

Da u. a. die grundlegenden Ergebnisse von R. FINN zur Theorie der stationären NAVIER-STOKESschen Gleichungen, die im wesentlichen mit Methoden der klassischen Analysis gewonnen wurden, nur am Rande erwähnt werden, haben sich Verlag und Herausgeber entschlossen, die deutsche Übersetzung unter dem Titel „Funktionalanalytische Untersuchungen der NAVIER-STOKESschen Gleichungen“ herauszubringen.

Berlin, den 20. Oktober 1964

J. FÖRSTE

---

[1]) Zahlenangaben in eckigen Klammern beziehen sich auf das Literaturverzeichnis am Schluß des Buches.

VORWORT ZUR RUSSISCHEN AUSGABE

Dieses Buch verfolgt das Ziel, Mathematiker und Hydromechaniker mit dem gegenwärtigen Stand der Untersuchungen über Existenz, Eindeutigkeit und Stabilität der Lösungen von Randwertaufgaben für die STOKESschen und NAVIER-STOKESschen Gleichungen vertraut zu machen. Einige Resultate sind so einfach und abschließend, daß sie in diesem Büchlein dargelegt werden konnten. Beim Leser werden nur die Grundlagen der klassischen und der Funktionalanalysis vorausgesetzt.

Die Verfasserin dankt ihren Kollegen W. A. SOLONNIKOW, K. K. GOLOWKIN und insbesondere A. P. OSKOLKOW und A. W. IWANOW für ihre Hilfe bei der Fertigstellung des Manuskripts.

O. LADYSHENSKAJA

INHALTSVERZEICHNIS

EINLEITUNG

Die theoretische Hydrodynamik hat seit langem die Aufmerksamkeit der Wissenschaftler verschiedener Fachrichtungen auf sich gelenkt. Die Anschaulichkeit ihrer Experimente, die relative Einfachheit der Grundgleichungen und die klare Aufgabenstellung erweckten die Hoffnung, man könnte die Bewegungen in Flüssigkeiten vollständig quantitativ beschreiben. Die Einfachheit der Aufgaben erwies sich als trügerisch. Bis heute hat man die zwei Grundfragen:

1. Haben die Gleichungen der Hydrodynamik bei geeigneten Anfangs- und Randbedingungen eine eindeutig bestimmte Lösung und

2. inwiefern beschreiben die Lösungen dieser Gleichungen die realen Strömungen,

nicht vollständig lösen können. Das in der Hydrodynamik gesammelte reichhaltige theoretische und experimentelle Material reicht für die strenge mathematische Beschreibung von Strömungen offenbar nicht aus. Die zahlreichen Paradoxa der Hydrodynamik[1]) sind Wegweiser auf jenem langen und dornenreichen Weg, der seit ihrer Entdeckung zurückgelegt wurde.

Zunächst beschäftigte man sich mit den Potentialströmungen inkompressibler idealer Flüssigkeiten. Zahlreiche Beispiele solcher Strömungen waren bekannt und in der Funktionentheorie stand eine geeignete mathematische Methode zur Verfügung. Das d'Alembertsche Paradoxon, wonach die Resultierende der Kräfte, die auf einen in Potentialströmung befindlichen Körper wirken, verschwindet, wies jedoch auf die Unvollkommenheit dieser Theorie hin. Alle Versuche, dieses und eine Reihe anderer Paradoxa im Rahmen der Theorie idealer Flüssigkeiten zu beseitigen, waren vergeblich. Man erwartete, das Modell der zähen Flüssigkeit mit den Navier-Stokesschen Gleichungen werde alle Erscheinungen beschreiben, die im Rahmen der Theorie idealer Flüssigkeiten nicht zu begreifen waren. So hoffte man, Probleme wie Auftrieb, Stirnwiderstand, turbulenten Nachlauf u. a. zu klären.

Da es jedoch nicht einmal für die Umströmung einfacher geometrischer Körper gelang, die Navier-Stokesschen Gleichungen zu lösen, blieben viele Fragen zunächst unbeantwortet. Die Potentialströmungen sind — im Gegensatz zur Theorie der idealen Flüssigkeiten — keine geeigneten Lösungen der Navier-Stokesschen Gleichungen, weil sie im allgemeinen die Haftbedingung nicht erfüllen.

---

[1]) Birkhoff [1] hat diese Paradoxa ausführlich untersucht.

Man fand nur wenige exakte Lösungen der NAVIER-STOKESschen Gleichungen; davon enthalten die meisten das spezifisch Nichtlineare der Differentialgleichungen nicht, weil für sie die Trägheitsglieder identisch verschwinden.

Selbst diese geringen Kenntnisse über die NAVIER-STOKESschen Gleichungen ermöglichten es in Verbindung mit einer Reihe von Experimenten und Näherungslösungen, Unterschiede zwischen dem mathematischen Modell der zähen Flüssigkeit und den Erscheinungen in einer realen Flüssigkeit zu entdecken. Von den Paradoxa für die zähe Flüssigkeit erwähnen wir nur zwei:

1. Bekanntlich sind bei beliebiger REYNOLDS-Zahl R die einzigen möglichen Lösungen der NAVIER-STOKESschen Gleichungen für die stationäre Strömung in einem unendlich langen, bezüglich der x-Achse symmetrischen Rohr

$$v_x = a\,(c^2 - r^2)\,, \qquad v_r = v_\theta = 0\,,$$

c ist dabei der Radius des Rohrs und a ein reeller Parameter. Die ihnen entsprechenden POISEUILLEschen Strömungen werden jedoch nur für solche R beobachtet, die einen kritischen Wert nicht übersteigen; für größere R tritt Turbulenz ein.

2. Für die COUETTE-Strömung, das ist die stationäre Strömung zwischen zwei koaxialen mit konstanter Winkelgeschwindigkeit rotierenden Kreiszylindern, fand man eine für alle R existierende eindeutig bestimmte Lösung, obwohl COUETTE-Strömungen nur bei kleinen REYNOLDS-Zahlen beobachtet werden, während bei großen R eine ebenfalls laminare, aber nicht symmetrische Strömung entsteht.

Bei diesem zweiten Paradoxon geriet man mit der fest verwurzelten Meinung in Widerspruch, daß symmetrische Ursachen symmetrische Folgen haben müssen. Ob die NAVIER-STOKESschen Gleichungen in beiden Fällen für große R Lösungen haben, die den beobachteten Strömungen entsprechen, und ob somit der Eindeutigkeitssatz verletzt wird, ist nicht bekannt.

In Zusammenhang mit dem zweiten Paradoxon ist ein Resultat von M. A. GOLDSTIK[1]) interessant. Bei der Wechselwirkung eines geradlinigen unendlich langen Wirbels mit einer Ebene gibt es zwei Zahlen R_1 und $R_2 (R_2 > R_1 > 0)$, so daß für $R < R_1$ eine eindeutig bestimmte Lösung existiert, welche die der Aufgabe entsprechende Symmetrie besitzt, während es für $R > R_2$ solche Lösungen nicht gibt.

Es kann sein, daß diese und andere Paradoxa im Rahmen der STOKESschen Näherung nicht vorhanden sind, denn die NAVIER-STOKESschen Gleichungen sind nichtlinear. Für nichtlineare Differentialgleichungen ist bekannt, daß instationäre Aufgaben nicht auf dem ganzen Intervall $t \geqq 0$ eine eindeutig bestimmte Lösung zu haben brauchen. Auf einer Teilmenge des Intervalls $[0, \infty)$ kann sie unbeschränkt, mehrdeutig oder unstetig sein oder den Differentialgleichungen nicht genügen. Wenn eine eindeutig bestimmte Lösung für alle $t \geqq 0$ existiert, kann es vorkommen, daß sie unter der Voraussetzung, daß die Randwerte und die äußeren Kräfte gegen stationäre Größen streben, nicht gegen die Lösung des

[1]) GOLDSTIK, M. A., Über eine paradoxe Lösung der NAVIER-STOKESschen Gleichungen. Prikl. mat. mech. **24**, 4 (1960).

zugehörigen stationären Problems konvergiert. Die stationären Randwertaufgaben aber (vgl. die Randwertaufgaben für nichtlineare elliptische Differentialgleichungen und die mit ihnen zusammenhängenden Aufgaben aus Geometrie und Mechanik) können für einige Werte der eingehenden Parameter eine eindeutig bestimmte, für andere mehrere und für dritte überhaupt keine Lösung haben.

Aus der Gegenüberstellung der Randwertaufgaben für die NAVIER-STOKESschen Gleichungen und den früher untersuchten drängte sich folgende Vermutung auf. Da die NAVIER-STOKESschen Gleichungen nichtlinear sind, gibt es Zahlen R_1 und R_2 $(R_2 > R_1 > 0)$, so daß die stationäre Aufgabe für $R < R_1$ genau eine Lösung, für $R_1 < R < R_2$ möglicherweise mehrere Lösungen und für $R > R_2$ keine Lösung hat.[1]) Das oben angeführte Resultat von GOLDSTIK scheint diesen Standpunkt zu bestätigen. In Wirklichkeit weist es nur darauf hin, daß die Lösung, welche die vorgeschriebene Symmetrie besitzt, nicht mehr existiert. Ob eine unsymmetrische Lösung des GOLDSTIKschen Problems existiert, ist nicht bekannt; ich vermute, sie existiert. Die Lösungen der nichtstationären Probleme können sogar bei stetigem Anfangszustand und stetigen äußeren Kräften mit der Zeit mehrdeutig werden, wobei die Realisierung dieses oder jenes Zweiges der Lösung von äußeren Ursachen abhängt, die in den NAVIER-STOKESschen Gleichungen nicht berücksichtigt sind.

Der einzige Weg, um zu prüfen, inwieweit die NAVIER-STOKESschen Gleichungen die Bewegung realer Flüssigkeiten beschreiben, besteht vor allem darin, die Lösbarkeit der für sie in der Hydrodynamik formulierten Randwertaufgaben mathematisch zu untersuchen. Am zugänglichsten erwiesen sich für eine solche Untersuchung die inkompressiblen Flüssigkeiten. Für sie gelang es, eine Reihe abschließender Resultate zu gewinnen, die die Möglichkeiten der NAVIER-STOKESschen Theorie beleuchten. Diesem Gegenstand ist das vorliegende Buch gewidmet. Wir haben uns bemüht, das Hauptsächliche wiederzugeben, das auf diesem Gebiet gegenwärtig bekannt ist.

Es wurde bewiesen, daß die Randwertaufgaben der vollständigen NAVIER-STOKESschen Gleichungen im stationären Falle unter recht allgemeinen Voraussetzungen über die Berandung der umströmten Körper und die äußeren Kräfte und für beliebige REYNOLDS-Zahlen eine Lösung besitzen. Stabil sind diese Lösungen jedoch nur für kleine REYNOLDS-Zahlen.

Die Randwertaufgaben für die instationären NAVIER-STOKESschen Gleichungen sind in allen Zeitpunkten eindeutig lösbar, wenn das Problem von einer Raumkoordinate unabhängig ist. Das ist z. B. bei axialsymmetrischen Strömungen der Fall. Im Dreidimensionalen wurde die eindeutige Lösbarkeit in allen Zeitpunkten unter der Bedingung bewiesen, daß die äußeren Kräfte ein Potential besitzen und die REYNOLDS-Zahl im Anfangszeitpunkt klein ist. Sind diese Bedingungen nicht erfüllt, so existiert in allen Zeitpunkten zumindest eine „schwache Lösung" $\mathfrak{v}(x, t)$, welche die Ableitungen $\mathfrak{v}_t$ und $\mathfrak{v}_{x_i x_j}$ besitzt, deren 5/4-te Potenzen über (x, t)

[1]) Die Unzulänglichkeit einer solchen Erklärung der genannten Paradoxa ist daraus ersichtlich, daß die kritische REYNOLDS-Zahl von den Bedingungen des Experiments abhängt und bei sorgfältiger Durchführung des Experiments bedeutend erhöht werden kann.

summierbar sind. Ob diese schwache Lösung im Intervall $t \geqq 0$ die einzige ist, ist noch unbekannt. Wenn die Anfangswerte gewisse Differenzierbarkeitsbedingungen erfüllen, ist diese Lösung in einem Zeitintervall, dessen Größe von den Bedingungen der Aufgabe abhängt, eindeutig bestimmt.

Über die Stabilität der Lösungen nichtstationärer Aufgaben für endliche oder unendliche Zeitintervalle wurden folgende Sätze bewiesen:

1. Klingen die äußeren Kräfte mit der Zeit ab und ruhen die Ränder, $\mathfrak{v}|_s = 0$, so klingt die Bewegung unabhängig von ihrem Anfangszustand mit der Zeit ab.

2. Streben für $t \to \infty$ die äußeren Kräfte $\mathfrak{f}(x, t)$ gegen die stationären äußeren Kräfte $\mathfrak{f}_0(x)$, für die die zugehörige Randwertaufgabe die Lösung $\mathfrak{v}_0(x)$ hat, und die REYNOLDS-Zahl R_0 ist klein, so streben die Lösungen $\mathfrak{v}(x, t)$ der instationären Aufgabe bei beliebigem Anfangszustand $\mathfrak{v}(x, 0)$ mit wachsendem t gegen $\mathfrak{v}_0(x)$. Wenn aber R_0 groß ist, so haben die Lösungen $\mathfrak{v}(x, t)$ für $t \to \infty$ keinen Grenzwert.

3. In einem endlichen Zeitintervall (für ebene Strömungen ist dieses Intervall beliebig, für beliebige dreidimensionale Strömungen ist es fest) hängen die Lösungen $\mathfrak{v}(x, t)$ des instationären Problems von den Anfangswerten $\mathfrak{v}(x, 0)$ und den äußeren Kräften $\mathfrak{f}(x, t)$ stetig ab.

Diese Ergebnisse stehen in den letzten zwei Kapiteln.

Den NAVIER-STOKESschen Gleichungen wurden Untersuchungen ihrer Linearisierungen vorausgeschickt. Diese zeigen, daß die Randwertaufgaben für die linearisierten Differentialgleichungen eindeutig lösbar sind. Die linearisierten Differentialoperatoren haben im stationären Fall mit dem LAPLACE-Operator, im instationären Fall mit dem Wärmeleitungsoperator Gemeinsames.

Wir erwähnen folgende noch nicht gelösten Probleme. 1. Gilt der Eindeutigkeitssatz für die oben erwähnte „schwache Lösung" im allgemeinen dreidimensionalen Fall für beliebige Zeitpunkte $t \geqq 0$. 2. Kann die nichtlineare stationäre Aufgabe für große REYNOLDS-Zahlen mehr als eine eindeutige Lösung haben? 3. Ist die Lösung $\mathfrak{v}(x, t)$ der Strömungsaufgabe, bei der die Geschwindigkeit im Unendlichen konstant ist und keine Volumenkräfte vorhanden sind, im ganzen Intervall $t \geqq 0$ beschränkt (und damit in einem gewissen Sinne stationär)? 4. Strebt die Lösung der Randwertaufgabe für die instationären NAVIER-STOKESschen Gleichungen für $\nu \to 0$ gegen die Lösung des Randwertproblems für die ideale Flüssigkeit?[1])

Die bisher bekannten Ergebnisse bestätigen, daß es sinnvoll ist, Strömungen zäher Flüssigkeiten durch die NAVIER-STOKESschen Gleichungen zu beschreiben, wenn die REYNOLDS-Zahlen gewisse Grenzen nicht übersteigen. Wir weisen darauf hin, daß diese Gleichungen für große REYNOLDS-Zahlen unzulänglich sind. In diesem Fall besitzen nämlich die Lösungen der NAVIER-STOKESschen Gleichungen Eigenschaften, die dazu zwingen, andere Erklärungen für die in realen Flüssigkeiten beobachteten Erscheinungen, speziell für die bekannten Paradoxa, zu suchen. Man darf offensichtlich nicht ignorieren, daß bei längerer Einwirkung einer großen Kraft $\mathfrak{f}$ die Größen $D_x^m v_k$ für die Lösung $\mathfrak{v} = (v_1, v_2, v_3)$ so groß

[1]) Für Lösungen des Anfangswertproblems im ebenen Fall trifft das zu.

werden können, daß die Voraussetzungen über ihre relative Kleinheit, die bei der Ableitung der NAVIER-STOKESschen Gleichungen aus den statistischen MAXWELL-BOLTZMANNschen Gleichungen gemacht werden, nicht erfüllt sind. Ebenso erweisen sich auch andere Annahmen der NAVIER-STOKESschen Theorie — die Konstanz des kinematischen Zähigkeitskoeffizienten und des Wärmezustands — als unreal. Deshalb ist es wohl kaum möglich, den Umschlag laminar-turbulent im Rahmen dieser klassischen Theorie zu erklären.

Im vorliegenden Buch sind die Ergebnisse von ODQUIST über lineare stationäre, von LERAY über nichtlineare stationäre und von HOPF über nichtstationäre Aufgaben dargestellt. Eigene Beiträge der Verfasserin und ihrer Kollegen A. A. KISELJOW, W. A. SOLONNIKOW und K. K. GOLOWKIN wurden berücksichtigt.

Unbeachtet blieb die Theorie der instationären hydrodynamischen Potentiale, die von LERAY für zwei und von K. K. GOLOWKIN und W. A. SOLONNIKOW für drei räumliche Veränderliche entwickelt wurde. Sie ist recht schwierig, und man erhält die angeführten Ergebnisse über die Lösbarkeit der nichtlinearen instationären Probleme einfacher ohne sie.

Der Leser beachte bitte, daß wir unter der Lösung eines Randwertproblems häufig etwas anderes verstehen als in der klassischen Analysis. Die Analyse des Begriffes „Lösung“ hat viel zur Klärung der behandelten Probleme beigetragen.

I. HILFSSÄTZE

In diesem Kapitel bringen wir Hilfssätze aus der Funktionalanalysis, die im folgenden benötigt werden. Viele von ihnen sind bekannt. Beweise geben wir nur, wenn sie uns einfacher als die vorhandenen erscheinen.

§ 1. Funktionalräume und Ungleichungen

1. Wir betrachten Funktionen des Punktes $x = (x_1, x_2, x_3)$ im dreidimensionalen euklidischen Raum E_3, die außerdem von der Zeit t abhängen können. Ω bezeichne ein Gebiet im E_3, $\bar{\Omega}$ seine Abschließung und S seine Berandung, $\bar{\Omega} = \Omega + S$. Alle Funktionen seien reell und im LEBESGUEschen Sinne lokal integrierbar, Ableitungen werden im verallgemeinerten Sinne verstanden (vgl. [6, 16]). Mit $W_2^l(\Omega)$ $(l = 0, 1, 2, \ldots)$ bezeichnen wir die Gesamtheit aller in Ω definierten Funktionen u, für die sämtliche verallgemeinerten l-ten Ableitungen $D^l u$ existieren und quadratisch integrabel sind. Mit S. L. SOBOLEW[1]), der solche Räume ausführlich untersucht hat, definieren wir das *Skalarprodukt* zweier beliebiger Elemente u, v aus $W_2^l(\Omega)$

$$(u, v)_l = \int_\Omega \Big(\sum_{0 \leq k \leq l} D^k u \; D^k v \Big) \, dx \, .$$

Durch

$$\|u\|_l = \|u\|_{W_2^l(\Omega)} = (u, u)_l^{1/2}$$

wird in $W_2^l(\Omega)$ eine *Norm* definiert. $W_2^l(\Omega)$ ist bezüglich dieser Norm ein vollständiger HILBERT-Raum. Für $l = 0$ ist $W_2^l(\Omega)$ mit $L_2(\Omega)$ identisch; das Skalarprodukt in $L_2(\Omega)$ bezeichnen wir mit (,) und die Norm mit $\| \; \|$.

Eine Funktion heiße *finit*, wenn sie nur in einem beschränkten Teilgebiet $\Omega' \subset \Omega$, das von seinem Rand S einen positiven Abstand hat, von Null verschieden ist. Der Unterraum $\overset{\circ}{W}{}_2^1(\Omega) \subset W_2^1(\Omega)$, der alle in Ω beliebig oft differenzierbaren finiten Funktionen enthält, ist eine in W_2^1 *dichte Menge*.

Für die Funktionen aus $W_2^l(\Omega)$ wurde eine Reihe von Integralbeziehungen bewiesen, die man gewöhnlich *Einbettungssätze* nennt (vgl. [6, 16]). Wir werden einige Abschätzungen beweisen, aus denen die von uns benötigten Einbettungssätze leicht folgen.

---

[1]) Vgl. [6, 16]. – Anm. d. Red.

Meistens werden wir es mit Funktionen aus $\mathring{W}_2^1(\Omega)$ zu tun haben. Diese kann man, wenn man sie außerhalb Ω durch Null fortsetzt, als im ganzen Raum definierte Funktionen betrachten. Deshalb werden wir die folgenden Abschätzungen nur für finite Funktionen beweisen, obwohl sie auch für nichtfinite Funktionen gelten, die in Ω definiert sind, wenn nur die Berandung dieses Gebiets einigen Regularitätsbedingungen genügt (vgl. [6, 16]). Da die glatten Funktionen eine in $\mathring{W}_2^1(\Omega)$ dichte Menge bilden, gelten alle Abschätzungen, die für glatte Funktionen bewiesen werden, auch für beliebige Funktionen aus $\mathring{W}_2^1(\Omega)$.

Lemma 1. *Für jede in E_2 glatte finite Funktion $u(x_1, x_2)$ gilt*

$$\iint\limits_{-\infty}^{\infty} u^4\, dx_1\, dx_2 \leqq 2 \iint\limits_{-\infty}^{\infty} u^2\, dx_1\, dx_2 \iint\limits_{-\infty}^{\infty} (\operatorname{grad} u)^2\, dx_1\, dx_2\,. \tag{1}$$

Beweis. Aus

$$u^2(x_1, x_2) = 2 \int\limits_{-\infty}^{x_k} u\, u_{x_k}\, dx_k\,, \qquad k = 1, 2\,,$$

ergibt sich

$$\max_{x_k} u^2(x_1, x_2) \leqq 2 \int\limits_{-\infty}^{\infty} |u\, u_{x_k}|\, dx_k\,, \qquad k = 1, 2\,, \tag{2}$$

woraus unter Verwendung der SCHWARZschen Ungleichung

$$\begin{aligned}\iint\limits_{-\infty}^{\infty} u^4\, dx_1\, dx_2 &\leqq \int\limits_{-\infty}^{\infty} \max_{x_2} u^2\, dx_1 \cdot \int\limits_{-\infty}^{\infty} \max_{x_1} u^2\, dx_2 \\ &\leqq 4 \iint\limits_{-\infty}^{\infty} |u\, u_{x_2}|\, dx_1\, dx_2 \iint\limits_{-\infty}^{\infty} |u\, u_{x_1}|\, dx_1\, dx_2 \\ &\leqq 2 \iint\limits_{-\infty}^{\infty} u^2\, dx_1\, dx_2 \iint\limits_{-\infty}^{\infty} (\operatorname{grad} u)^2\, dx_1\, dx_2\end{aligned}$$

folgt, was zu beweisen war.

Lemma 2. *Für jede in E_3 glatte finite Funktion $u(x_1, x_2, x_3)$ gilt*

$$\iiint\limits_{-\infty}^{\infty} u^4\, dx_1\, dx_2\, dx_3 \leqq 4 \left(\iiint\limits_{-\infty}^{\infty} u^2\, dx_1\, dx_2\, dx_3\right)^{1/2} \left(\iiint\limits_{-\infty}^{\infty} (\operatorname{grad} u)^2\, dx_1\, dx_2\, dx_3\right)^{3/2}. \tag{3}$$

Zur Abschätzung des links stehenden Integrals verwenden wir (1) und (2):

$$\begin{aligned}\iiint\limits_{-\infty}^{\infty} u^4\, dx_1\, dx_2\, dx_3 &\leqq 2 \int\limits_{-\infty}^{\infty} dx_3 \left[\iint\limits_{-\infty}^{\infty} u^2\, dx_1\, dx_2 \iint\limits_{-\infty}^{\infty} (u_{x_1}^2 + u_{x_2}^2)\, dx_1\, dx_2\right] \\ &\leqq 2 \max_{x_3} \iint\limits_{-\infty}^{\infty} u^2\, dx_1\, dx_2 \iiint\limits_{-\infty}^{\infty} (\operatorname{grad} u)^2\, dx_1\, dx_2\, dx_3 \\ &\leqq 4 \iiint\limits_{-\infty}^{\infty} |u\, u_{x_3}|\, dx_1\, dx_2\, dx_3 \iiint\limits_{-\infty}^{\infty} (\operatorname{grad} u)^2\, dx_1\, dx_2\, dx_3 \\ &\leqq 4 \left(\iiint\limits_{-\infty}^{\infty} u^2\, dx_1\, dx_2\, dx_3\right)^{1/2} \left(\iiint\limits_{-\infty}^{\infty} (\operatorname{grad} u)^2\, dx_1\, dx_2\, dx_3\right)^{3/2}.\end{aligned}$$

Damit ist (3) bewiesen.

Aus (1) und (3) ergeben sich mit Hilfe der Ungleichung

$$a\,b \leqq \frac{a^p}{p} + \frac{b^{p'}}{p'}\left(\frac{1}{p} + \frac{1}{p'} = 1\right)$$

einige Folgerungen. Aus (1) folgt

$$\iint\limits_{-\infty}^{\infty} u^4\,dx_1\,dx_2 \leqq \varepsilon\left(\iint\limits_{-\infty}^{\infty} (\operatorname{grad} u)^2\,dx_1\,dx_2\right)^2 + \frac{1}{\varepsilon}\left(\iint\limits_{-\infty}^{\infty} u^2\,dx_1\,dx_2\right)^2 \qquad (4)$$

für beliebiges $\varepsilon > 0$, und aus (3) ebenfalls für beliebiges $\varepsilon > 0$

$$\iiint\limits_{-\infty}^{\infty} u^4\,dx_1\,dx_2\,dx_3 \leqq \frac{1}{\varepsilon^3}\left(\iiint\limits_{-\infty}^{\infty} u^2\,dx_1\,dx_2\,dx_3\right)^2$$

$$+ 3\,\varepsilon\left(\iiint\limits_{-\infty}^{\infty} (\operatorname{grad} u)^2\,dx_1\,dx_2\,dx_3\right)^2. \qquad (5)$$

Ähnlich beweist man

Lemma 3. *Für jede glatte finite in E_3 definierte Funktion $u(x_1, x_2, x_3)$ gilt*

$$\iiint\limits_{-\infty}^{\infty} u^6\,dx_1\,dx_2\,dx_3 \leqq 48\left(\iiint\limits_{-\infty}^{\infty} (\operatorname{grad} u)^2\,dx_1\,dx_2\,dx_3\right)^3. \qquad (6)$$

Beweis. Ohne Beschränkung der Allgemeinheit nehmen wir $u \geqq 0$ an. Schreiben wir dx für $dx_1\,dx_2\,dx_3$, so erhalten wir

$$J \equiv \iiint\limits_{-\infty}^{\infty} u^6\,dx = \int\limits_{-\infty}^{\infty} dx_1 \iint\limits_{-\infty}^{\infty} u^3\,u^3\,dx_2\,dx_3 \leqq \int\limits_{-\infty}^{\infty} dx_1\left[\max_{x_2}\int\limits_{-\infty}^{\infty} u^3\,dx_3 \int\limits_{-\infty}^{\infty} \max_{x_3} u^3\,dx_2\right]$$

$$\leqq 9\int\limits_{-\infty}^{\infty} dx_1\left[\iint\limits_{-\infty}^{\infty} |u^2\,u_{x_2}|\,dx_2\,dx_3 \iint\limits_{-\infty}^{\infty} |u^2\,u_{x_3}|\,dx_2\,dx_3\right]$$

$$\leqq 9\int\limits_{-\infty}^{\infty} dx_1\left[\iint\limits_{-\infty}^{\infty} u^4\,dx_2\,dx_3\left(\iint\limits_{-\infty}^{\infty} u_{x_2}^2\,dx_2\,dx_3\right)^{1/2}\left(\iint\limits_{-\infty}^{\infty} u_{x_3}^2\,dx_2\,dx_3\right)^{1/2}\right].$$

Den ersten Faktor in der eckigen Klammer schätzen wir durch sein Maximum und das Integral über das Produkt der beiden folgenden Faktoren nach der SCHWARZschen Ungleichung ab. Dann erhalten wir

$$J \leqq 9\max_{x_1}\iint\limits_{-\infty}^{\infty} u^4\,dx_2\,dx_3\left(\iiint\limits_{-\infty}^{\infty} u_{x_2}^2\,dx\right)^{1/2}\left(\iiint\limits_{-\infty}^{\infty} u_{x_3}^2\,dx\right)$$

$$\leqq 36\iiint\limits_{-\infty}^{\infty} |u^3\,u_{x_1}|\,dx\left(\iiint\limits_{-\infty}^{\infty} u_{x_2}^2\,dx\right)^{1/2}\left(\iiint\limits_{-\infty}^{\infty} u_{x_3}^2\,dx\right)^{1/2}$$

$$\leqq 36\sqrt{J}\left(\iiint\limits_{-\infty}^{\infty} u_{x_1}^2\,dx\right)^{1/2}\left(\iiint\limits_{-\infty}^{\infty} u_{x_2}^2\,dx\right)^{1/2}\left(\iiint\limits_{-\infty}^{\infty} u_{x_3}^2\,dx\right)^{1/2}.$$

Dividieren wir beiderseits durch $\sqrt{J}$ und schätzen rechts das geometrische durch das arithmetische Mittel ab, so ergibt sich

$$\sqrt{J} \leqq 36 \cdot 3^{-3/2} \left(\iiint\limits_{-\infty}^{\infty} (\operatorname{grad} u)^2 \, dx \right)^{3/2},$$

woraus bereits (6) folgt.

Eine bemerkenswerte Besonderheit der angeführten Ungleichungen besteht darin, daß die eingehenden Konstanten nicht von dem Gebiet abhängen, in dem die Funktionen als finite Funktionen aufgefaßt werden können. Im allgemeinen besitzen die Ungleichungen aus den Einbettungssätzen diese Eigenschaft nicht.

Auch die folgenden Abschätzungen werden wir benötigen.

Für jede Funktion $u \in \overset{\circ}{W}{}_2^1(\Omega)$ gilt

$$\int\limits_{\Omega} u^2 \, dx \leqq \frac{1}{\mu_1} \int\limits_{\Omega} (\operatorname{grad} u)^2 \, dx . \tag{7}$$

Dabei ist μ_1 der kleinste Eigenwert der Randwertaufgabe

$$\Delta u + \mu u = 0 \quad \text{für} \quad x \in \Omega; \quad u = 0 \quad \text{für} \quad x \in S .$$

Ist $d > 0$ die Breite eines Streifens, der das Gebiet Ω enthält, so gilt $\frac{1}{\mu_1} \leqq d^2$. Vergrößert man Ω, so kann $\frac{1}{\mu_1}$ wachsen, und (7) braucht für unbeschränkte Ω im allgemeinen nicht zu gelten (für solche Gebiete kann $\mu_1 = 0$ sein). Wendet man die SCHWARZsche Ungleichung an, so folgt (7) mit d^2 anstelle von $\frac{1}{\mu_1}$ leicht aus

$$u(x) = \int\limits_{a}^{x_1} \frac{\partial u(\xi, x_2, \ldots, x_n)}{\partial \xi} \, d\xi , \tag{8}$$

wenn der Streifen $a \leqq x_1 \leqq a + d$ das Gebiet Ω enthält, und u als finite Funktion so fortgesetzt wird, daß sie für $x_1 = a$ verschwindet. Ähnlich erhält man für alle $u \in \overset{\circ}{W}{}_2^1(\Omega)$ ´

$$\int\limits_{S_1} u^2 \, dS \leqq C(S_1) \|u\|^2_{W_2^1(\Omega)} \, ,^{1)} \tag{9}$$

wobei S_1 ein beschränktes Stück einer $(n-1)$-dimensionalen glatten Hyperfläche ist, die in $\overline{\Omega}$ enthalten ist.

Bekanntlich sind alle $u \in W_2^2(\Omega)$ stetige Funktionen, wenn Ω in einem höchstens dreidimensionalen Raum liegt. Für solche u gilt

$$|u(x)| \leqq C(\Omega) \|u\|_{W_2^2(\Omega)} . \tag{10}$$

[1]) Diese Schreibweise besagt, daß eine (von S_1 abhängige) positive Konstante existiert, für die (9) gilt. Sie wird im folgenden häufig verwendet. — Anm. d. Red.

Beschränkt man sich auf finite Funktionen $u(x_1, x_2, x_3)$, so gewinnt man (10) unschwer aus der Beziehung

$$u(x) = -\frac{1}{4\pi}\int\limits_{E_3} \frac{\Delta u(y)}{|x-y|}\,dy\,, \tag{*}$$

die aus der Potentialtheorie bekannt ist. Aus (*) folgt die Stetigkeit von $u(x)$ im ganzen Raum und die Ungleichung

$$|u(x)| \leqq \frac{1}{4\pi}\left(\int\limits_{\Omega}\frac{dy}{|x-y|^2}\right)^{1/2}\left(\int\limits_{\Omega}|\Delta u|^2\,dy\right)^{1/2} \leqq C(\Omega)\|u\|_{W_2^2(\Omega)}\,,$$

hierbei bezeichne Ω ein Gebiet, in dem u finit ist, und C eine von Ω abhängige positive Konstante.

2. Wir bringen einige Kompaktheitskriterien für in $W_2^l(\Omega)$ enthaltene Mengen. Zunächst ist jede beschränkte Menge in $W_2^l(\Omega)$ schwach kompakt, denn $W_2^l(\Omega)$ ist ein HILBERT-Raum (vgl. zum Beispiel [16]).

Wir beweisen den

Satz (Auswahlsatz von RELLICH). *Sei Ω ein beschränktes Gebiet, dann ist jede in $\overset{\circ}{W}{}_2^1(\Omega)$ gleichmäßig beschränkte Menge $\mathfrak{U}$ in $L_2(\Omega)$ kompakt* (vgl. [3]).

Beweis. Wir erweitern den Definitionsbereich der Funktionen $u(x) \in \mathfrak{U}$, in dem wir für alle $x \notin \Omega$ $u(x) = 0$ setzen. Mit Hilfe von (8) und der SCHWARZschen Ungleichung überzeugt man sich, daß $\mathfrak{U}$ bezüglich der Norm von $L_2(\Omega)$ eine Familie gleichgradig stetiger Funktionen ist. Jede Familie bezüglich der Norm von L_2 gleichmäßig beschränkter und gleichgradig stetiger Funktionen ist bekanntlich in $L_2(\Omega)$ kompakt.

Aus diesem Satz und der Ungleichung (3) folgt

Lemma 4. *Jede gleichmäßig beschränkte Menge aus $W_2^1(\Omega)$ ist in $L_4(\Omega)$ kompakt.*

Beweis. Wenn eine Folge aus $W_2^1(\Omega)$ in $L_2(\Omega)$ konvergiert, so konvergiert sie wegen (3) auch in $L_4(\Omega)$.

Die angeführten Kompaktheitskriterien sind Spezialfälle der oben erwähnten Einbettungssätze. In § 4 des V. Kapitels benötigen wir einige Eigenschaften der Integrale vom Typ

$$v(x) = \int\limits_{\Omega}\frac{f(y)}{|x-y|^{\lambda}}\,dy$$

(vgl. [6, 16]).

Lemma 5. *Ω sei ein beschränktes Gebiet im n-dimensionalen Raum, es sei $f \in L_p(\Omega)$ und $v(x) = \int\limits_{\Omega}\frac{f(y)}{|x-y|^{\lambda}}$, dann gilt:*

Für $\lambda < n\left(1 - \frac{1}{p}\right)$ ist $v(x)$ stetig, und es gilt

$$\left.\begin{aligned} |v(x)| &\leq C\|f\|_{L_p(\Omega)}, \\ |v(x) - v(x')| &\leq C\|f\|_{L_p(\Omega)}\,|x - x'|^\alpha, \\ \alpha &= n - \frac{n}{p} - \lambda; \end{aligned}\right\} \tag{11}$$

für $\lambda > n\left(1 - \frac{1}{p}\right)$ ist $v(x)$ für jedes beschränkte Gebiet Ω_1 in $L_q(\Omega_1)$, $q \leq \dfrac{1}{\frac{\lambda}{n} - \left(1 - \frac{1}{p}\right)}$, enthalten, und es gilt

$$\|v\|_{L_q(\Omega_1)} \leq C(\Omega_1)\|f\|_{L_p(\Omega)}; \tag{12}$$

für $\lambda = n\left(1 - \frac{1}{p}\right)$ ist für beliebiges endliches q $v \in L_q(\Omega)$, und es gilt (12) *mit von q abhängigem $C(\Omega_1)$.*

3. Zur Untersuchung der Differenzierbarkeitseigenschaften verallgemeinerter Lösungen wird ein Mittelwertoperator benötigt (vgl. [6, 16]); wir definieren ihn und geben seine Haupteigenschaften an. Sei $\omega(\xi)$ eine für $\xi \in (0, \infty)$ definierte nicht negative beliebig oft differenzierbare Funktion, die nicht identisch Null ist, aber für $\xi \geq 1$ verschwindet. Dann ist für $|x| \geq \varrho \geq 0$ $\omega\left(\frac{|x|}{\varrho}\right) = 0$, und es gilt: $\int\limits_{E_n} \omega\left(\frac{|x|}{\varrho}\right) dx = \varkappa\,\varrho^n$, wobei $\varkappa$ eine von ω abhängige Konstante bezeichnet.

Als Kern des Mittelwertoperators wählen wir die Funktion $\omega_\varrho(x) = \frac{1}{\varkappa\,\varrho^n}\,\omega\left(\frac{|x|}{\varrho}\right)$, $x \in E_n$. Der Mittelwert einer beliebigen über E_n summierbaren Funktion $f(x)$ wird durch

$$f_\varrho(x) = \int\limits_{E_n} \omega_\varrho(|x - y|)\, f(y)\, dy = \int\limits_{|x-y| \leq \varrho} \omega_\varrho(|x - y|)\, f(y)\, dy$$

definiert. Ist $f(y)$ eine im Gebiet Ω mit dem Rand S definierte Funktion, so ist $f_\varrho(y)$ in dem Teilgebiet $\Omega_\varrho \subset \Omega$ definiert, dessen Rand S' von S den Abstand ϱ hat. Die Mittelwertoperation besitzt folgende Eigenschaften:

1. Der Mittelwertoperator ist mit dem Operator der Differentiation vertauschbar, und zwar gilt für die x, für die $\frac{\partial f}{\partial x_k}$ existiert und $f_\varrho(x)$ definiert ist

$$\frac{\partial}{\partial x_k} f_\varrho(x) = \left(\frac{\partial f}{\partial x_k}\right)_\varrho.$$

2. Sei $f \in L_p(\Omega)$, $p \geq 1$. Außerhalb von Ω_ϱ setzen wir $f(y) \equiv 0$. Dann ist die Funktion $f_\varrho(y)$ im ganzen Gebiet Ω definiert, beliebig oft differenzierbar und konvergiert für $\varrho \to 0$ bezüglich der Norm von $L_p(\Omega)$ gegen $f(y)$.

3. Seien $f, g \in L_p(\Omega)$, $p \geq 1$. Außerhalb Ω sei $f(y) = g(y) \equiv 0$. Dann gilt

$$\int\limits_\Omega f_\varrho\, g\, dx = \int\limits_\Omega f\, g_\varrho\, dx.$$

4. Die folgenden Abschätzungen benötigen wir bei der Behandlung stationärer Strömungen in unbeschränkten Gebieten.

Wir zeigen, daß für jede in einem gewissen Gebiet glatte finite Funktion $u(x)$

$$\int_{E_3} \frac{u^2(x)}{|x-y|^2}\,dx \leqq 4 \int_{E_3} \sum_{k=1}^{3} u_{x_k}^2\,dx\,, \qquad y \in E_3\,, \tag{13}$$

gilt. Zum Beweis betrachten wir die Identität

$$2\int_{E_3} \sum_{k=1}^{3} u_{x_k}(x)\,u(x)\,\frac{x_k - y_k}{|x-y|^2}\,dx$$
$$= \int_{E_3} \sum_{k=1}^{3} \frac{\partial u^2}{\partial x_k} \cdot \frac{x_k - y_k}{|x-y|^2}\,dx = -\int_{E_3} \frac{u^2}{|x-y|^2}\,dx\,,$$

die man mit Hilfe des GAUSSschen Integralsatzes erhält. Schätzt man die linke Seite nach der SCHWARZschen Ungleichung ab, so gewinnt man

$$\int_{E_3} \frac{u^2(x)}{|x-y|^2}\,dx \leqq 2\sqrt{\int_{E_3} \frac{u^2}{|x-y|^2} \sum_{k=1}^{3} \frac{(x_k - y_k)^2}{|x-y|^2}\,dx}\;\sqrt{\int_{E_3} \sum_{k=1}^{3} u_{x_k}^2\,dx}\,.$$

Wegen $\sum_{k=1}^{3} \frac{(x_k - y_k)^2}{|x-y|^2} = 1$ folgt hieraus (13).

Offenbar gilt (13) für finite Funktionen u von $n \geqq 3$ Variablen, wenn man die 4 durch $\left(\frac{2}{n-2}\right)^2$ ersetzt. Für $n = 2$ gilt eine ähnliche Beziehung: $u(x)$ sei eine in $\Omega = \{1 \leqq |x| < \infty\}$ glatte finite Funktion der Variablen $x = (x_1, x_2)$, dann ist

$$\int_{|x| \geqq 1} \frac{u^2(x)}{|x|^2 \ln^2 |x|}\,dx \leqq 4 \int_{|x| \geqq 1} \sum_{k=1}^{2} u_{x_k}^2\,dx\,, \tag{14}$$

was man durch Anwendung der SCHWARZschen Ungleichung auf die Identität

$$2\int_{|x| \geqq 1} \sum_{k=1}^{2} u_{x_k}\,u\,\frac{x_k}{|x|^2 \ln |x|}\,dx$$
$$= \int_{|x| \geqq 1} \sum_{k=1}^{2} \frac{\partial u^2}{\partial x_k} \cdot \frac{x_k}{|x|^2 \ln |x|}\,dx = \int_{|x| \geqq 1} \frac{u^2(x)}{|x|^2 \ln^2 |x|}\,dx\,,$$

die sich aus dem GAUSSschen Integralsatz ergibt, beweist. Die Ungleichungen (13) und (14) zeichnen sich dadurch aus, daß die in sie eingehenden Konstanten nicht von dem Gebiet, in dem $u(x)$ finit ist, abhängen. Es gibt kompliziertere Ungleichungen, bei denen die Konstanten die gleiche Eigenschaft haben.

Ω sei ein beschränktes (oder unbeschränktes) Gebiet im E_n, $n = 2, 3$, dann bezeichnen wir mit $\dot{D}(\Omega)$ die Menge aller in Ω glatten finiten Funktionen. In

$\dot{D}(\Omega)$ führen wir durch

$$(u, v) = \int_\Omega u_{x_k} v_{x_k} \, dx \, ^{1)} \tag{15}$$

ein Skalarprodukt ein, wobei über k von 1 bis 2 bzw. 1 bis 3 zu summieren ist. Offenbar ist $(u, v) = (v, u)$; aus (13) bzw. (14) folgt $(u, u) \geqq 0$ und $(u, u) = 0$ nur für $u = 0$. Wir vervollständigen $\dot{D}(\Omega)$ bezüglich der aus diesem Skalarprodukt entspringenden Norm. Den entstehenden Hilbert-Raum nennen wir $\mathring{D}(\Omega)$. Man kann leicht zeigen, daß in $\mathring{D}(\Omega)$ alle lokal quadratisch summierbaren Funktionen $u(x)$ enthalten sind, die auf S verschwinden, über Ω quadratisch summierbare erste Ableitungen besitzen und den Ungleichungen (13) bzw. (14) genügen. Ist $n = 3$, so erfüllen sie auch die Ungleichung (6).

Für unbeschränktes Ω unterscheiden sich die Räume $\mathring{D}(\Omega)$ für zwei und drei Veränderliche wesentlich. Für $n = 2$ enthält $\mathring{D}(\Omega)$ Funktionen, die im Unendlichen nicht verschwinden. Ist Ω das Äußere eines beschränkten Gebietes, so läßt sich zeigen, daß $\mathring{D}(\Omega)$ glatte Funktionen enthält, die für $|x| \to \infty$ gegen eine von Null verschiedene Konstante streben. Für $n = 3$ ist das wegen (13) unmöglich.

5. Die folgenden Abschätzungen sind Spezialfälle der in [2] und [17] für elliptische Differentialoperatoren bewiesenen.

Satz. *Ω sei ein beschränktes Gebiet. Seine Berandung S besitze beschränkte zweite Ableitungen, dann gilt für jedes $u \in W_2^2(\Omega) \cap \mathring{W}_2^1(\Omega)$*

$$||u||_{W_2^2(\Omega)} \leqq C ||\Delta u||_{L_2(\Omega)} . ^{2)} \tag{16}$$

Beweis. Sei $u(x)$ eine hinreichend glatte[3]), d. h. dreimal stetig differenzierbare Funktion[4]), die auf S verschwindet. Aus dem Gaussschen Integralsatz folgt

$$\begin{aligned} \int_\Omega (\Delta u)^2 \, dx &= - \int_\Omega \frac{\partial \Delta u}{\partial x_i} \cdot \frac{\partial u}{\partial x_i} dx + \int_S \Delta u \frac{\partial u}{\partial n} dS \\ &= \int_\Omega \frac{\partial^2 u}{\partial x_i \, \partial x_j} \cdot \frac{\partial^2 u}{\partial x_i \, \partial x_j} dx + \int_S \left(\Delta u \frac{\partial u}{\partial n} - \frac{\partial^2 u}{\partial x_i \, \partial n} \cdot \frac{\partial u}{\partial x_i} \right) dS ; \end{aligned} \tag{17}$$

über mehrfach auftretende Indizes ist von 1 bis 3 zu summieren.

Wir wählen einen beliebigen Punkt $\xi \in S$ und machen ihn zum Ursprung eines kartesischen y_1, y_2, y_3-Koordinatensystems. Die y_1- und y_2-Achse mögen in der Tangentialebene von S in ξ liegen, die y_3-Achse habe die Richtung der äußeren Normalen. Der Ausdruck

$$I_S = \Delta u \frac{\partial u}{\partial n} - \frac{\partial^2 u}{\partial x_i \, \partial n} \cdot \frac{\partial u}{\partial x_i}$$

---

[1]) Wenn nichts anderes gesagt wird, ist über Paare gleicher Indizes von 1 bis 3 zu summieren.

[2]) Vgl. Fußnote, Seite 10. — Anm. d. Red.

[3]) Hier und häufig auch im folgenden werden die Begriffe „glatte" bzw. „hinreichend glatte" Funktion in dem Sinne verstanden, daß alle benötigten Ableitungen existieren. — Anm. d. Red.

[4]) Der Satz wird hier nur unter dieser zusätzlichen Voraussetzung bewiesen. — Anm. d. Red.

ist gegen Drehungen des Koordinatensystems invariant, deshalb ist

$$I_S = \sum_{i=1}^{3}\left(\frac{\partial^2 u}{\partial y_i^2}\cdot\frac{\partial u}{\partial y_3} - \frac{\partial^2 u}{\partial y_i\,\partial y_3}\cdot\frac{\partial u}{\partial y_i}\right) = \sum_{i=1}^{2}\left(\frac{\partial^2 u}{\partial y_i^2}\cdot\frac{\partial u}{\partial y_3} - \frac{\partial^2 u}{\partial y_i\,\partial y_3}\cdot\frac{\partial u}{\partial y_i}\right). \tag{18}$$

Die ersten Ableitungen $\frac{\partial u}{\partial y_i}$ $(i = 1, 2)$ sind gleich Null, da $u|_S = 0$ ist. Die zweiten Ableitungen $\frac{\partial^2 u}{\partial y_i^2}$ $(i = 1, 2)$ lassen sich durch $\frac{\partial u}{\partial n}$ ausdrücken. Sei nämlich $y_3 = \omega(y_1, y_2)$ die Gleichung von S in der Umgebung von $\xi = (0, 0, 0)$, dann differenzieren wir die Identität $u(y_1, y_2, \omega(y_1, y_2)) = 0$ zweimal partiell nach y_1 bzw. y_2,

$$\frac{\partial u}{\partial y_i} + \frac{\partial u}{\partial y_3}\cdot\frac{\partial \omega}{\partial y_i} = 0,$$

$$\frac{\partial^2 u}{\partial y_i^2} + 2\frac{\partial^2 u}{\partial y_i\,\partial y_3}\cdot\frac{\partial \omega}{\partial y_i} + \frac{\partial^2 u}{\partial y_3^2}\left(\frac{\partial \omega}{\partial y_i}\right)^2 + \frac{\partial u}{\partial y_3}\cdot\frac{\partial^2 \omega}{\partial y_i^2} = 0, \qquad i = 1, 2.$$

Im Punkte ξ erhalten wir für die letzte Gleichung

$$\frac{\partial^2 u}{\partial y_i^2} = -\frac{\partial u}{\partial y_3}\cdot\frac{\partial^2 \omega}{\partial y_i^2},$$

da dort

$$\frac{\partial \omega}{\partial y_i} = 0, \qquad i = 1, 2,$$

ist. Deshalb gilt

$$I_S = -\left(\frac{\partial u}{\partial n}\right)^2 \sum_{i=1}^{2} \frac{\partial^2 \omega}{\partial y_i^2},$$

und (17) erhält die Form

$$\int_\Omega (\Delta u)^2\,dx = \int_\Omega \sum_{i,j=1}^{3}\left(\frac{\partial^2 u}{\partial x_i\,\partial y_j}\right)^2 dx - \int_S \left(\frac{\partial u}{\partial n}\right)^2 K\,dS, \tag{19}$$

wobei $K(S) = \sum_{i=1}^{2} \frac{\partial^2 \omega}{\partial y_i^2}$ ist. Ist S eine konvexe Fläche, so ist, wie man leicht sieht, stets $K(S) \leqq 0$. Daher gilt für solche S

$$\int_\Omega \sum_{i,j=1}^{3}\left(\frac{\partial^2 u}{\partial x_i\,\partial x_j}\right)^2 dx \leqq \int_\Omega (\Delta u)^2\,dx. \tag{20}$$

Für eine beliebige Fläche S mit beschränkten zweiten Ableitungen läßt sich das Oberflächenintegral mit beliebigem $\varepsilon > 0$ wie folgt abschätzen:

$$\left|\int_S \left(\frac{\partial u}{\partial n}\right)^2 K\,ds\right| \leqq C\int_S \left(\frac{\partial u}{\partial n}\right)^2 ds \leqq C_1\left[\varepsilon\int_\Omega \sum_{i,j=1}^{3}\left(\frac{\partial^2 u}{\partial x_i\,\partial x_j}\right)^2 dx + \frac{1}{\varepsilon}\int_\Omega \sum_{i=1}^{3}\left(\frac{\partial u}{\partial x_i}\right)^2 dx\right].^{1)} \tag{21}$$

---

1) Die Betragsstriche auf der linken Seite können fortgelassen werden, da der Fall $\int_S \left(\frac{\partial u}{\partial n}\right)^2 K\,dS < 0$ wegen (19) trivial ist. — Anm. d. Red.

Dazu verwandle man das Oberflächenintegral mit Hilfe des GAUSSschen Satzes in ein Raumintegral, nachdem man $\cos(n, x_k)$ auf das Gebiet Ω fortgesetzt hat und wende die Ungleichung $2ab \leqq \varepsilon a^2 + \frac{1}{\varepsilon} b^2$ an.

Berücksichtigen wir in (19) die Abschätzung (21) mit $\varepsilon = \frac{1}{2C_1}$, so erhalten wir

$$\int_\Omega \sum_{i,j=1}^{3} \left(\frac{\partial^2 u}{\partial x_i\, \partial x_j}\right)^2 dx \leqq C \int_\Omega [(\Delta u)^2 + (\operatorname{grad} u)^2]\, dx\,. \tag{22}$$

Mit Hilfe des GAUSSschen Satzes, der SCHWARZschen Ungleichung und der Beziehung (7) gewinnen wir für beliebiges $\varepsilon > 0$

$$\int_\Omega (\operatorname{grad} u)^2\, dx = -\int_\Omega \Delta u\, u\, dx \leqq \frac{\varepsilon}{2} \int_\Omega u^2\, dx + \frac{1}{2\varepsilon} \int_\Omega (\Delta u)^2\, dx$$

$$\leqq \frac{\varepsilon}{2\mu_1} \int_\Omega (\operatorname{grad} u)^2\, dx + \frac{1}{2\varepsilon} \int_\Omega (\Delta u)^2\, dx\,.$$

Für $\varepsilon = \mu_1$ ergibt sich

$$\int_\Omega (\operatorname{grad} u)^2\, dx \leqq \frac{1}{\mu_1} \int_\Omega (\Delta u)^2\, dx\,. \tag{23}$$

Berücksichtigen wir dies in (22), so folgt (16), und der Satz ist bewiesen.

Aus dem Beweis der Ungleichung (16) folgt auch, daß für jede in E_n finite zweimal stetig differenzierbare Funktion $u(x)$ die Abschätzung

$$||u||^2_{W_2^2(E_n)} \leqq \frac{3}{2} (||u||^2_{L_2(E_n)} + ||\Delta u||^2_{L_2(E_n)}) \tag{24}$$

gilt. Da die Menge dieser Funktionen in $W_2^2(E_n)$ dicht ist, gilt (24) für jedes $u \in W_2^2(E_n)$.

Eine ähnliche Ungleichung gilt für unbeschränkte Gebiete Ω, deren Berandung beschränkte zweite Ableitungen besitzt. Dann ist für jedes $u \in W_2^2(\Omega) \cap \mathring{W}_2^1(\Omega)$

$$||u||^2_{W_2^2(\Omega)} \leqq C(||u||^2_{L_2(\Omega)} + ||\Delta u||^2_{L_2(\Omega)}) \tag{25}$$

und

$$\int_\Omega \sum_{i,j=1}^{n} u^2_{x_i x_j}\, dx \leqq C \left[\int_\Omega \sum_{k=1}^{n} u^2_{x_k}\, dx + ||\Delta u||^2_{L_2(\Omega)}\right]^{1)}. \tag{26}$$

Abschätzungen vom Typ (16) und (24) lassen sich besonders einfach für das NEWTONsche Volumenpotential $u(x) = -\frac{1}{4\pi} \int \frac{f(y)}{|x-y|}\, dy$ beweisen. $f(y)$ sei eine zweimal stetig differenzierbare finite Funktion, die Integration werde über den Definitionsbereich von $f(y)$ erstreckt. Dann ist $u(x)$ dreimal stetig differenzierbar

[1]) Vgl. Fußnote, Seite 10. — Anm. d. Red.

und genügt der POISSONschen Gleichung $\Delta u = f$. Für $|x| \to \infty$ gelten die Beziehungen

$$u = O\left(\frac{1}{|x|}\right); \quad u_{x_i} = O\left(\frac{1}{|x|^2}\right); \quad u_{x_i x_j} = O\left(\frac{1}{|x|^3}\right); \quad i, j = 1, 2, 3, \ldots (*)$$

Wir betrachten die Gleichung

$$\int_{E_3} f^2 \, dx = \int_{E_3} \Delta u \, \Delta u \, dx \,.$$

Für die rechte Seite erhalten wir mit Hilfe des GAUSSschen Satzes

$$\int_{E_3} (\Delta u)^2 \, dx = \int_{E_3} \sum_{i,j=1}^{3} u^2_{x_i x_j} \, dx \,,$$

da alle Oberflächenintegrale wegen (*) verschwinden. Die letzte Gleichung ergibt die gewünschte Abschätzung der zweiten Ableitungen und zeigt, daß u verallgemeinerte, über E_3 quadratisch summierbare zweite Ableitungen besitzt, wenn f finit ist und zu $L_2(E_3)$ gehört. Abschätzungen für u und die u_{x_i} folgen aus Lemma 5.

Wenn also f außerhalb eines beschränkten Gebietes $\Omega_1 \subset \Omega$ verschwindet, gilt für das NEWTONsche Volumenpotential

$$u(x) = -\frac{1}{4\pi} \int_{\Omega_1} \frac{f(y)}{|x - y|} \, dy$$

die Ungleichung

$$\|u\|_{W_2^2(\Omega)} \leq C(\Omega, \Omega_1) \|f\|_{L_2(\Omega_1)}{}^{1)} \,. \tag{27}$$

Diese Ungleichung gilt für beschränkte Gebiete Ω und Ω_1.

Sei $f(y)$ eine auf dem beschränkten Gebiet $\Omega \subset E_3$ definierte finite quadratisch integrable Funktion, dann ist

$$v(x) = -\frac{1}{8\pi} \int |x - y| f(y) \, dy \,, \quad x, y \in E_3 \,,$$

eine Lösung der inhomogenen biharmonischen Gleichung

$$\Delta^2 v = f \,.$$

Aus Lemma 5 folgt, daß die Ableitungen von v bis zur dritten Ordnung für jedes beschränkte Gebiet mindestens zu L_2 gehören. Die Ableitungen vierter Ordnung schätzen wir wie folgt ab. Sei f finit und zweimal stetig differenzierbar, dann hat v stetige Ableitungen bis zur fünften Ordnung, genügt der Gleichung $\Delta^2 v = f$, und es ist

$$\int_{E_3} f^2 \, dx = \int_{E_3} \Delta^2 v \, \Delta^2 v \, dx = \int_{E_3} \sum_{i,j,k,l=1}^{3} v^2_{x_i x_j x_k x_l} \, dx \,. \tag{28}$$

Alle Oberflächenintegrale verschwinden, weil für $|x| \to \infty$

$$D^3 v = O\left(\frac{1}{|x|^2}\right), \quad D^4 v = O\left(\frac{1}{|x|^3}\right)$$

---

[1]) Vgl. Fußnote, Seite 10. — Anm. d. Red.

ist. (28) gilt für jedes $f \in L_2(E_3)$. Aus (28) und Lemma 5 folgt für v, falls f außerhalb des beschränkten Gebietes Ω_1 verschwindet, die Ungleichung

$$||v||_{W_2^4(\Omega)} \leqq C(\Omega, \Omega_1)||f||_{L_2(\Omega_1)}{}^{1)} . \tag{29}$$

Bekannter als diese Abschätzung für das NEWTONsche Volumenpotential und die Lösung der inhomogenen Bipotentialgleichung bezüglich der Norm von L_2 sind Abschätzungen für diese Funktionen in der Norm des HÖLDERschen Raums $C_{l,h}(\Omega)$[2]) (vgl. [12, 13]), und zwar gilt

$$||u||_{2,h} \leqq C||f||_{0,h} \tag{30}$$

und

$$||v||_{4,h} \leqq C||f||_{0,h} . \tag{31}$$

Für die Elemente $f \in C_{0,h}(\Omega)$ ist eine Norm durch

$$\max_{x, x' \in \Omega} \left\{ |f(x)| , \frac{|f(x) - f(x)'|}{|x - x'|^h} \right\}, \quad 0 < h < 1 ,$$

definiert, während in $C_{l,h}(\Omega)$ $(l = 1, 2, \ldots)$ durch

$$||f||_{l,h} = \max_{x, x' \in \Omega} \left\{ \left| \frac{\partial^l f}{\partial x_1^{l_1} \partial x_2^{l_2} \partial x_3^{l_3}} (x) \right| , \frac{\left| \frac{\partial^l f}{\partial x_1^{l_1} \partial x_2^{l_2} \partial x_3^{l_3}} (x) - \frac{\partial^l f}{\partial x_1^{l_1} \partial x_2^{l_2} \partial x_3^{l_3}} (x') \right|}{|x - x'|^h} \right\} \quad \left(l = \sum_{i=1}^{3} l_i \right)$$

eine Norm definiert ist. Ist f eine in E_3 finite mit dem Exponenten h H-stetige Funktion, so kann man die Normen $|| \; ||_{2,h}$ und $|| \; ||_{4,h}$ in (30) und (31) in bezug auf ein beliebiges beschränktes Gebiet wählen. Erstrecken sich die Integrale u und v jedoch nicht über E_3, sondern über ein beschränktes Teilgebiet $\Omega \subset E_3$, so kann man die Normen $|| \; ||_{2,h}$ und $|| \; ||_{4,h}$ in (30) und (31) auf dieses Gebiet Ω beziehen, sofern sein Rand hinreichend glatt[3]) ist.

Wir sagen, die Berandung S des Gebietes Ω gehöre zu $\Lambda_{1,h}$ wenn sie eine LJAPUNOW-Fläche mit den Exponenten h ist (vgl. zum Beispiel [18, 19]). D. h., wenn man sie in eine endliche Anzahl sich teilweise überdeckender Teilflächen zerlegen kann, von denen jede durch eine Gleichung der Form $x_{i_3} = \varphi(x_{i_1}, x_{i_2})$ dargestellt werden kann, wobei (i_1, i_2, i_3) eine gewisse Permutation der Zahlen 1, 2, 3 ist und $\varphi \in C_{1,h}$ ist. Ist $\varphi \in C_{2,h}$, so sagen wir, es sei $S \in \Lambda_{2,h}$.

§ 2. Der Raum $\mathfrak{L}_2(\Omega)$ und seine Zerlegung in orthogonale Unterräume

Sei Ω ein Gebiet im E_3 bzw. E_2 und $\mathfrak{u}(x) = (u_1(x), u_2(x), u_3(x))$ bzw. $\mathfrak{u}(x) = (u_1(x), u_2(x))$ ein für alle $x \in \Omega$ definiertes Vektorfeld, dessen Komponenten u_k, $k = 1, 2, 3$ (bzw. $k = 1, 2$), zu $L_2(\Omega)$ gehören, dann bezeichnen wir die Gesamtheit der

---

[1]) Vgl. Fußnote, Seite 10. — Anm. d. Red.

[2]) Unter $C_{l,h}(\Omega)$ ist die Gesamtheit der auf Ω definierten nebst ihren Ableitungen bis zur l-ten Ordnung gleichmäßig beschränkten Funktionen zu verstehen, deren sämtliche l-ten Ableitungen mit dem Exponenten $h \in (0, 1)$ H-stetig sind. — Anm. d. Red.

[3]) Vgl. Fußnote 3, Seite 14. — Anm. d. Red.

Vektoren $\mathfrak{u}$ mit $\mathfrak{L}_2(\Omega)$. Durch

$$(\mathfrak{u}, \mathfrak{v}) = \int_\Omega \mathfrak{u}\,\mathfrak{v}\,dx = \int_\Omega u_k v_k\,dx$$

definieren wir ein Skalarprodukt, dadurch wird $\mathfrak{L}_2(\Omega)$ ein HILBERT-Raum.

Wir setzen uns das Ziel, den Raum $\mathfrak{L}_2(\Omega)$ in zwei orthogonale Unterräume $G(\Omega)$ und $\mathring{J}(\Omega)$ zu zerlegen. Es wird sich zeigen, daß $G(\Omega)$ aus den Gradienten der auf Ω eindeutigen Funktionen besteht, während in $\mathring{J}(\Omega)$ die Menge aller auf Ω glatten finiten quellenfreien Vektorfelder eine dichte Menge bildet. Zur Lösung dieses Problems sowie für spätere Anwendungen betrachten wir folgende Hilfsaufgabe[1]:

Es ist ein auf Ω definiertes quellenfreies Vektorfeld $\mathfrak{a}(x)$ zu konstruieren, das auf der Berandung S von Ω mit einem dort vorgegebenen Vektorfeld $\vec{\alpha}$ übereinstimmt, $\mathfrak{a}|_S = \vec{\alpha}$.

Da $\mathfrak{a}(x)$ quellenfrei, d. h. $\operatorname{div}\mathfrak{a} = 0$ sein soll, muß $\vec{\alpha}$ die Bedingung

$$\int_S (\vec{\alpha}, \mathfrak{n})\,dS = 0 \tag{32}$$

erfüllen, die sich aus

$$\int_\Omega \operatorname{div}\mathfrak{a}\,dx = \int_S (\vec{\alpha}, \mathfrak{n})\,dS \cdot$$

ergibt. Dabei ist $\mathfrak{n}$ die bezüglich Ω äußere Normale von S. Wir nehmen an, (32) sei erfüllt.

Die gestellte Aufgabe hat unendlich viele Lösungen, eine davon konstruieren wir. Die Differenzierbarkeitsbedingungen, die man an S und $\vec{\alpha}$ stellen muß, hängen davon ab, welche Eigenschaften man von $\mathfrak{a}$ fordert.

Zunächst betrachten wir den schwierigeren Fall eines dreidimensionalen Gebietes Ω. $\vec{\alpha}$ schreiben wir in der Form

$$\vec{\alpha} = \alpha_n \mathfrak{n} + \vec{\alpha}_\tau\,, \qquad \alpha_n = (\vec{\alpha}, \mathfrak{n})\,. \tag{*}$$

Dabei ist $\mathfrak{n}$ der Einheitsvektor in Richtung der äußeren Normalen von S, während $\vec{\alpha}_\tau$ tangential zu S liegt. Wir konstruieren ein quellenfreies Gradientenfeld $\mathfrak{b} = \operatorname{grad}\varphi$, welches die Bedingung $\mathfrak{b}_n|_S = \alpha_n$ erfüllt. Diese Aufgabe reduziert sich auf das NEUMANNsche Problem

$$\Delta\varphi = 0 \quad \text{in } \Omega\,, \quad \left.\frac{\partial\varphi}{\partial n}\right|_S = \alpha_n\,. \tag{33}$$

Wegen (32) hat es bis auf eine additive Konstante genau eine Lösung. Durch die Bedingung $\varphi(x_0) = 0$, $x_0 \in S$ legen wir die Konstante fest. Sei $\mathfrak{a}(x) = \mathfrak{b}(x) + \mathfrak{c}(x)$, $x \in \Omega$, dann muß $\mathfrak{c}(x)$ die Bedingungen

$$\operatorname{div}\mathfrak{c} = 0 \quad \text{in } \Omega \quad \text{und} \quad \mathfrak{c}|_S = \mathfrak{a}|_S - \mathfrak{b}|_S \text{ auf } S$$

erfüllen.

[1]) In Kap. III wird für dieses Problem eine andere Lösungsmethode angegeben, die auf der Theorie hydrodynamischer Potentiale beruht.

Sei $\mathfrak{c}|_S = \vec{\beta}$, dann muß wegen (*) und $\mathfrak{b}_n|_S = \alpha_n$ $(\vec{\beta}, \mathfrak{n}) = 0$ sein.

Eine Funktion, die auf Ω definiert und dort identisch Eins ist, stellen wir in der Form

$$1 = \sum_{k=1}^{N} \zeta_k(x), \qquad x \in \Omega,$$

dar, wobei $\zeta_1, \ldots, \zeta_N$ beliebig oft differenzierbare, in E_3 finite Funktionen sind. Es sei Ω_k ein Gebiet, in welchem ζ_k, $k = 1, \ldots, N$, nicht identisch verschwindet, $\Omega \subset \bigcup_{k=1}^{N} \Omega_k$. ζ_k lasse sich in Ω_k auf krummlinige Koordinaten y_i, $i = 1, 2, 3$, beziehen; dabei seien

$$y_i^k = \varphi_i^k(x), \qquad i = 1, 2, 3; \quad k = 1, \ldots, N; \quad x \in \Omega_k,$$

glatte Funktionen. Sei $S_k = S \cap \Omega_k$ und lasse sich in der Form $y_3^k = 0$ darstellen. Auf S_k mögen die y_i^k, $i = 1, 2$, ein orthogonales Netz von Parameterlinien bilden.

Wir setzen $\vec{\beta}^k = \zeta_k \vec{\beta}$. In Ω konstruieren wir ein Vektorfeld $\mathfrak{d}^k(x)$, setzen $\operatorname{rot} \mathfrak{d}^k = \mathfrak{c}^k(x)$ und verlangen, daß auf S_k $\mathfrak{c}^k|_{S_k} = \vec{\beta}^k$ ist. Dann ist $\mathfrak{c}(x) = \sum_{k=1}^{N} \mathfrak{c}^k(x)$ das gesuchte Vektorfeld. Wie muß man $\mathfrak{d}^k(x)$ auf S_k wählen, damit

$$\operatorname{rot} \mathfrak{d}^k(x)|_S = \vec{\beta}^k \tag{34}$$

erfüllt ist?

Auf $S - S_k$ ist $\vec{\beta}^k = 0$, daher können wir dort $\mathfrak{d}^k$ und die $\mathfrak{d}^k_{x_l}$ gleich Null setzen. Sei M ein beliebiger Punkt auf S_k, wir machen ihn zum Ursprung eines kartesischen z_1, z_2, z_3-Koordinatensystems, dessen Achsen mit den Tangenten an die Koordinatenlinien (y_1^k, y_2^k, y_3^k) in M zusammenfallen. (34) erhält in diesem Koordinatensystem die Form

$$\frac{\partial d_3^k}{\partial z_2} - \frac{\partial d_2^k}{\partial z_3} = \beta_1^k,$$
$$\frac{\partial d_1^k}{\partial z_3} - \frac{\partial d_3^k}{\partial z_1} = \beta_2^k,$$
$$\frac{\partial d_2^k}{\partial z_1} - \frac{\partial d_1^k}{\partial z_2} = \beta_3^k.$$

Diesen Gleichungen genügen wir, indem wir im Punkt M $\frac{\partial d_2^k}{\partial z_3} = -\beta_1^k$, $\frac{\partial d_1^k}{\partial z_3} = \beta_2^k$ und $\frac{\partial d_l^k}{\partial z_n} = 0$ für $l = 1, 2, 3$; $n = 1, 2$ setzen. Außerdem sei in M $d_m^k = 0$ für $m = 1, 2, 3$. Wir kehren nun zu den Koordinaten (x) zurück. Die Bedingungen für $\mathfrak{d}^k(z)$ und $\frac{\partial \mathfrak{d}^k(z)}{\partial z_m}$ bestimmen $\mathfrak{d}^k(x)$ und $\frac{\partial \mathfrak{d}^k(x)}{\partial x_m}$ in M eindeutig, wobei die Abhängigkeit des $\cos(x_k, z_m)$ vom Flächenpunkt wegen $\mathfrak{d}^k = 0$ keinen Einfluß hat. In dem Ausdruck für $\frac{\partial \mathfrak{d}^k(x)}{\partial x_m}$ kommen lediglich $\vec{\beta}^k$ und $\cos(x_k, z_m)$, jedoch nicht deren Ableitungen vor. Es bleibt zu prüfen, ob die so in jedem Punkt $M \in S$ ermittelten Ausdrücke für $\mathfrak{d}^k$ und $\frac{\partial \mathfrak{d}^k}{\partial x_m}$ einander nicht widersprechen. Diese Ausdrücke sind lediglich dadurch verknüpft, daß die Ableitungen von $\mathfrak{d}^k(x)$ in den zu S tangentialen Richtungen verschwinden müssen, weil $\mathfrak{d}^k = 0$ ist. Wie man leicht sieht, haben wir diesen Bedingungen durch die Wahl der $\frac{\partial \mathfrak{d}^k}{\partial z_m}$, $m = 1, 2$, genügt.

Die Glattheit der $\mathfrak{d}^k(x)$ und $\frac{\partial \mathfrak{d}^k}{\partial x_m}$ auf S wird durch die Glattheit der y_i^k ($i = 1, 2, 3$) und der Felder $\vec{\beta}^k$ gewährleistet, d. h. letzten Endes durch die Glattheit der Fläche S und des Feldes $\vec{\beta}$. Das Vektorfeld $\mathfrak{d}^k$ verschwindet auf der ganzen Fläche S und $\frac{\partial \mathfrak{d}^k(x)}{\partial x_m}$ auf $S - S_k$. Wir konstruieren in Ω ein Vektorfeld $\mathfrak{d}^k(x)$, das auf S die vorgeschriebenen Werte annimmt. Hierbei können wir annehmen, daß $\mathfrak{d}^k(x)$ in Ω eine vorschreibbare Anzahl von stetigen Ableitungen besitzt und für alle x, deren Abstand von S größer als eine positive Zahl δ ist, verschwindet. Wie oben bereits angedeutet wurde, ist $\sum_{k=1}^{N} \operatorname{rot} \mathfrak{d}^k(x)$ das gesuchte Vektorfeld $\mathfrak{c}(x)$, das seinerseits $\mathfrak{a}(x) = \mathfrak{c}(x) + \operatorname{grad} \varphi$ bestimmt.

Ist S eine Ljapunow-Fläche und $\vec{\alpha}$ ein auf S stetiges Vektorfeld, so kann man auf die angegebene Weise ein in $\bar{\Omega}$ stetiges $\mathfrak{a}(x)$ konstruieren, das in Ω eine vorgeschriebene Anzahl von stetigen Ableitungen besitzt.

Ist S eine Fläche mit konstanter Krümmung und $\vec{\alpha} \in W_2^{1/2}(S)$ (vgl. [20, 21, 22]), d. h., läßt sich jede α-Komponente auf Ω so fortsetzen, daß die Fortsetzung zu $W_2^1(\Omega)$ gehört, so ist $\mathfrak{a} \in W_2^1(\Omega)$. Dieses Feld ist durch

$$\mathfrak{a}(x) = \operatorname{grad} \varphi + \operatorname{rot} \mathfrak{b}$$

gegeben (vgl. [17]), wobei

$$\Delta\varphi = 0\,, \qquad \varphi \in W_2^2(\Omega) \quad \text{und} \quad \mathfrak{b} \in W_2^2(\Omega)$$

ist. Besitzen S und $\vec{\alpha}$ stetige Ableitungen höherer Ordnung, so kann man auch von $\mathfrak{a}(x)$ in Ω stetige Ableitungen höherer Ordnung verlangen.

Wir betrachten das Problem für Gebiete Ω mit geknicktem Rand S; Ω habe die Gestalt einer Röhre, ihr Rand bestehe aus einem Stück eines geraden Zylinders und den Ebenenstücken S_1 und S_2. Die Fläche S besteht also aus drei glatten Stücken: S_1, S_2 und der Mantelfläche S_3 des Zylinders. Auf S_3 sei $\vec{\alpha} = 0$, auf S_1 und S_2 sei $\vec{\alpha}$ ein glattes Vektorfeld, das auf den Schnittlinien Σ_1 bzw. Σ_2 der Grundflächen S_1 bzw. S_2 mit S_3 verschwindet. Die Lösung φ des Neumannschen Problems (33) ist in $\bar{\Omega}$ stetig, ihre ersten Ableitungen sind in $\bar{\Omega} - \Sigma_1 - \Sigma_2$ stetig und in Ω beschränkt. Nach dem obigen Verfahren kann man das Vektorfeld $\mathfrak{c}(x)$ so konstruieren, daß es in $\bar{\Omega} - \Sigma_1 - \Sigma_2$ stetig und in Ω beschränkt und beliebig oft differenzierbar ist. Dabei sind auf S die Ableitungen $\frac{\partial d_i^k}{\partial x_j}$ beschränkt und auf $S - (\Sigma_1 + \Sigma_2)$ stetig.

Für ebene Gebiete Ω ist die Lösung des Problems sehr einfach. Ω sei ein einfach zusammenhängendes Gebiet, dann gibt es eine auf Ω definierte eindeutige

Funktion ψ, so daß $\mathfrak{a} = \left(\frac{\partial \psi}{\partial x_2}, -\frac{\partial \psi}{\partial x_1}\right)$ ist. Durch die Bedingung $\mathfrak{a}|_S = \vec{\alpha}$ werden die Werte von $\frac{\partial \psi}{\partial n}$ und $\frac{\partial \psi}{\partial \tau}$ auf S vorgeschrieben. Aus $\frac{\partial \psi}{\partial \tau}$ läßt sich ψ auf S bis auf eine additive Konstante bestimmen. Wir konstruieren eine in Ω glatte Funktion, die auf S die vorgeschriebenen Werte annimmt. Ist Ω ein mehrfach zusammenhängendes Gebiet, so suche man $\mathfrak{a}(x)$ in der Form $\mathfrak{a} = \operatorname{grad} p + \left(\frac{\partial \psi}{\partial x_2}, -\frac{\partial \psi}{\partial x_1}\right)$ zu bestimmen, wobei p eine Lösung von (33) ist und ψ wie oben ermittelt wird.

2. Wir wenden uns nun der Zerlegung des Raumes $\mathfrak{L}_2(\Omega)$ zu. Mit $\dot{J}(\Omega)$ bezeichnen wir die Menge der in Ω finiten beliebig oft differenzierbaren quellenfreien Vektorfelder und mit $\overset{\circ}{J}(\Omega)$ deren Abschließung bezüglich der Norm von $\mathfrak{L}_2(\Omega)$. Die Gesamtheit der zu $\overset{\circ}{J}(\Omega)$ orthogonalen Elemente von $\mathfrak{L}_2(\Omega)$ bildet in $\mathfrak{L}_2(\Omega)$ einen Unterraum, den wir mit $G(\Omega)$ bezeichnen:

$$\mathfrak{L}_2(\Omega) = G(\Omega) \oplus \overset{\circ}{J}(\Omega)\,. \tag{35}$$

Dann gilt:

Satz 1. *Es sei $\{\varphi\}$ die Menge der auf Ω definierten eindeutigen lokal quadratisch summierbaren Funktionen, deren erste Ableitungen existieren und zu $L_2(\Omega)$ gehören. Dann ist die Gesamtheit der zugehörigen Gradienten $\{\operatorname{grad} \varphi\}$ identisch mit $G(\Omega)$.*

Beweis. Sei $\mathfrak{u} \in G(\Omega)$, d. h., sei für alle $\mathfrak{v} \in \overset{\circ}{J}(\Omega)$

$$\int_\Omega \mathfrak{u}\, \mathfrak{v}\, dx = 0\,. \tag{36}$$

Wir setzen $\mathfrak{v} = \operatorname{rot} \mathfrak{w}_\varrho$, wobei $\mathfrak{w}$ ein in Ω glattes finites Vektorfeld und $\mathfrak{w}_\varrho$ sein Mittelwert ist:

$$\mathfrak{w}_\varrho(x) = \int_{|x-y| \leqq \varrho} \omega_\varrho(|x-y|)\, \mathfrak{w}(y)\, dy\,. \tag{37}$$

ϱ wählen wir kleiner als den Abstand des Trägers $\Omega' \subset \Omega$ von $\mathfrak{w}$ vom Rand S. Daher ist $\mathfrak{w}_\varrho(x)$ in Ω definiert und finit, wenn wir $\mathfrak{w}$ außerhalb Ω' gleich Null setzen. Berücksichtigen wir $\operatorname{rot} \mathfrak{w}_\varrho = (\operatorname{rot} \mathfrak{w})_\varrho$ und daß $\mathfrak{w}$ und $\mathfrak{w}_\varrho$ außerhalb Ω verschwinden, so erhalten wir aus (36)

$$0 = \int_\Omega \mathfrak{u}(x) \int_{|x-y| \leqq \varrho} \omega_\varrho(|x-y|) \operatorname{rot} \mathfrak{w}(y)\, dy\, dx = \int_\Omega \mathfrak{u}_\varrho(y) \operatorname{rot} \mathfrak{w}\, dy\,. \tag{38}$$

$\mathfrak{u}_\varrho(y)$ wird in der Form (37) in $\Omega' \subset \Omega$ definiert und ist beliebig oft differenzierbar. Auf (38) wenden wir den Gaussschen Integralsatz an und erhalten

$$\int_\Omega \operatorname{rot} \mathfrak{u}_\varrho \cdot \mathfrak{w}\, dy = 0\,.$$

Da $\mathfrak{w}$ hinreichend willkürlich ist, folgt daraus $\operatorname{rot} \mathfrak{u}_\varrho = 0$. $\mathfrak{u}_\varrho$ ist für alle $x \in \Omega_\varrho$ definiert, wobei Ω_ϱ das Teilgebiet von Ω ist, das von S den Abstand ϱ hat. In Ω_ϱ ist $\operatorname{rot} \mathfrak{u}_\varrho = 0$.

Sei $x, x_0 \in \Omega$, dann setzen wir $\varphi(x, \varrho) = \int\limits_{x_0}^{x} \sum\limits_{k=1}^{3} u_{k\varrho}\, dx_k$. Ist Ω mehrfach zusammenhängend, so erhalten wir durch eine endliche Anzahl geeigneter Schnitte ein einfach zusammenhängendes Gebiet. Der Integrationsweg ist dann so zu wählen, daß er keinen dieser Schritte kreuzt. Wegen $\operatorname{rot} \mathfrak{u}_\varrho = 0$ ist $\varphi(x, \varrho)$ durch das Integral als eindeutige Funktion definiert, und es gilt $\mathfrak{u}_\varrho = \operatorname{grad} \varphi(x, \varrho)$. ϱ lassen wir gegen Null streben. Bekanntlich (vgl. [6] oder [16]) konvergiert $\mathfrak{u}_\varrho$ für jedes feste echte Teilgebiet $\Omega' \subset \Omega$ in $L_2(\Omega')$ gegen $\mathfrak{u}$. Ist Ω' beschränkt, so konvergiert demzufolge, wie man leicht sieht, $\varphi(x, \varrho)$ in $W_2^1(\Omega')$ gegen eine gewisse Funktion $\varphi(x)$, und es ist $\mathfrak{u} = \operatorname{grad} \varphi$. Da Ω' ein beliebiges Teilgebiet von Ω ist, ist $\varphi(x)$ im ganzen Gebiet Ω definiert, und dort gilt $\operatorname{grad} \varphi = \mathfrak{u}$. Für beschränkte Ω ist $\varphi \in L_2(\Omega)$. Wir setzen voraus, Ω sei einfach zusammenhängend bzw. ersetzen Ω durch ein einfach zusammenhängendes Gebiet. Um die Aussage für mehrfach zusammenhängende Gebiete zu beweisen, bleibt zu prüfen, ob φ in einem solchen Gebiet eindeutig ist oder — genauer — ob die Gleichung $\oint\limits_{l} \sum\limits_{k=1}^{3} u_{k\varrho}\, dx_k = 0$ für fast alle geschlossenen Wege l in Ω gilt.

Es sei $T \subset \Omega$; T habe die Gestalt eines Torus. Wir bringen in ihm einen ebenen Schnitt S_1 an. Auf S_1 geben wir ein glattes Vektorfeld $\vec{\alpha}$ vor, das zu S_1 senkrecht ist und in einer Umgebung der Berandung von S_1 verschwindet. In T konstruieren wir ein quellenfreies glattes Vektorfeld $\mathfrak{a}(x)$, das auf dem Rand verschwindet und auf beiden Seiten von S_1 gleich $\vec{\alpha}$ ist. $\mathfrak{a}(x)$ ist in T beschränkt und bis zum Rand stetig. Eine Ausnahme kann die Schnittlinie $\sum_1$ von S_1 mit der Oberfläche von T bilden.

Die Lösung der Hilfsaufgabe zeigte, daß eine solche Konstruktion möglich ist. $\mathfrak{a}(x)$ definieren wir im ganzen E_3, indem wir außerhalb T $\mathfrak{a}(x) = 0$ setzen. Für $\mathfrak{a}(x)$ bilden wir mit dem Kern $\omega_\varrho(|x - y|)$ den Mittelwert. ϱ sei kleiner als der Abstand des Gebietes T vom Rand S. Sei $\mathfrak{v} = \mathfrak{a}_\varrho$; wir behaupten, daß $\mathfrak{v} \in \dot{J}(\Omega)$ ist. Denn $\mathfrak{v}$ ist in Ω finit und beliebig oft differenzierbar, außerdem ergibt sich mit Hilfe der 1. Eigenschaft der Mittelwertoperation (siehe S. 12)

$$\operatorname{div} \mathfrak{v} = \operatorname{div} \mathfrak{a}_\varrho = (\operatorname{div} \mathfrak{a})_\varrho = 0\,.$$

$\mathfrak{v}$ setzen wir in (36) ein und wenden den Gaussschen Satz an:

$$0 = \int\limits_{\Omega} \operatorname{grad} \varphi\, \mathfrak{v}\, dx = -\int\limits_{\Omega} \varphi \operatorname{div} \mathfrak{v}\, dx + \int\limits_{\tilde{S}_1} [\varphi]\, v_n\, dS = \int\limits_{\tilde{S}_1} [\varphi]\, v_n\, dS\,. \qquad (39)$$

Hierbei ist $\tilde{S}_1$ ein ebener Schnitt in Ω, der S_1 enthält, $[\varphi]$ bezeichnet den Sprung, den die Funktion φ auf diesem Schnitt erleidet. ϱ sei so klein, daß sich das Gebiet $\tilde{T}$, außerhalb dessen $\mathfrak{v}$ verschwindet, sehr wenig von T unterscheidet, der Schnitt $\tilde{S}_1$ ist nur wenig von S_1 verschieden. Das Feld $\mathfrak{a}_\varrho$ bleibt für $\varrho \to 0$ gleichmäßig beschränkt und strebt in $\Omega - \sum_1$ gleichmäßig gegen $\mathfrak{a}$, so daß $v_n|_{\tilde{S}_1} = (\mathfrak{a}_\varrho)_n|_{\tilde{S}_1} \to \vec{\alpha}|_{\tilde{S}_1}$ ($\vec{\alpha} = 0$ auf $\tilde{S}_1 - S_1$) strebt. In (39) vollziehen wir den Grenzübergang $\varrho \to 0$

und erhalten

$$\int_{S_1} [\varphi]\, \alpha_n\, ds = 0\,.$$

Da $\vec{\alpha} = \alpha_n \mathfrak{n}$ auf S_1 beliebig ist, folgt hieraus $[\varphi] = 0$, d. h., φ ist beim Überschreiten von S_1 stetig, was zu beweisen war.

Satz 1 gilt auch für ebene Gebiete.

Bemerkung. Man kann leicht zeigen, daß für umfangreiche Klassen von Gebieten Ω die Ungleichung

$$\int_\Omega \varphi^2\, dx \leqq C_1 \int_\Omega \mathfrak{u}^2\, dx^{1)} \tag{40}$$

gilt, sofern Ω beschränkt ist; hierbei ist

$$\varphi(x) = \int_{x_0}^{x} \sum_k u_k\, dx_k\,, \qquad x_0, x \in \Omega\,.$$

Ist Ω unbeschränkt, so gilt die Ungleichung

$$\int_\Omega \frac{\varphi^2(x)\, dx}{1 + |x|^2} \leqq C_2 \int_\Omega \mathfrak{u}^2\, dx\,. \tag{41}$$

Die Konstanten C_1 und C_2 hängen von Ω ab, jedoch nicht von $\mathfrak{u}$. (40) gilt offensichtlich, wenn Ω die Vereinigung endlich vieler sternförmiger Gebiete ist. (41) gilt zum Beispiel für Gebiete Ω, die aus der Vereinigung einer endlichen Anzahl sternförmiger Gebiete und dem Äußeren einer Kugel bestehen. Die Ungleichungen (40) und (41) beweisen wir hier nicht, benutzen sie aber im weiteren.

3. Wir betrachten die Menge $\dot{J}(\Omega)$ aller in Ω definierten hinreichend glatten[2]) finiten quellenfreien Vektorfelder und definieren in dieser Menge durch

$$[\mathfrak{u}, \mathfrak{v}] = \int_\Omega \mathfrak{u}_{x_k} \mathfrak{v}_{x_k}\, dx$$

bzw.

$$\|\mathfrak{u}\|_H = \sqrt{[\mathfrak{u}, \mathfrak{u}]}$$

ein Skalarprodukt bzw. eine Norm.

Die Vervollständigung von $\dot{J}(\Omega)$ in der dieser Norm entsprechenden Metrik ergibt einen vollständigen Hilbert-Raum, den wir mit $H(\Omega)$ bezeichnen. Bezüglich der Elemente von $H(\Omega)$ gilt offensichtlich, was in § 1 im Anschluß an (15) über die Elemente von $\mathring{D}(\Omega)$ gesagt wurde.

Mit $J_{0,1}(\Omega)$ bezeichnen wir den Hilbert-Raum, der durch Vervollständigung von $\dot{J}(\Omega)$ in der dem Skalarprodukt

$$(\mathfrak{u}, \mathfrak{v})_1 = \int_\Omega (\mathfrak{u}\,\mathfrak{v} + \mathfrak{u}_{x_k} \mathfrak{v}_{x_k})\, dx$$

entsprechenden Metrik entsteht. Für beschränkte Gebiete Ω fallen die Räume $H(\Omega)$ und $J_{0,1}(\Omega)$ zusammen; die Normen in ihnen sind äquivalent. Ist Ω das Äußere eines beschränkten Gebietes, so ist die Norm in $J_{0,1}(\Omega)$ stärker als die Norm in $H(\Omega)$, und die Menge $H(\Omega)$ ist eine Obermenge von $J_{0,1}(\Omega)$.

[1]) Vgl. Fußnote, Seite 10. — Anm. d. Red.

[2]) Vgl. Fußnote 3, Seite 14. — Anm. d. Red.

§ 3. Der Satz von Riesz und das Leray-Schaudersche Prinzip

Wir zitieren zwei Sätze, mit deren Hilfe Existenzsätze für Lösungen der stationären Probleme bewiesen werden.

Der Existenzbeweis für die Lösungen der linearisierten Gleichungen gründet sich auf den

Satz von RIESZ. *Jedes im* HILBERT-*Raum H definierte lineare Funktional ist von der Form*

$$l(u) = (a, u) .$$

Dabei ist das Element $a \in H$ durch das Funktional eindeutig bestimmt (vgl. z. B. [16]).

Existenzbeweise für die Lösung der nichtlinearen stationären Aufgaben werden mit Hilfe eines Fixpunktsatzes von LERAY-SCHAUDER geführt (vgl. [23]).

Wir geben nur eine Folgerung aus diesem Satz an, da wir ihn in seiner allgemeinen Form nicht benötigen.

Sei in dem separablen HILBERT-Raum H die Gleichung

$$x = A\,x \tag{42}$$

mit dem vollstetigen (im allgemeinen nichtlinearen) Operator A gegeben. Ein in H definierter Operator A heißt bekanntlich *vollstetig*, wenn er jede in H schwach konvergente Folge $\{x_1, x_2, \ldots\}$ in eine in H stark konvergente Folge $\{A\,x_1, A\,x_2, \ldots\}$ transformiert. Die Lösbarkeit von (42) wird garantiert durch den folgenden

Satz von LERAY-SCHAUDER. *Liegen alle Lösungen der Gleichung*

$$x = \lambda\,A\,x$$

für jedes $\lambda \in [0,1]$ *innerhalb einer gewissen Kugel* $\|x\| \leqq \varrho$, *so hat* (42) *in dieser Kugel mindestens eine Lösung.*

KOMMENTAR ZU KAPITEL I

Die Ungleichungen (1), (3), (4) und (5) habe ich bei der Untersuchung der NAVIER-STOKESschen Gleichungen erhalten. (13) und (14) wurden erstmalig von LERAY bewiesen. Vor kurzem wurden in Arbeiten von W. P. ILJIN, E. GAGLIARDO, L. NIRENBERG und K. K. GOLOWKIN weitgehende Verallgemeinerungen dieser Ungleichungen erreicht. Die Ungleichung (6) wurde auf meine Anregung von K. K. GOLOWKIN bewiesen.

S. L. SOBOLEW [6] hat einen wichtigen Satz über Integrale vom Potentialtyp bewiesen. Zusammen mit der Integraldarstellung einer willkürlichen Funktion hat er diesen Satz dem Beweis der nach ihm benannten SOBOLEWschen Einbettungssätze zugrunde gelegt. Lemma 5 ist in gewissem Sinne eine Verschärfung des SOBOLEWschen Satzes über Integrale vom Potentialtyp. Diese Verschärfung stammt von W. P. ILJIN. In diesem Buch verwenden wir nur den SOBOLEWschen Satz. Aus seinem Beweis folgt leicht, daß die zweite Ungleichung (11) für beliebige $\alpha < n - \frac{n}{p} - \lambda$ gilt.

Die Ungleichungen in § 1.5 bezüglich der Normen von $W_2^l(\Omega)$ sowie deren Verallgemeinerungen für Ableitungen beliebiger Ordnung und elliptische Differentialoperatoren zweiter Ordnung habe ich für den LAPLACE-Operator in [41] und für den allgemeinen Fall in [42] angegeben. Die vollständigen Beweise für diese Ungleichungen sind in [2] dargestellt. Für Ableitungen zweiter Ordnung wurde ein entsprechendes Ergebnis gleichzeitig von CACCIOPOLI [43] gewonnen. Das erste Ergebnis in dieser Richtung stammt, wie sich unlängst herausgestellt hat, aus dem Jahre 1910 (vgl. [44]). In einer Arbeit von S. N. BERNSTEIN [45] wurde nämlich für elliptische Differentialgleichungen zweiter Ordnung $L u = f$ mit zwei unabhängigen Variablen für kreisförmige Gebiete Ω bzw. solche Gebiete mit hinreichend glattem Rand, die sich konform auf einen Kreis abbilden lassen, für die Lösungen $u(x)$ eine Abschätzung von $||D_x^2 u||_{L_2(\Omega)}$ durch $||L u||_{L_2(\Omega)}$ gegeben.

§ 2 enthält keine neuen Ergebnisse. Die Grundlage für die Zerlegung des Raumes $\mathfrak{L}_2(\Omega)$ in orthogonale Unterräume wurde von WEYL [46] gegeben. Weitere diesbezügliche Untersuchungen wurden von S. L. SOBOLEW, S. G. KREIN, FRIEDRICHS, von mir und von anderen Autoren durchgeführt. E. B. BYCHOWSKI erhielt interessante und in gewisser Hinsicht abschließende Ergebnisse bezüglich der Charakterisierung der orthogonalen Unterräume von $\mathfrak{L}_2(\Omega)$ und des Rotor-Operators in ihnen. Diese Ergebnisse, die teilweise mit FRIEDRICHS [47] übereinstimmen (sie wurden vor der Veröffentlichung von FRIEDRICHS Arbeit gewonnen) sind in einem Übersichtsartikel von E. B. BYCHOWSKI und N. W. SMIRNOW [48] zusammengestellt.

Die Räume $\mathring{D}(\Omega)$ und $H(\Omega)$, die wir in § 1.4 und § 2.3 eingeführt haben, erwiesen sich für die Untersuchung der Lösbarkeit von Randwertaufgaben in unbeschränkten Gebieten als sehr nützlich. Für beschränkte Gebiete Ω ist die Metrik dieser Räume der Metrik von $\mathring{W}_2^1(\Omega)$ äquivalent. Der Raum $\mathring{D}(\Omega)$ wird schon sehr lange verwendet, zuerst in Arbeiten von FRIEDRICHS aus den dreißiger Jahren.

II. DIE STATIONÄREN STOKESSCHEN GLEICHUNGEN

Die Hauptaufgabe dieses Buches besteht in der Untersuchung von Strömungen zäher inkompressibler Flüssigkeiten. Die auf die Flüssigkeit wirkenden Volumenkräfte, die Randbedingungen und — bei instationären Strömungen — die Anfangsbedingungen für die Geschwindigkeit werden dabei als bekannt vorausgesetzt.

In allen betrachteten Fällen ist die Voraussetzung wesentlich, daß ein Koordinatensystem existiert, in dem das von der Flüssigkeit ausgefüllte Gebiet Ω unveränderlich ist. Diese Voraussetzung ist zum Beispiel in folgenden praktisch wichtigen Fällen erfüllt: Bewegung eines festen Körpers im unbegrenzten Strom oder — was dasselbe ist — die Umströmung eines festen Körpers durch einen unbegrenzten Strom; Flüssigkeitsbewegung unter dem Einfluß von Volumenkräften in einem festwandigen Gefäß, das sich nach einem vorgegebenen Gesetz im Raum bewegt; Flüssigkeitsbewegung zwischen zwei mit verschiedenen Geschwindigkeiten rotierenden koaxialen Kreiszylindern oder konzentrischen Kugeln.

x_k seien kartesische Koordinaten und t die Zeit in einem Inertialsystem, dann genügt das Geschwindigkeitsfeld $\mathfrak{v}$ und der Druck p den Navier-Stokesschen Gleichungen und der Kontinuitätsgleichung

$$\left.\begin{aligned} \mathfrak{v}_t - \nu\, \Delta \mathfrak{v} + v_k\, \mathfrak{v}_{x_k} &= -\operatorname{grad} p + \mathfrak{f}(x, t)\,, \\ \operatorname{div} \mathfrak{v} &= 0\,. \end{aligned}\right\} \tag{1}$$

Die Dichte der Flüssigkeit sei gleich Eins und die kinematische Zähigkeit ν konstant.

In jedem gegenüber dem gegebenen Inertialsystem bewegten kartesischen Koordinatensystem bleibt die letzte Gleichung (1) unverändert; in den Bewegungsgleichungen jedoch können neue, bezüglich $\mathfrak{v}$ und $\mathfrak{v}_{x_k}$ lineare Glieder auftreten. Treten solche linearen Glieder mit beschränkten Koeffizienten in den Navier-Stokesschen Gleichungen auf, so erschwert das unsere Betrachtungen nicht. Wir betrachten nur die Navier-Stokesschen Gleichungen in Inertialsystemen und solche Linearisierungen, bei denen alle nichtlinearen Glieder vernachlässigt werden. Wir wiederholen, daß das Problem in anderen Systemen und für andere Linearisierungen entsprechend untersucht werden kann.

Für das System (1) müssen Randbedingungen gestellt werden. An festen Wänden ist dies die Haftbedingung, die besagt, daß die Strömungsgeschwindigkeit $\mathfrak{v}$ in den Wandpunkten mit der Geschwindigkeit der Wandpunkte übereinstimmen muß. Allgemein läßt sich die Haftbedingung in der Form

$$\mathfrak{v}\,|_S = \vec{\alpha} \tag{2}$$

schreiben, wobei $\vec{\alpha}$ ein auf S vorgegebenes Vektorfeld ist.

Aus $\operatorname{div} \mathfrak{v} = 0$ folgt

$$\int_S (\vec{\alpha}, \mathfrak{n})\, dS = 0\,. \tag{3}$$

Diese notwendige Bedingung für $\vec{\alpha}$ wird stets als erfüllt betrachtet; eine Ausnahme bilden die zweidimensionalen äußeren Probleme.

In diesem Kapitel beweisen wir als erstes prinzipielles Ergebnis die eindeutige Lösbarkeit der angegebenen stationären Aufgaben für die linearisierten Differentialgleichungen.[1]) Am einfachsten läßt sich das im Hilbert-Raum $\mathfrak{L}_2(\Omega)$ mit Hilfe der unten definierten Erweiterung des Lösungsbegriffes ermitteln. Die relative Einfachheit der Untersuchungen im Raum $\mathfrak{L}_2(\Omega)$ erklärt sich hauptsächlich dadurch, daß sich in diesem Raum die Bestimmung von $\mathfrak{v}$ und p leicht trennen läßt, und zwar kann man für $\mathfrak{v}$ eine Beziehung angeben, in der p nicht vorkommt und daraus $\mathfrak{v}$ eindeutig bestimmen. Danach ist p entweder unmittelbar aus den Stokesschen Gleichungen oder aus der ihnen entsprechenden Integralidentität zu ermitteln. Deshalb sprechen wir in der Definition der „verallgemeinerten Lösung des Problems“ nur von $\mathfrak{v}$ und nicht von $\mathfrak{v}$ und p.

In diesem Kapitel beweisen wir nicht nur die eindeutige Lösbarkeit der betrachteten Aufgaben, sondern zeigen auch, wie man die Lösungen mit verschiedenen Näherungsmethoden, beispielsweise mit dem Galerkinschen Verfahren, bestimmen kann.

Der mit den Näherungsmethoden zur Lösung des Dirichletschen Problems für die Laplacesche Gleichung vertraute Leser wird beim Studium der Paragraphen 1 und 2 dieses Kapitels bemerken, daß diese Methoden bei den hydrodynamischen Problemen entsprechend angewendet werden. Die Basisvektoren müssen dabei quellenfrei sein.

§ 1. Beschränkte Gebiete

In diesem Paragraphen wird das sogenannte Stokessche Problem betrachtet, und zwar sind $\mathfrak{v}$ und p im Gebiet Ω aus den Bedingungen

$$\nu \Delta \mathfrak{v} = \operatorname{grad} p - \mathfrak{f}\,, \qquad \operatorname{div} \mathfrak{v} = 0\,, \tag{4}$$

$$\mathfrak{v}|_S = \vec{\alpha} \tag{4a}$$

zu bestimmen. $\vec{\alpha}$ und S sollen so beschaffen sein, daß sich $\vec{\alpha}$ auf Ω als quellenfreies Feld $\mathfrak{a}(x)$ mit $\mathfrak{a} \in W_2^1(\Omega)$ fortsetzen läßt. Hinreichende Bedingungen

---

[1]) Diese Differentialgleichungen werden auch Stokessche Gleichungen genannt. — Anm. d. Red.

dafür wurden in § 2, Kap. I, gegeben. Ω sei in diesem Paragraphen ein beschränktes Gebiet.

Als verallgemeinerte Lösung der Aufgabe (4), (4a) definieren wir ein Vektorfeld $\mathfrak{v}(x)$, das der Identität

$$\nu \int_\Omega \mathfrak{v}_{x_k} \vec{\Phi}_{x_k}\, dx = \int_\Omega \mathfrak{f} \vec{\Phi}\, dx \tag{5}$$

mit beliebigem $\vec{\Phi} \in H(\Omega)$ genügt, wenn $\mathfrak{v} - \mathfrak{a} \in H(\Omega)$ ist.

Man sieht leicht, daß die klassische Lösung der Aufgabe (4), (4a) eine verallgemeinerte Lösung ist. Wenn man die erste Gleichung (4) mit $\vec{\Phi} \in H(\Omega)$ multipliziert, über Ω integriert und auf den ersten Summanden den GAUSSschen Satz anwendet, so erhält man schließlich (5); das p enthaltende Glied verschwindet, da grad $p \in G(\Omega)$ zu $\vec{\Phi} \in \mathring{J}(\Omega)$ orthogonal ist. Ist von der verallgemeinerten Lösung $\mathfrak{v}$ bekannt, daß sie zu $W_2^2(\Omega')$ gehört, wobei Ω' ein beliebiges echtes Teilgebiet von Ω bezeichnet, und ist $\mathfrak{f} \in \mathfrak{L}_2(\Omega)$, so läßt sich (5) für $\vec{\Phi} \in \dot{J}(\Omega')$ auf die Form

$$\int_{\Omega'} (\nu \Delta \mathfrak{v} + \mathfrak{f})\, \vec{\Phi}\, dx = 0 \tag{6}$$

bringen. Da $\dot{J}(\Omega')$ in $\mathring{J}(\Omega')$ dicht (siehe § 2, Kap. I), $\vec{\Phi}$ ein beliebiges Element aus $\dot{J}(\Omega')$ und $\nu \Delta \mathfrak{v} + \mathfrak{f} \in \mathfrak{L}_2(\Omega')$ ist, folgt aus (6), daß $\nu \Delta \mathfrak{v} + \mathfrak{f}$ der Gradient einer Funktion $p(x)$ ist. Wegen der Willkür von $\Omega' \subset \Omega$ erhalten wir in Ω

$$\nu \Delta \mathfrak{v} + \mathfrak{f} = \operatorname{grad} p\,,$$

d. h., $\mathfrak{v}(x)$ genügt den STOKESschen Gleichungen.

Die so definierte Erweiterung des Lösungsbegriffes ist auch insofern zulässig, als für sie der Eindeutigkeitssatz erhalten bleibt. Die gesuchte verallgemeinerte Lösung wird also die klassische Lösung sein, wenn diese existiert. Es ist allerdings möglich, daß bei den geringen Voraussetzungen über den Rand, die Randwerte und die äußere Kraft, unter denen die verallgemeinerte Lösung gefunden wird, eine klassische Lösung nicht existiert. Die Existenz der verallgemeinerten Lösung aber folgt aus recht allgemeinen und einfachen Überlegungen. Das spricht für die Zweckmäßigkeit, von den klassischen zu verallgemeinerten Lösungen überzugehen. Die verallgemeinerte Lösung der Aufgabe (4), (4a) sowie der später betrachteten Randwertaufgaben werden wir für eine umfangreiche Klasse von Vektorfeldern $\mathfrak{f}$, die die äußeren Einflüsse beschreiben, aufsuchen. Die $\mathfrak{f}$ auferlegten Bedingungen reduzieren sich in diesem sowie im V. Kapitel, sofern nichts anderes gesagt wird, darauf, daß das Integral $\int_\Omega \mathfrak{f} \vec{\Phi}\, dx$ im Raum $H(\Omega)$ ein lineares Funktional von $\vec{\Phi}$ definieren soll. Das wiederum ist dann und nur dann erfüllt, wenn die Ungleichung

$$\left|\int_\Omega \mathfrak{f} \vec{\Phi}\, dx\right| \leq C \,\|\vec{\Phi}\|_H \text{[1]}$$

gilt.

---

[1]) Vgl. Fußnote, Seite 10. — Anm. d. Red.

Man kann verschiedene Bedingungen für $\mathfrak{f}$ angeben, unter denen diese Ungleichung erfüllt ist.

1. Ist Ω ein beliebiges Gebiet und $\mathfrak{f} \in \mathfrak{L}_{6/5}(\Omega)$, so ist infolge der HÖLDERschen Ungleichung und der Ungleichung (6) (§ 1, Kap. I)

$$\left|\int_\Omega \mathfrak{f}\,\vec{\Phi}\,dx\right| \leqq \left(\int_\Omega \sum_i |f_i|^{6/5}\,dx\right)^{5/6}\left(\int_\Omega \sum_i |\Phi_i|^6\,dx\right)^{1/6} \leqq C\,\|\vec{\Phi}\|_H .$$

2. Ist Ω ein beliebiges Gebiet und existiert

$$\int_\Omega |x-y|^2 \sum_i |f_i(x)|^2\,dx$$

für beliebiges y, so ist wegen (13) (§ 1, Kap. I)

$$\left|\int_\Omega \mathfrak{f}\,\vec{\Phi}\,dx\right| \leqq \left(\int_\Omega |x-y|^2 \sum_i |f_i(x)|^2\,dx\right)^{1/2}\left(\int_\Omega \sum_i \frac{|\Phi_i(x)|^2}{|x-y|^2}\,dx\right)^{1/2} \leqq C\,\|\vec{\Phi}\|_H .$$

3. Sei $f_i = \frac{\partial f_{ik}(x)}{\partial x_k}$ und $f_{ik} \in L_2(\Omega)$ (vgl. [24]), dann ist für beliebiges $\vec{\Phi} \in \dot{J}(\Omega)$

$$\left|\int_\Omega \mathfrak{f}\,\vec{\Phi}\,dx\right| \leqq \left|-\int_\Omega \sum_{i,k} f_{ik}\,\Phi_{ix_k}\,dx\right| \leqq C\,\|\vec{\Phi}\|_H .$$

Diese Ungleichung gilt für beliebige $\vec{\Phi}$ aus $H(\Omega)$, weil $\dot{J}(\Omega)$ in $H(\Omega)$ dicht ist. Ω kann hier ein beliebiges Gebiet sein.

4. Der Vektor $\mathfrak{f}$ braucht keine Punktfunktion zu sein; er kann eine verallgemeinerte Funktion (siehe [25, 26] u. a.), zum Beispiel eine DIRACsche Deltafunktion $\delta(S_1)\,\mathfrak{e}$ sein, die auf einer beliebigen glatten, in einem beschränkten Teilgebiet von Ω gelegenen Fläche S_1 konzentriert ist. Für solche $\mathfrak{f}$ ist das Integral $\int_\Omega \mathfrak{f}\,\vec{\Phi}\,dx$ als Integral von $\vec{\Phi}\,\mathfrak{e}$ über S_1 zu verstehen, d. h.

$$\int_\Omega \mathfrak{f}\,\vec{\Phi}\,dx = \int_{S_1} \vec{\Phi}\,\mathfrak{e}\,dS .$$

Das Integral definiert infolge der Ungleichung (9), § 1, Kap. I, die für beliebiges $\vec{\Phi} \in \mathring{W}_2^1(\Omega)$ gilt, tatsächlich ein lineares Funktional in $H(\Omega)$.

Unter 3 können die f_i ebenfalls verallgemeinerte Funktionen sein.

Außer den zitierten gibt es noch andere Bedingungen, unter denen das Integral $\int_\Omega \mathfrak{f}\,\vec{\Phi}\,dx$ in $H(\Omega)$ ein lineares Funktional von $\vec{\Phi}$ definiert. Eine erschöpfende Aufzählung benötigen wir jedoch nicht, da in allen Existenzsätzen für verallgemeinerte Lösungen, die in den Kapiteln II und V bewiesen werden, von $\mathfrak{f}$ nur die Eigenschaft, daß $\int_\Omega \mathfrak{f}\,\vec{\Phi}\,dx$ in $H(\Omega)$ ein lineares Funktional definiert, verwendet wird.

Satz 1. *Das Randwertproblem* (4), (4a) *hat höchstens eine verallgemeinerte Lösung.*

Beweis. Für die Differenz $\mathfrak{u}$ zweier verschiedener Lösungen erhielte man infolge (5)

$$\nu\,[\mathfrak{u}, \vec{\Phi}] = 0$$

und $\mathfrak{u} \in H(\Omega)$. Setzt man $\vec{\Phi} = \mathfrak{u}$, so erhält man, da [,] das Skalarprodukt in $H(\Omega)$ ist, $\mathfrak{u} \equiv 0$.

Satz 2. *Das Randwertproblem* (4), (4a) *hat eine verallgemeinerte Lösung, wenn* $\mathfrak{f}$ *so beschaffen ist, daß das Integral* $\int\limits_\Omega \mathfrak{f}\,\vec{\Phi}\,dx$ *im Raum* $H(\Omega)$ *ein lineares Funktional von* $\vec{\Phi}$ *ist.*

Beweis. Die Identität (5) schreiben wir in der Form

$$\nu\,[\mathfrak{v} - \mathfrak{a}, \vec{\Phi}] = -\nu\,[\mathfrak{a}, \vec{\Phi}] + (\mathfrak{f}, \vec{\Phi}) \tag{7}$$

und stellen fest, daß die rechte Seite in $H(\Omega)$ ein lineares Funktional von $\vec{\Phi}$ definiert. Nach dem Satz von RIESZ läßt sich dieses in der Form $[\mathfrak{u}, \vec{\Phi}]$ darstellen, wobei $\mathfrak{u}$ ein eindeutig bestimmtes Element aus $H(\Omega)$ ist, das von $\mathfrak{f}$, $\mathfrak{a}$ und ν abhängig ist. Das Vektorfeld $\mathfrak{v} = \mathfrak{a} + \mathfrak{u}$ ist die gesuchte Lösung, q. e. d.

Satz 3. *Ist* $\mathfrak{f} \in \mathfrak{L}_2(\Omega')$, $\Omega' \subset \Omega$, *so gehört die in Satz 2 gefundene verallgemeinerte Lösung* $\mathfrak{v}$ *für* $\Omega'' \subset \Omega'$ *zu* $\mathfrak{W}_2^2(\Omega'')$[2]) *und befriedigt fast überall in* Ω'' *das System* (4), *wobei* $p \in W_2^1(\Omega'')$ *ist.* Ω'' *ist hier ein beliebiges echt in* Ω' *enthaltenes Teilgebiet.*

Beweis. $\mathfrak{a}(x)$ können wir in Ω ohne Einschränkung der Allgemeinheit als beliebig glatt[1]) annehmen. Das $\vec{\Phi}$ in (5) wählen wir in der Form

$$\vec{\Phi} = \operatorname{rot}\,[\zeta^2 \operatorname{rot} \mathfrak{v}_\varrho]_\varrho\,.$$

Der Index ϱ bezeichne die Mittelung mit dem Kern $\omega_\varrho\,(|x - y|)$; $\zeta(x)$ sei eine zweimal stetig differenzierbare nicht negative und in Ω' finite Funktion, die in $\Omega'' \subset \Omega'$ gleich Eins und in Ω' nicht größer als Eins ist. Wir nehmen an, daß die Breite des Grenzstreifens von Ω', in dem $\zeta \equiv 0$ ist, größer als ϱ ist. Das so gewählte $\vec{\Phi}$ setzen wir in (5) ein und führen einige Umformungen durch. Hierbei berücksichtigen wir, daß die Operationen der Mittelwertbildung und der Differentiation vertauschbar sind. Wir erhalten

$$\begin{aligned}\int\limits_{\Omega'} \mathfrak{f}\,\vec{\Phi}\,dx &= \nu \int\limits_{\Omega'} \mathfrak{v}_{x_k}\,\vec{\Phi}_{x_k}\,dx = \nu \int\limits_{\Omega'} \mathfrak{v}_{x_k}\,[\operatorname{rot}\,(\zeta^2 \operatorname{rot} \mathfrak{v}_\varrho)]_{\varrho x_k}\,dx \\ &= \nu \int\limits_{\Omega'} \mathfrak{v}_{\varrho x_k}\,[\operatorname{rot}\,(\zeta^2 \operatorname{rot} \mathfrak{v}_\varrho)]_{x_k}\,dx = -\nu \int\limits_{\Omega'} \Delta \mathfrak{v}_\varrho \operatorname{rot}\,(\zeta^2 \operatorname{rot} \mathfrak{v}_\varrho)\,dx\,.\end{aligned} \tag{8}$$

Es gilt

$$\operatorname{rot}\,(\zeta^2 \operatorname{rot} \mathfrak{v}_\varrho) = \zeta^2 \operatorname{rot}\operatorname{rot} \mathfrak{v}_\varrho + \operatorname{grad} \zeta^2 \times \operatorname{rot} \mathfrak{v}_\varrho = -\zeta^2 \Delta \mathfrak{v}_\varrho + \operatorname{grad} \zeta^2 \times \operatorname{rot} \mathfrak{v}_\varrho\,,$$

da

$$\operatorname{div} \mathfrak{v}_\varrho = 0$$

ist. Deshalb erhalten wir aus (8)

$$\nu \int\limits_{\Omega'} \zeta^2 (\Delta \mathfrak{v}_\varrho)^2\,dx = \int\limits_{\Omega'} [\mathfrak{f}_\varrho \operatorname{rot}\,(\zeta^2 \operatorname{rot} \mathfrak{v}_\varrho) + \nu\,\Delta \mathfrak{v}_\varrho \operatorname{grad} \zeta^2 \times \operatorname{rot} \mathfrak{v}_\varrho]\,dx\,.$$

---

[1]) Vgl. Fußnote 3, Seite 14. — Anm. d. Red.

[2]) $\mathfrak{W}_2^2$ enthält die Vektorfelder, deren Komponenten zu W_2^2 gehören. — Anm. d. Red.

Die rechte Seite schätzen wir nach der verallgemeinerten SCHWARZschen Ungleichung $2\,a\,b \leqq \varepsilon\, a^2 + \frac{1}{\varepsilon}\, b^2$, die für beliebiges $\varepsilon > 0$ gilt, ab. Das führt uns zu der Ungleichung

$$\nu \int_{\Omega'} \zeta^2 (\Delta \mathfrak{v}_\varrho)^2\, dx \leqq \varepsilon \int_{\Omega'} \nu\, \zeta^2 (\Delta \mathfrak{v}_\varrho)^2\, dx + \frac{C_1}{\varepsilon} \int_{\Omega'} \left(\mathfrak{f}^2 \zeta^2 + \sum_{k=1}^{3} \mathfrak{v}^2_{\varrho\, x_k} \right) dx \tag{9}$$

mit einer Konstanten C_1, die nur von der Wahl der Funktion $\zeta(x)$ abhängt. Wir wählen $\varepsilon < 1$ und berücksichtigen, daß für $\mathfrak{v}$ und damit auch für $\mathfrak{v}_\varrho$ die Abschätzung

$$\int_{\Omega} \sum_{k=1}^{3} \mathfrak{v}^2_{x_k}\, dx \leqq \text{const} \tag{10}$$

gilt, die leicht aus (5) gewonnen werden kann, wenn man $\vec{\Phi} = \mathfrak{v} - \mathfrak{a}$ setzt. Aus (9) und (10) ist ersichtlich, daß für beliebiges $\varrho > 0$ die Ungleichung

$$\int_{\Omega''} (\Delta \mathfrak{v}_\varrho)^2\, dx \leqq \int_{\Omega'} \zeta^2 (\Delta \mathfrak{v}_\varrho)^2\, dx \leqq \text{const}$$

mit einer von ϱ unabhängigen Konstanten gilt. Hieraus wiederum folgt eine Abschätzung für die zweiten Ableitungen von $\mathfrak{v}_\varrho$ (siehe § 1, Kap. I):

$$\int_{\Omega''} (D_x^2 \mathfrak{v}_\varrho)^2\, dx \leqq \text{const}\,. \tag{11}$$

Da die Konstante in (11) nicht von ϱ abhängt, hat das Vektorfeld $\mathfrak{v} = \lim_{\varrho \to 0} \mathfrak{v}_\varrho$ zweite Ableitungen, die ebenfalls der Ungleichung (11) genügen (siehe [16]). Unter Berücksichtigung der Abschätzungen für $\mathfrak{v}$ erhalten wir

$$\|\mathfrak{v}\|_{\mathfrak{W}_2^2(\Omega'')} \leqq \text{const}\,. \tag{12}$$

Die Identität (5) läßt sich jetzt auf die Form

$$\int_{\Omega''} (\nu\, \Delta \mathfrak{v} + \mathfrak{f})\, \vec{\Phi}\, dx = 0$$

bringen, wobei wir $\vec{\Phi} \in \dot{J}(\Omega'')$ annehmen. Da $\dot{J}(\Omega'')$ in $\mathring{J}(\Omega'')$ dicht und $\nu\, \Delta \mathfrak{v} + \mathfrak{f} \in \mathfrak{L}_2(\Omega'')$ ist, ist $\nu\, \Delta \mathfrak{v} + \mathfrak{f}$ der Gradient einer gewissen Funktion $p \in W_2^1(\Omega'')$, so daß $\nu\, \Delta \mathfrak{v} + \mathfrak{f} = \operatorname{grad} p$ und p der gesuchte Druck ist, q. e. d.

Um über das Verhalten von $\mathfrak{v}$ in der Nähe des Randes S etwas auszusagen, sind schwierigere Betrachtungen erforderlich, mit denen wir uns in § 5, Kap. III, befassen werden. Die Differenzierbarkeitsforderungen an $\vec{\alpha}$ und den Rand S reduzieren sich in allen Sätzen darauf, daß $\vec{\alpha}$ als quellenfreies Feld $\mathfrak{a}(x)$, dessen Komponenten $a_i \in W_2^1(\Omega)$ sind, auf das Gebiet Ω fortsetzbar ist. Für $\vec{\alpha} = 0$ braucht S keine Differenzierbarkeitsbedingungen zu erfüllen.

Mit der gleichen Methode wie Satz 3 läßt sich beweisen, daß $\mathfrak{v} \in \mathfrak{W}_2^{m+2}(\Omega'')$ und $p \in W_2^{m+1}(\Omega'')$ ist, wenn $\mathfrak{f} \in \mathfrak{W}_2^m(\Omega')$ ist.

§ 2. Das dreidimensionale äußere Problem

In diesem Paragraphen betrachten wir die STOKESschen Gleichungen in unbeschränkten Gebieten Ω. Bei homogenen Randbedingungen auf S und im Unendlichen

$$\mathfrak{v}|_S = 0\,, \qquad \mathfrak{v}^\infty = 0 \tag{13}$$

wird die eindeutige Lösbarkeit der Aufgabe (4), (13) bewiesen wie die Sätze 1 und 2 des vorangehenden Paragraphen (hier ist $\mathfrak{a}(x) = \vec{\alpha} = 0$). Den Randbedingungen wird in dem Sinne genügt, daß die Lösung $\mathfrak{v}$ dem Raum $H(\Omega)$ angehört. Also gilt der folgende

Satz 4. *Definiert $\int\limits_\Omega \mathfrak{f}\,\vec{\Phi}\,dx$ in $H(\Omega)$ ein lineares Funktional von $\vec{\Phi}$, so existiert höchstens eine verallgemeinerte Lösung des Randwertproblems* (4), (13), *d. h. höchstens ein $\mathfrak{v}(x)$, das zu $H(\Omega)$ gehört und für beliebiges $\vec{\Phi} \in H(\Omega)$ die Identität*

$$\nu\,[\mathfrak{v}, \vec{\Phi}] = \int\limits_\Omega \mathfrak{f}\,\vec{\Phi}\,dx \tag{5}$$

erfüllt. Ist $\mathfrak{f}$ außerdem lokal quadratisch summierbar, so hat $\mathfrak{v}$ lokal quadratisch summierbare Ableitungen zweiter Ordnung und genügt fast überall dem System (4) *mit einer Funktion p, die einen lokal quadratisch summierbaren Gradienten besitzt. Enthält schließlich Ω eine volle Umgebung des unendlich fernen Punktes, d. h., gibt es ein $R > 0$, so daß das Gebiet $\{|x| \geqq R\}$ zu Ω gehört, und ist $\mathfrak{f} \in \mathfrak{L}_2\{|x| \geqq R\}$, so sind die $\mathfrak{v}_{x_i x_j}$ und p_{x_i} über das Gebiet $\{|x| \geqq R + \varepsilon\}$ für jedes $\varepsilon > 0$ quadratisch summierbar.*

Die letzte Behauptung wird wie Satz 3 bewiesen, wobei noch die in § 1.4, Kap. I, bewiesene Ungleichung zu berücksichtigen ist.

Wir nehmen nun an, die Randbedingungen im Unendlichen seien nicht homogen. Es mögen n ruhende endliche Körper, die von den Flächen $S_1, \ldots, S_n$ begrenzt sind, mit der Geschwindigkeit $\mathfrak{v}$ umströmt werden, die für $|x| \to \infty$ gegen einen gegebenen konstanten Vektor $\mathfrak{v}^\infty$ strebt. Die Aufgabe besteht darin, $\mathfrak{v}$ und p so zu bestimmen, daß (4) und die Randbedingungen

$$\mathfrak{v}|_{S = \bigcup\limits_{k=1}^{n} S_k} = 0\,, \quad \mathfrak{v}|_{|x|=\infty} = \mathfrak{v}^\infty \tag{14}$$

erfüllt sind.

Wir konstruieren ein glattes quellenfreies Feld $\mathfrak{a}(x)$, das auf $S = \bigcup\limits_{k=1}^{N} S_k$ verschwindet und für große $|x|$ gegen $\mathfrak{v}^\infty$ strebt. Man kann beispielsweise $\mathfrak{a}(x) = \mathfrak{v}^\infty - \mathfrak{b}(x)$ wählen, wobei $\mathfrak{b}(x) = \operatorname{rot}\big(\zeta(x)\,\mathfrak{d}(x)\big)$, $\mathfrak{d}(x) = (v_2^\infty x_3,\ v_3^\infty x_1,\ v_1^\infty x_2)$ und $\zeta(x)$ eine glatte Funktion bezeichnet, die auf S und in einer Umgebung von S gleich Eins ist und für große $|x|$ verschwindet.

Als verallgemeinerte Lösung des Randwertproblems (4), (14) bezeichnen wir ein Vektorfeld $\mathfrak{v}$, für das $\mathfrak{v} - \mathfrak{a} \in H(\Omega)$ ist und das für alle $\vec{\Phi} \in H(\Omega)$ der Integralidentität (5) genügt.

Ähnlich wie die Sätze 1—4 wird auch der folgende Satz bewiesen.

Satz 5. *Für das Randwertproblem* (4), (14) *gelten alle Behauptungen des Satzes* 4.

Zum Beweis der Lösbarkeit von (4), (14) genügt es, zu überprüfen (vgl. den Beweis für Satz 2), daß der Ausdruck $\nu \int_\Omega \mathfrak{a}_{x_k} \vec{\Phi}_{x_k}\, dx$ in $H(\Omega)$ ein lineares Funktional von $\vec{\Phi}$ definiert. Das aber ist der Fall, weil für große $|x|$ $\mathfrak{a}_{x_k} = 0$ ist und deshalb

$$\left|\nu \int_\Omega \mathfrak{a}_{x_k} \vec{\Phi}_{x_k}\, dx\right| \leqq C\|\vec{\Phi}\|_H$$

gilt.

Die Differenzierbarkeitseigenschaften der Lösung $\mathfrak{v}$, p verbessern sich mit den Differenzierbarkeitseigenschaften von $\mathfrak{f}$. Für $\mathfrak{f} \equiv 0$ sind $\mathfrak{v}$ und p beliebig oft differenzierbar.

Die Randbedingungen (14) werden für S auf das quadratische Mittel (vgl. [6]) bezogen und im Unendlichen in dem Sinne verstanden, daß

$$\int_\Omega \frac{|\mathfrak{v}(x) - \mathfrak{a}(x)|^2}{|x - y|^2}\, dx < \infty$$

ist.

Durch Benutzung der singulären Fundamentallösung der Stokesschen Gleichungen läßt sich leicht klären, unter welchen Bedingungen die oben gefundenen verallgemeinerten Lösungen einem Hölder-Raum angehören und wie schnell sie im Unendlichen gegen ihre Grenzwerte streben. Die Ergebnisse sind dieselben wie beim Dirichletschen Problem der Laplaceschen Gleichung. Die Beweise führen wir in Kap. V sogleich für die nichtlinearen Gleichungen.

Ähnlich läßt sich auch das Problem mit inhomogenen Randbedingungen untersuchen.

§ 3. Ebene Strömungen

Das Randwertproblem (4), (4a) läßt sich im zweidimensionalen Fall in der üblichen Weise auf ein Randwertproblem der biharmonischen Gleichung zurückführen. Wegen $\frac{\partial v_1}{\partial x_1} + \frac{\partial v_2}{\partial x_2} = 0$ existiert eine Stromfunktion $\psi(x_1, x_2)$, die durch

$$v_1 = \frac{\partial \psi}{\partial x_2}, \qquad v_2 = -\frac{\partial \psi}{\partial x_1} \tag{14a}$$

definiert ist. In den Stokesschen Gleichungen bilden wir auf beiden Seiten den Rotor und setzen für v_1 und v_2 die Ausdrücke (14a) ein. Wir erhalten dann für ψ die Gleichung

$$\nu\, \Delta^2 \psi = -f_{1 x_2} + f_{2 x_1}.$$

Wie man leicht sieht, bestimmt die Randbedingung $\mathfrak{v}|_S = \vec{\alpha}$ die Werte von ψ und $\frac{\partial \psi}{\partial n}$ auf S (ψ bis auf eine additive Konstante, die man beliebig festlegen kann). (4), (4a) läßt sich also für ebene Strömungen auf das bekannte Problem der Bestimmung von ψ zurückführen. Wir verzichten auf die Angabe diesbezüglicher

Ergebnisse und beschränken uns auf den Hinweis, daß die Methoden der vorangehenden Paragraphen auch auf den betrachteten Spezialfall anwendbar sind. Für beschränkte Gebiete führen sie zu den gleichen Ergebnissen wie im Dreidimensionalen. Beim Umströmungsproblem, d. h., beim Randwertproblem (4), (14) ist es im zweidimensionalen Fall unmöglich, die Bedingung (14) für $\mathfrak{v}^\infty \neq 0$ zu befriedigen. In Analogie zum äußeren DIRICHLETschen Problem wird das Umströmungsproblem im ebenen Fall wie folgt formuliert: Es ist eine Lösung des Systems (4) zu finden, die der Randbedingung

$$\mathfrak{v}|_S = 0 \tag{4a}$$

genügt und im Unendlichen beschränkt ist.

In der verallgemeinerten Problemstellung ist die Aufgabe so zu formulieren: Es ist ein Vektorfeld $\mathfrak{v}(x)$ zu bestimmen, das zu $H(\Omega)$ gehört und der Identität (5) für alle $\vec{\Phi}$ aus $H(\Omega)$ genügt.

Satz 4 garantiert die eindeutige Lösbarkeit der Aufgabe in $H(\Omega)$, falls $\mathfrak{f}$ in $H(\Omega)$ ein lineares Funktional definiert. Für $\mathfrak{f} \equiv 0$ ist auch $\mathfrak{v} \equiv 0$, selbst wenn die Bedingung $\mathfrak{v}^\infty = 0$ nicht gestellt wird.

Wir weisen darauf hin, daß die Zugehörigkeit von $\mathfrak{v}$ zu $H(\Omega)$ nicht zur Folge hat, daß $\mathfrak{v}$ für $|x| \to \infty$ verschwindet ($\mathfrak{v}$ kann zum Beispiel für große $|x|$ gegen eine von Null verschiedene Konstante streben), sie schließt jedoch aus, daß $\mathfrak{v}$ für $|x| \to \infty$ logarithmisch anwächst.

In der klassischen Formulierung wurde das ebene Umströmungsproblem von mehreren Autoren in Zusammenhang mit dem „STOKESschen Paradoxon" behandelt. Dieses Paradoxon besagt, daß keine Lösung des homogenen Systems (4) gefunden werden kann, die auf S verschwindet und im Unendlichen gegen einen gegebenen Vektor $\mathfrak{v}^\infty$ strebt.

Aus den obigen Ausführungen folgt, daß eine solche Lösung tatsächlich nicht existiert. B. W. RUSANOW [27] untersuchte den Fall, daß Ω das Äußere eines Kreises ist. Er zeigte, daß die Lösung $\mathfrak{v}(x, t)$ des nichtstationären Problems mit $\mathfrak{f} = 0$, einer homogenen Bedingung auf S und der inhomogenen Bedingung $\mathfrak{v}|_{|x|=\infty} = (c_1, 0)$ für beliebiges festes x und $t \to +\infty$ verschwindet. Das gleiche gilt für das Äußere eines beliebigen beschränkten Gebiets.

Ein weiteres Ergebnis zum STOKESschen Paradoxon erzielten R. FINN und W. NOLL [28]. Sie bewiesen, daß das homogene System (4) mit einer homogenen Bedingung auf S in der Klasse der zweimal stetig differenzierbaren und im Unendlichen beschränkten Funktionen nur die identisch verschwindende Lösung besitzt.

§ 4. Über das Spektrum des STOKESschen Problems

Ω sei ein beschränktes Gebiet im euklidischen Raum $x = (x_1, x_2, x_3)$. Dem in diesem Kapitel betrachteten linearen Randwertproblem (4), (4a) entspricht ein linearer Operator, dessen Eigenschaften wir untersuchen. Im HILBERT-Raum

$\overset{\circ}{J}(\Omega)$ definieren wir den Operator $\tilde{\Delta}$, der dem Vektorfeld $\mathfrak{v}(x)$ gemäß den Gleichungen

$$\left.\begin{aligned} \nu\,\Delta\mathfrak{v} + \operatorname{grad} p = \vec{\psi}(x)\,,\ \operatorname{div}\mathfrak{v} = 0 \text{ in } \Omega\,, \\ \mathfrak{v}|_S = 0 \end{aligned}\right\} \tag{15}$$

das Vektorfeld $\vec{\psi}(x)$ zugeordnet, $\tilde{\Delta}\mathfrak{v} = \vec{\psi}$.

In § 1 wurde bewiesen, daß zu jedem $\vec{\psi}$ aus $\overset{\circ}{J}(\Omega)$ und sogar aus $\mathfrak{L}_2(\Omega)$ eine eindeutig bestimmte Lösung $(\mathfrak{v}, p)$ von (15) existiert, wobei

$$\mathfrak{v} \in \mathfrak{W}_2^2(\Omega') \cap H(\Omega)$$

ist.

Wir müssen noch zeigen, daß verschiedenen $\vec{\psi}$ aus $\overset{\circ}{J}(\Omega)$ verschiedene $\mathfrak{v}$ entsprechen, die (15) erfüllen, oder daß aus $\mathfrak{v} \equiv 0$ $\vec{\psi} \equiv 0$ folgt. Das ist richtig, weil für $\mathfrak{v} \equiv 0$ aus der ersten Gleichung (15) $\operatorname{grad} p = \vec{\psi}$ folgt. Da $\vec{\psi} \in \overset{\circ}{J}(\Omega)$ ist, erhalten wir $\vec{\psi} \equiv 0$ (siehe § 2, Kap. I).

Mit $D(\tilde{\Delta})$ bezeichnen wir die Gesamtheit der Lösungen von (15), die der Gesamtheit der $\vec{\psi}$ aus $\overset{\circ}{J}(\Omega)$ entsprechen. Die Menge $D(\tilde{\Delta})$ ist der Definitionsbereich des Operators $\tilde{\Delta}$, wobei $\tilde{\Delta}$ die umkehrbar eindeutige Beziehung zwischen $D(\tilde{\Delta})$ und $\overset{\circ}{J}(\Omega)$ herstellt. $\tilde{\Delta}$ kann man auch als Erweiterung des auf $W_2^2(\Omega) \cap H(\Omega)$ definierten Operators $\nu\, p_{\overset{\circ}{J}} \Delta$ ansehen, wobei $p_{\overset{\circ}{J}}$ der Projektor von $\mathfrak{L}_2(\Omega)$ auf $\overset{\circ}{J}(\Omega)$ ist.

Es gilt der folgende

Satz 6. *Der Operator $\tilde{\Delta}$ ist auf $D(\tilde{\Delta})$ selbstadjungiert und negativ definit. Der inverse Operator $\tilde{\Delta}^{-1}$ ist vollstetig.*

Beweis. Sei $\mathfrak{v} \in D(\tilde{\Delta})$ und $\tilde{\Delta}\mathfrak{v} = \vec{\psi}$. Aus der Definition von $\tilde{\Delta}$ folgt, daß für ein beliebiges $\vec{\Phi} \in H(\Omega)$ die Identität

$$\nu \int_\Omega \mathfrak{v}_{x_k} \vec{\Phi}_{x_k}\, dx = -\int_\Omega \vec{\psi}\,\vec{\Phi}\, dx \tag{16}$$

erfüllt ist. Für $\vec{\Phi} = \mathfrak{v}$ erhalten wir daraus die Ungleichung

$$\nu\|\mathfrak{v}\|_H^2 = -\int_\Omega \vec{\psi}\,\mathfrak{v}\, dx \leqq \|\vec{\psi}\| \cdot \|\mathfrak{v}\| \leqq C\|\vec{\psi}\| \cdot \|\mathfrak{v}\|_1$$

und wegen der Äquivalenz der Normen in H und $\mathfrak{W}_2^1$ ergibt sich die Ungleichung

$$\|\mathfrak{v}\|_1 \leqq C\|\vec{\psi}\|\,.^{1)} \tag{17}$$

Wir beweisen jetzt die Abgeschlossenheit von $\tilde{\Delta}$ auf $D(\tilde{\Delta})$. Sei $\mathfrak{v}^n$, $n = 1, 2, \ldots$, eine Folge aus $D(\tilde{\Delta})$ mit der Eigenschaft $\mathfrak{v}^n \Rightarrow \mathfrak{v}$, und es gelte in $\overset{\circ}{J}(\Omega)$, d. h. in $\mathfrak{L}_2(\Omega)$, $\tilde{\Delta}\mathfrak{v}^n = \vec{\psi}^n \Rightarrow \vec{\psi}$. Wegen (17) konvergieren die $\mathfrak{v}^n$ bezüglich der Norm von $H(\Omega)$ (oder was dasselbe ist, von $\mathfrak{W}_2^1(\Omega)$) gegen $\mathfrak{v}$, und für sie gilt (16). Lassen wir in dieser Identität n gegen Unendlich streben, so erhalten wir (16) für $\mathfrak{v}$ und $\vec{\psi}$, d. h., es ist $\mathfrak{v} \in D(\tilde{\Delta})$ und $\tilde{\Delta}\mathfrak{v} = \vec{\psi}$.

---

1) Vgl. Fußnote, Seite 10. — Anm. d. Red.

Wir prüfen, ob $\tilde{\Delta}$ auf $D(\tilde{\Delta})$ symmetrisch ist. Die Vektoren $\mathfrak{u}$ und $\mathfrak{v}$ mögen zu $D(\tilde{\Delta})$ und daher auch zu $H(\Omega)$ gehören. Für $\mathfrak{u}$ gilt dann (16) mit beliebigem Φ aus $H(\Omega)$; sei $\vec{\Phi} = \mathfrak{v}$. Dann gilt

$$\nu[\mathfrak{u}, \mathfrak{v}] = -(\tilde{\Delta}\mathfrak{u}, \mathfrak{v}) .$$

Entsprechend gilt (16) für $\mathfrak{v}$ mit $\vec{\Phi} = \mathfrak{u}$

$$\nu[\mathfrak{v}, \mathfrak{u}] = -(\tilde{\Delta}\mathfrak{v}, \mathfrak{u}) .$$

Der Vergleich beider Beziehungen ergibt, da wir nur reelle Räume betrachten, daß $\tilde{\Delta}$ auf $D(\tilde{\Delta})$ symmetrisch und negativ definit ist.

Der Operator $\tilde{\Delta}$ ist also abgeschlossen, symmetrisch und sein Wertebereich ist der gesamte Raum $\mathring{J}(\Omega)$; deshalb ist er selbstadjungiert (siehe z. B. [16]). Die Vollstetigkeit von $\tilde{\Delta}^{-1}$ folgt aus (17) und der Tatsache, daß jede in $W_2^1(\Omega)$ beschränkte Menge in $L_2(\Omega)$ kompakt ist (siehe § 1, Kap. I).

Aus den Eigenschaften von $\tilde{\Delta}$ folgen einige Sätze über seine Eigenfunktionen und Eigenwerte (vgl. [3, 29]). Z. B.: Das Spektrum von $\tilde{\Delta}$ ist diskret, alle Eigenwerte sind negativ und haben eine endliche Vielfachheit; „$-\infty$" ist Häufungspunkt der Eigenwerte. Das System der Eigenvektoren ist bezüglich des Skalarproduktes in $\mathfrak{L}_2(\Omega)$ und $H(\Omega)$ orthogonal und vollständig.

Für Gebiete, die eine volle Umgebung des unendlich fernen Punktes enthalten, ist das Spektrum des Operators kontinuierlich und überdeckt die negative Halbachse. Das läßt sich ähnlich beweisen wie für den LAPLACE-Operator (vgl. [30, 57]).

§ 5. Positives Vorzeichen des Drucks

Das System (4) definiert den Druck $p(x)$ bis auf eine additive Konstante. Wäre uns bekannt, daß $p(x)$ beschränkt ist, so könnten wir durch Addition einer hinreichend großen positiven Konstanten einen positiven Druck erhalten. Aus Satz 3 (§ 1) ist nur bekannt, daß für $\mathfrak{f} \in \mathfrak{L}_2(\Omega)$ grad p über ein beliebiges echtes Teilgebiet $\Omega' \subset \Omega$ quadratisch summierbar ist. Für beliebiges $\mathfrak{f} \in \mathfrak{L}_2(\Omega)$ braucht $p(x)$ weder beschränkt noch von einerlei Vorzeichen zu sein. Für $p(x)$ wählen wir zum Beispiel eine beliebige Funktion aus $W_2^1(\Omega)$; $\mathfrak{v}(x)$ sei ein beliebiges quellenfreies Vektorfeld aus $\mathfrak{W}_2^2(\Omega)$, das auf S verschwindet. Der Ausdruck $-\Delta\mathfrak{v} + \text{grad}\, p$ ist dann die zu p, $\mathfrak{v}$ gehörige Kraft $\mathfrak{f}$.

Es ist also zweckmäßig, an Stelle eines durchweg nichtnegativen Drucks die Beschränktheit des Integrals $\int_\Sigma |p| dS$ für jede Fläche Σ zu fordern. Diese Bedingung ist natürlicher als die Bedingung, daß $p(x)$ für kein x negativ sein soll. Die Integrale $\int_\Sigma p\, dS$ haben einen physikalischen Sinn.

Ist bekannt, daß der Betrag der Integrale eine gewisse Konstante nicht übersteigt, so können wir zu $p(x)$ eine Konstante C addieren, so daß die Integrale

$\int_\Sigma (p + C)\, dS$ die die Kraft auf die Flächen Σ bestimmen, nichtnegativ sind. Die Endlichkeit der Integrale $\int_\Sigma p\, dS$ und $\int_\Sigma |p|\, dS$ für alle ebenen beschränkten Flächen Σ sowie für alle Flächen, die man aus ihnen durch stetig differenzierbare Transformationen $y = y(x)$ mit beschränkten ersten Ableitungen und positiver Funktionaldeterminante erhalten kann, folgt aus der Endlichkeit des Integrals

$$\int_\Omega (\operatorname{grad} p)^2\, dx\,.$$

In § 5, Kap. III, werden wir beweisen, daß für das Gebiet Ω die Abschätzung

$$\|\mathfrak{v}\|_{\mathfrak{W}_2^2(\Omega)} + \|p\|_{W_2^1(\Omega)} \leqq C\|\mathfrak{f}\|_{\mathfrak{L}_2(\Omega)}\text{[1]}\,.$$

gilt.

[1]) Vgl. Fußnote, Seite 10. — Anm. d. Red.

III. THEORIE DER HYDRODYNAMISCHEN POTENTIALE

Das im vorhergehenden Kapitel betrachtete stationäre linearisierte Problem wurde zuerst mit Methoden der Potentialtheorie gelöst. ODQUIST und LICHTENSTEIN konstruierten unabhängig voneinander hydrodynamische Potentiale, untersuchten deren Eigenschaften und lösten mit ihrer Hilfe die Aufgabe (4), (4a). Diese klassische Methode betrachten wir jetzt. Gegenüber der Methode, mit der wir uns bis jetzt beschäftigten, hat sie einige Vorzüge. Zum Beispiel gestattet sie die Untersuchung der Differenzierbarkeitseigenschaften der Lösungen in den HÖLDERschen Räumen $C_{l,h}$ und bezüglich der Norm von L_p nicht nur innerhalb des Gebiets sondern auch in Randnähe. Eine Unzulänglichkeit der Methode besteht darin, daß sie im Vergleich zu den funktionalanalytischen Methoden komplizierter ist und daß der Rand des Gebiets hinreichend glatt[1]) sein muß.

Von der gewöhnlichen Potentialtheorie unterscheidet sich die vorliegende Theorie durch die Form ihrer Potentiale. Sie besitzen ähnliche Eigenschaften wie das NEWTONsche Volumenpotential und die Potentiale der einfachen und doppelten Schicht, diese sind durch die Singularität der Kerne bedingt. Deshalb werden wir die Konvergenz einiger uneigentlicher oder singulärer Integrale nicht ausführlich beweisen. Auf genaue Herleitung der Integralgleichungen, denen die hydrodynamischen Potentiale der einfachen und der doppelten Schicht genügen, verzichten wir. Diejenigen Sätze über hydrodynamische Potentiale, denen Sätze über gewöhnliche Potentiale entsprechen, werden wir nicht beweisen.

§ 1. Das Volumenpotential

Zunächst bestimmen wir die singuläre Fundamentallösung der STOKESschen Gleichungen, wir werden sie in Tensorform schreiben. Wir betrachten das Gleichungssystem

$$\left.\begin{aligned} \nu\, \Delta \mathfrak{u}^k(x, y) - \operatorname{grad} q^k(x, y) &= \delta\,(x - y)\, \mathfrak{e}^k\,, \\ \operatorname{div} \mathfrak{u}^k &= 0 \end{aligned}\right\} \tag{1}$$

für $k = 1, 2, 3$. Hierbei sind die $\mathfrak{e}^k$ Einheitsvektoren in Richtung der Koordinatenachsen und $\delta(x - y)$ ist die DIRACsche Deltafunktion. Alle Differentiationen beziehen sich auf x, die Koordinaten des Punktes x, y spielen die Rolle eines Parameters, in diesem Punkt ist die äußere Kraft konzentriert. Das System (1) ergänzen wir durch die Bedingung, daß die $\mathfrak{u}^k$ und q^k für $|x| \to \infty$ verschwinden.

[1]) Vgl. Fußnote 3), Seite 14. — Anm. d. Red.

Zur Bestimmung von $\mathfrak{u}^k$ und q^k benutzen wir die FOURIER-Transformation; dabei verwenden wir die Relationen

$$\delta(x-y) = \frac{1}{(2\pi)^3} \int_{-\infty}^{\infty} e^{i\alpha(x-y)}\, d\alpha\,, \tag{2}$$

$$\frac{1}{4\pi|x-y|} = \frac{1}{(2\pi)^3} \int_{-\infty}^{\infty} \frac{e^{i\alpha(x-y)}}{\alpha^2}\, d\alpha\,, \tag{3}$$

$$\frac{|x-y|}{8\pi} = -\frac{1}{(2\pi)^3} \int_{-\infty}^{\infty} \frac{e^{i\alpha(x-y)}}{\alpha^4}\, d\alpha\,; \tag{4}$$

$$\alpha^2 = \sum_{k=1}^{3} \alpha_k^2, \quad \alpha x = \sum_{k=1}^{3} \alpha_k x_k\,,$$ [1]

die aus den Identitäten

$$f(x) = \frac{1}{(2\pi)^{3/2}} \int_{-\infty}^{\infty} \tilde f(\alpha)\, e^{i\alpha x}\, d\alpha = \frac{1}{(2\pi)^3} \int\int_{-\infty}^{\infty} f(y)\, e^{i\alpha(x-y)}\, d\alpha\, dy\,,$$

$$\Delta \frac{1}{4\pi|x-y|} = -\delta(x-y)\,, \qquad \Delta^2 \frac{|x-y|}{8\pi} = -\delta(x-y)$$

folgen.

$\tilde v(\alpha)$ sei die FOURIER-Transformierte der Funktion $v(x)$,

$$v(x) = \frac{1}{(2\pi)^{3/2}} \int_{-\infty}^{\infty} \tilde v(\alpha)\, e^{i\alpha x}\, d\alpha\,.$$

In (1) gehen wir zu den FOURIER-Transformierten über:

$$-\nu\,\alpha^2\, \tilde u_j^k - i\,\alpha_j\, \tilde q^k = \frac{1}{(2\pi)^{3/2}}\,\delta_j^k; \qquad \alpha_j\, \tilde u_j^k = 0\,, \qquad k, j = 1, 2, 3\,.$$

δ_j^k ist hierbei das KRONECKER-Symbol. Aus diesem System lassen sich die u_j^k und q^k eindeutig bestimmen:

$$\tilde u_j^k = \frac{1}{\nu(2\pi)^{3/2}\alpha^2}\left[-\delta_j^k + \frac{\alpha_j\,\alpha_k}{\alpha^2}\right], \quad \tilde q^k = \frac{i\,\alpha_k}{(2\pi)^{3/2}\alpha^2}\,.$$

Durch Umkehrung der FOURIER-Transformation ergibt sich unter Berücksichtigung von (2), (3) und (4)

$$u_j^k(x, y) = \frac{1}{(2\pi)^{3/2}} \int_{-\infty}^{\infty} \tilde u_j^k(\alpha)\, e^{i\alpha(x-y)}\, d\alpha$$

$$= \frac{1}{\nu}\left[-\frac{\delta_j^k}{4\pi|x-y|} + \frac{\partial^2}{\partial x_j\,\partial x_k}\,\frac{|x-y|}{8\pi}\right],$$

$$q^k(x, y) = \frac{1}{(2\pi)^3} \int_{-\infty}^{\infty} \frac{i\,\alpha_k}{\alpha^2}\, e^{i\alpha(x-y)}\, d\alpha = \frac{\partial}{\partial x_k}\,\frac{1}{4\pi|x-y|}\,.$$

[1]) Diese Ausdrücke sind als verallgemeinerte Funktionen (Distributionen) zu verstehen. Die Theorie dieser Funktionen wird in [25] und [26] behandelt. Wir verwenden sie formal zur Bestimmung des Fundamentaltensors. Anschließend verifiziert man, daß der Tensor alle erforderlichen Eigenschaften besitzt.

Hieraus erhalten wir

$$\left.\begin{aligned} u_j^k(x, y) &= -\frac{1}{8\pi\nu}\left[\frac{\delta_j^k}{|x-y|} + \frac{(x_j - y_j)(x_k - y_k)}{|x-y|^3}\right], \\ q^k(x, y) &= -\frac{x_k - y_k}{4\pi|x-y|^3}. \end{aligned}\right\} \tag{5}$$

Aus (5) und (1) ist ersichtlich, daß die $\mathfrak{u}^k(x, y)$ und $q^k(x, y)$ bezüglich y dem adjungierten System

$$\left.\begin{aligned} \nu \Delta_y \mathfrak{u}^k + \operatorname{grad}_y q^k &= \delta(x-y)\, \mathfrak{e}^k, \\ \operatorname{div} \mathfrak{u}^k &= 0 \end{aligned}\right\} \tag{6}$$

genügen.

Mit den durch (5) definierten $\mathfrak{u}^k = (u_1^k, u_2^k, u_3^k)$, q^k bilden wir die „Volumenpotentiale"

$$\mathfrak{U}(x) = \int_\Omega \mathfrak{u}^k(x, y)\, f_k(y)\, dy\,,$$

$$P(x) = \int_\Omega q^k(x, y)\, f_k(y)\, dy\,,$$

die wegen (1) den inhomogenen STOKESschen Gleichungen

$$\nu \Delta \mathfrak{U} - \operatorname{grad} P = \mathfrak{f}(x)\,, \qquad \operatorname{div} \mathfrak{U} = 0 \tag{7}$$

mit $\mathfrak{f} = (f_1, f_2, f_3)$ genügen.

Die u_j^k und q^k haben das gleiche singuläre Verhalten wie die Funktion $\frac{1}{4\pi|x-y|}$ und ihre ersten Ableitungen, die Lösungen der LAPLACEschen Gleichung sind.

Deshalb sind $\mathfrak{U}$, P und die $\mathfrak{U}_{x_k}$ im ganzen Raum stetig, wenn die Komponenten von $\mathfrak{f}$ in Ω H-stetig sind und Ω beschränkt ist. Die $\mathfrak{U}_{x_k x_j}$, P_{x_i} gehören für ein beliebiges echtes Teilgebiet $\Omega' \subset \Omega$ zu $C_{0,h}(\Omega')$. Ist der Rand S des Gebiets Ω eine LJAPUNOW-Fläche mit dem Exponenten h, $S \in \Lambda_{1,h}$ (vgl. [18, 19]), dann besitzen $\mathfrak{U}$ und P diese Eigenschaften in Ω.

Man beweist diese Sätze wie für das NEWTONsche Volumenpotential.

Ist $\mathfrak{f}$ über Ω quadratisch summierbar und Ω ein beschränktes Gebiet, so haben $\mathfrak{U}$ bzw. P verallgemeinerte Ableitungen nach den x_k bis zur zweiten bzw. ersten Ordnung; diese sind über ein beliebiges beschränktes Gebiet Ω_1 quadratisch summierbar, und es gelten die Ungleichungen

$$\|\mathfrak{U}\|_{\mathfrak{W}_2^2(\Omega_1)} \leqq C\|\mathfrak{f}\|_{\mathfrak{L}_2(\Omega)}\,, \qquad \|P\|_{W_2^1(\Omega_1)} \leqq C\|\mathfrak{f}\|_{\mathfrak{L}_2(\Omega)}{}^{1)}\,. \tag{7a}$$

Das folgt aus der Darstellung (5) für die $\mathfrak{u}^k$ und q^k und den Beziehungen (27) und (29), § 1, Kap. I.

Die Beziehungen (5) für die $\mathfrak{u}^k$ und q^k kann man auf andere Weise bequemer gewinnen, dabei werden die $\mathfrak{u}^k$ als Rotoren gewisser Vektorfelder dargestellt. Eine solche Darstellung ist u. a. für die Untersuchung der Differenzierbarkeitseigenschaften der Lösungen der STOKESschen Gleichungen von Nutzen.

---

[1]) Vgl. Fußnote, Seite 10. — Anm. d. Red.

Sei $\mathfrak{u}^k = \text{rot rot } \mathfrak{U}^k = -\Delta \mathfrak{U}^k + \text{grad div } \mathfrak{U}^k$, das setzen wir in die erste Gleichung (1) ein. Um die Gleichung zu erfüllen, fordern wir die Relationen

$$-\nu \Delta^2 \mathfrak{U}^k = \delta(x-y)\, \mathfrak{e}^k$$

und

$$q^k = \nu \text{ div } \Delta \mathfrak{U}^k .$$

Dann ergibt

$$\mathfrak{U}^k = \frac{1}{8\pi\nu} |x-y|\, \mathfrak{e}^k, \quad q^k = \text{div} \frac{\mathfrak{e}^k}{4\pi|x-y|} = \frac{\partial}{\partial x_k} \frac{1}{4\pi|x-y|} \tag{5a}$$

eine Lösung von (1). (5a) und (5) sind, wie man leicht nachprüft, identisch.

§ 2. Potentiale der einfachen und der doppelten Schicht

Bevor wir die formale Definition der Potentiale der einfachen und der doppelten Schicht geben, leiten wir GREENsche Formeln für die STOKESschen Gleichungen her. Sie lassen sich mit Hilfe des GAUSSschen Satzes beweisen und gelten für beliebige glatte quellenfreie Vektorfelder[1]) $\mathfrak{u}$, $\mathfrak{v}$ und q, p. Ohne große Mühe erhält man sie mit Hilfe der Identität

$$\frac{\partial}{\partial x_k}[T_{ik}(\mathfrak{u})\, v_i] = \frac{\nu}{2}\left(\frac{\partial u_i}{\partial x_k} + \frac{\partial u_k}{\partial x_i}\right)\left(\frac{\partial v_i}{\partial x_k} + \frac{\partial v_k}{\partial x_i}\right) + \left(\nu\, \Delta u_i - \frac{\partial q}{\partial x_i}\right) v_i\,, \tag{8}$$

in der

$$T_{ik}(\mathfrak{u}) = -\delta_i^k\, q + \nu\left(\frac{\partial u_i}{\partial x_k} + \frac{\partial u_k}{\partial x_i}\right)$$

den sogenannten Spannungstensor darstellt, der der Strömung $\mathfrak{u}$, q entspricht. Integriert man (8) über Ω, so erhält man

$$\int_\Omega \left(\nu\, \Delta u_i - \frac{\partial q}{\partial x_i}\right) v_i\, dx = -\int_\Omega \frac{\nu}{2}\left(\frac{\partial u_i}{\partial x_k} + \frac{\partial u_k}{\partial x_i}\right)\left(\frac{\partial v_i}{\partial x_k} + \frac{\partial v_k}{\partial x_i}\right) dx + \int_S T_{ik}(\mathfrak{u})\, v_i\, n_k\, dS\,. \tag{9}$$

Dabei ist $\mathfrak{n} = (n_1, n_2, n_3)$ der äußere Normalenvektor von S. Wir vertauschen u_i und v_i, p sei eine beliebige glatte Funktion, dann erhalten wir aus (9)

$$\int_\Omega \left[\left(\nu\, \Delta v_i - \frac{\partial p}{\partial x_i}\right) u_i - v_i\left(\nu\, \Delta u_i + \frac{\partial q}{\partial x_i}\right)\right] dx = \int_S [T_{ij}(\mathfrak{v})\, u_i\, n_j - T'_{ij}(\mathfrak{u})\, v_i\, n_j]\, dS \tag{10}$$

mit

$$T'_{ik}(\mathfrak{u}) = \delta_i^k q + \nu\left(\frac{\partial u_i}{\partial x_k} + \frac{\partial u_k}{\partial x_i}\right). \tag{11}$$

(9) und (10) heißen die GREENschen Formeln der STOOKESschen Gleichungen. Mit Hilfe von (10) und der singulären Fundamentallösung gewinnt man, wie in der

[1]) Die GREENschen Formeln gelten unter der Voraussetzung, daß die Komponenten von $\mathfrak{u}$ und $\mathfrak{v}$ in Ω eindeutig, stetig und zweimal stetig differenzierbar, p und q eindeutig, stetig und einmal stetig differenzierbar sind. (C. W. OSEEN, Hydrodynamik, Leipzig 1927). — Anm. d. Red.

Potentialtheorie eine Darstellung für eine beliebige Lösung[1] $\mathfrak{v}$, p der inhomogenen Stokesschen Gleichungen (7) durch die Werte von $\mathfrak{v}$ und $T_{ik}(\mathfrak{v})$ auf dem Rand S und durch die Werte von $\mathfrak{f}$ im Innern des Gebiets Ω. Wählt man in (10) für $\mathfrak{u}$, q die singuläre Fundamentallösung $\mathfrak{u}^k(x, y)$, $q^k(x, y)$ und berücksichtigt, daß diese in bezug auf y dem System (6) genügt, so erhält man für beliebiges $x \in \Omega$

$$v_k(x) = \int_\Omega u_i^k(x, y)\, f_i(y)\, dy + \int_S T'_{ij}\left(\mathfrak{u}^k(x, y)\right)_y v_i\, n_j\, dS - \int_S u_i^k(x, y)\, T_{ij}(\mathfrak{v})\, n_j\, dS\,. \tag{12}$$

Der Index y bei $T'_{ij}\left(\mathfrak{u}^k(x, y)\right)$ bedeutet, daß die Differentiation in T_{ij} nach den Koordinaten von y erfolgt. Den zu $\mathfrak{v}$ gehörigen Druck p kann man am besten aus (7) erhalten, wenn man den Ausdruck für $\mathfrak{v}$ und die Identität

$$\begin{aligned} \Delta_x T'_{ij}\left(\mathfrak{u}^k(x, y)\right)_y &= \delta_i^j\, \Delta_x q^k(x, y) + \nu \frac{\partial}{\partial y_i} \Delta_x u_j^k + \nu \frac{\partial}{\partial y_j} \Delta_x u_i^k \\ &= \delta_i^j\, \Delta_x q^k(x, y) - \nu \frac{\partial}{\partial x_i} \Delta_x u_j^k - \nu \frac{\partial}{\partial x_j} \Delta_x u_i^k \\ &= -\frac{\partial^2}{\partial x_i\, \partial x_j} q^k - \frac{\partial^2}{\partial x_j\, \partial x_i} q^k = -2 \frac{\partial^2}{\partial x_i\, \partial x_j} q^k \qquad (x \neq y) \end{aligned}$$

verwendet, die wegen (1) gilt.

Aus (7), (12) und der letzten Gleichung finden wir

$$p(x) = \int_\Omega q^k(x, y)\, f_k(y)\, dy - \int_S q^k(x, y)\, T_{kj}(\mathfrak{v})\, n_j\, dS - 2\nu \int_S \frac{\partial q^k}{\partial x_j} v_k\, n_j\, dS\,. \tag{13}$$

(12) und (13) zeigen, wie man die Potentiale der einfachen und der doppelten Belegung zweckmäßig definieren kann. Die Flächenintegrale in (12) und (13) werden wir so nennen. Punkte auf S bezeichnen wir mit griechischen Buchstaben $\xi, \eta, \ldots$.

Als Potential der einfachen Belegung mit der Dichte $\vec{\psi}(\eta)$ bezeichnen wir die Funktionen

$$\left.\begin{aligned} \mathfrak{V}(x, \vec{\psi}) &= -\int_S \mathfrak{u}^k(x, \eta)\, \psi_k(\eta)\, dS_\eta\,, \\ Q(x, \vec{\psi}) &= -\int_S q^k(x, \eta)\, \psi_k(\eta)\, dS_\eta \end{aligned}\right\} \tag{14}$$

und als Potential der doppelten Belegung mit der Dichte $\vec{\varphi}(\eta)$ die Funktionen

$$\left.\begin{aligned} \mathfrak{W}(x, \vec{\varphi}) &= \int_S T'_{ij}\left(\mathfrak{u}^k(x, \eta)\right)_\eta \varphi_i(\eta)\, n_j(\eta)\, dS_\eta\,, \\ \Pi(x, \vec{\varphi}) &= -2\nu \frac{\partial}{\partial x_j} \int_S q^k(x, \eta)\, n_j(\eta)\, \varphi_k(\eta)\, dS_\eta\,. \end{aligned}\right\} \tag{15}$$

---

[1] Für $\mathfrak{v}$, p müssen die Greenschen Formeln gelten. — Anm. d. Red.

Setzen wir die Ausdrücke (5) für $\mathfrak{u}^k$ und q^k in (14) bzw. (15) ein, so erhalten wir

$$\left.\begin{aligned} V_i(x, \vec{\psi}) &= \frac{1}{8\pi\nu} \int\limits_S \left[\frac{\delta_i^k}{|x-\eta|} + \frac{(x_i-\eta_i)(x_k-\eta_k)}{|x-\eta|^3}\right] \psi_k(\eta)\, dS_\eta\,, \\ Q(x, \vec{\psi}) &= \frac{1}{4\pi} \int\limits_S \frac{x_k-\eta_k}{|x-\eta|^3} \psi_k(\eta)\, dS_\eta \end{aligned}\right\} \quad (16)$$

bzw.

$$\left.\begin{aligned} W_k(x, \vec{\varphi}) &= -\frac{3}{4\pi} \int\limits_S \frac{(x_i-\eta_i)(x_j-\eta_j)(x_k-\eta_k)}{|x-\eta|^5} \varphi_i(\eta)\, n_j(\eta)\, dS_\eta\,, \\ \Pi(x, \vec{\varphi}) &= \frac{\nu}{2\pi} \cdot \frac{\partial}{\partial x_j} \int\limits_S \frac{x_k-\eta_k}{|x-\eta|^3} \varphi_k(\eta)\, n_j(\eta)\, dS_\eta\,. \end{aligned}\right\} \quad (17)$$

Dabei benutzten wir die Beziehung

$$T_{ij}\big(\mathfrak{u}^k(x,y)\big)_x = -\,T'_{ij}\big(\mathfrak{u}^k(x,y)\big)_y = \frac{3}{4\pi} \cdot \frac{(x_i-y_i)(x_j-y_j)(x_k-y_k)}{|x-y|^5}\,, \quad (18)$$

die man leicht aus (1), (5) und (11) erhält.

(12) kann jetzt in der Form

$$v_k(x) = \int\limits_\Omega u_i^k(x,y)\, f_i(y)\, dy + W_k(x, \mathfrak{v}) + V_k\big(x, \mathfrak{T}_j(\mathfrak{v})\, n_j\big) \quad (19)$$

mit

$$\mathfrak{T}_j(\mathfrak{v}) = \big(T_{1j}(\mathfrak{v})\,,\quad T_{2j}(\mathfrak{v})\,,\quad T_{3j}(\mathfrak{v})\big)$$

geschrieben werden.

Setzt man zur Abkürzung

$$\left.\begin{aligned} K_{ij}(x,\eta) &= -\frac{3}{4\pi} \cdot \frac{(x_i-\eta_i)(x_j-\eta_j)(x_k-\eta_k)}{|x-\eta|^5} n_k(\eta)\,, \\ K_j(x,\eta) &= \frac{\nu}{2\pi} \cdot \frac{\partial}{\partial x_j} \frac{x_k-\eta_k}{|x-\eta|^3} n_k(\eta)\,, \end{aligned}\right\} \quad (19\text{a})$$

so kann man (17) in der Form

$$W_i(x, \vec{\varphi}) = \int\limits_S K_{ij}(x,\eta)\, \varphi_j(\eta)\, dS_\eta\,,$$

$$\Pi(x, \vec{\varphi}) = \int\limits_S K_j(x,\eta)\, \varphi_j(\eta)\, dS_\eta$$

schreiben.

$\mathfrak{V}$ und Q, $\mathfrak{W}$ und Π sind in allen Punkten, die nicht auf S liegen, analytische Funktionen und genügen den homogenen STOKESschen Gleichungen. Der „Kern" des Potentials $\mathfrak{V}(x, \vec{\psi})$ ist auf S singulär wie $\frac{1}{|x-\eta|}$, deshalb ist $\mathfrak{V}(x, \vec{\psi})$ im ganzen Raum einschließlich S stetig, sofern $\vec{\psi}(\eta)$ auf S stetig ist.

Der zugehörige Druck Q ist beim Durchgang durch S unstetig, er erleidet einen Sprung erster Art[1]), dasselbe gilt für $\mathfrak{W}$. Wir betrachten $\mathfrak{W}$ zunächst bei kon-

[1]) Eine Funktion erleidet beim Durchgang durch eine Fläche einen Sprung erster Art, wenn der innere und der äußere Grenzwert existieren und ihre Differenz endlich ist. — Anm. d. Red.

stanter Dichte, $\vec{\varphi}(\eta) = \mathfrak{c} = \text{const}$. Für $\mathfrak{W}$ gelten die Gleichungen

$$\mathfrak{W}(x, \mathfrak{c}) = \begin{cases} \mathfrak{c}, & x \in \Omega\,, \\ \frac{1}{2}\,\mathfrak{c}, & x \in S\,, \\ 0, & x \notin \overline{\Omega}\,, \end{cases} \tag{20}$$

die den in der Potentialtheorie bekannten Beziehungen entsprechen. Sie folgen aus (10), wenn man dort $\mathfrak{v}(y) = \mathfrak{c}$, $p(y) = 0$, $\mathfrak{u} = \mathfrak{u}^k(x, y)$ und $q = q^k(x, y)$ setzt und den Parameterpunkt x in Ω, auf S oder außerhalb $\overline{\Omega}$ annimmt. Der letzte Fall folgt unmittelbar aus (10), der erste aus (12), wenn man berücksichtigt, daß $\mathfrak{u}^k$ und q^k eine Lösung des Systems (1) darstellen oder unmittelbar aus (10) für $\mathfrak{v} = \mathfrak{c}$. Die zweite Beziehung läßt sich folgendermaßen beweisen: Um den Punkt $x \in S$ beschreiben wir eine Kugel $K(x, \varepsilon)$ vom Radius ε. Wir schreiben (10) für den Rest Ω_ε von Ω, der nicht in $K(x, \varepsilon)$ liegt und die oben genannten Funktionen

$$0 = \int_{S_\varepsilon + C_\varepsilon} [T_{ij}(\mathfrak{c})\, u_i^k\, n_j - T'_{ij}\,(\mathfrak{u}^k)\, c_i\, n_j]\, dS\,.$$

Hierbei ist S_ε der Teil von S, der nicht in $K(x, \varepsilon)$ liegt und C_ε der Teil der Oberfläche von $K(x, \varepsilon)$, der in Ω liegt. Wegen $T_{ij}\,(\mathfrak{c}) = 0$ erhalten wir aus der letzten Gleichung

$$\lim_{\varepsilon \to 0} \int_{S_\varepsilon} T'_{ij}(\mathfrak{u}^k)\, c_i\, n_j\, dS = W_k(x, \mathfrak{c}) = -\lim_{\varepsilon \to 0} \int_{C_\varepsilon} T'_{ij}(\mathfrak{u}^k)\, c_i\, n_j\, dS\,.$$

Würde sich die Integration von $T'_{ij}(\mathfrak{u}^k)\, c_i\, n_j = K_{ki}(x, \eta)\, c_i$ über die ganze Oberfläche von $K(x, \varepsilon)$ erstrecken, so ergäbe sich infolge der ersten Gleichung (20) für dieses Integral $-c_k$. Das Minuszeichen erscheint, weil die bezüglich Ω_ε äußere Normale $\mathfrak{n}$ in bezug auf $K(x, \varepsilon)$ innere Normale ist. Mit Hilfe von (19a) läßt sich leicht nachweisen, daß das Integral von $K_{ki}(x, \eta)\, c_i$ über die Halbkugel gleich $-\frac{c_k}{2}$ ist. Das Integral über C_ε strebt für $\varepsilon \to 0$ gegen das Integral über die Halbkugel, sofern im Punkt $x \in S$ eine Tangentialebene existiert. Folglich ist für $x \in S$ $W_k(x, \mathfrak{c}) = 1/2\; c_k$, und (20) ist vollständig bewiesen.

Die Beziehungen (20) gestatten es, die Sprünge von $\mathfrak{W}(x, \vec{\varphi})$ auf S bei beliebiger stetiger Dichte $\vec{\varphi}$ zu ermitteln. Zunächst beweisen wir, daß die Funktionen $W_i(x, \vec{\varphi}) - \varphi_j(\xi_0) \int_S K_{ij}(x, \eta)\, dS_\eta$ im Punkt $\xi_0 \in S$ stetig sind, sofern für jedes $x \in S$

$$\int_S |K_{ij}(x, \eta)|\, dS_\eta \leqq \text{const}\,^{1)} \tag{21}$$

gilt. Aus (20) und (21) ergeben sich die Beziehungen

$$\left.\begin{aligned} W_i(\xi)_{(i)} &= \frac{1}{2}\,\varphi_i(\xi) + W_i(\xi) = \frac{1}{2}\,\varphi_i(\xi) + \int_S K_{ij}(\xi, \eta)\, \varphi_j(\eta)\, dS_\eta\,, \\ W_i(\xi)_{(e)} &= -\frac{1}{2}\,\varphi_i(\xi) + W_i(\xi) = -\frac{1}{2}\,\varphi_i(\xi) + \int_S K_{ij}(\xi, \eta)\, \varphi_j(\eta)\, dS_\eta\,. \end{aligned}\right\} \tag{22}$$

---

[1]) Mit Hilfe einer Methode von N. M. Günter [18] kann man zeigen, daß (21) für $S \in \Lambda_{1,h}$ gilt.

$W_i(\xi)_{(i)}$ bzw. $W_i(\xi)_{(e)}$ bezeichnen den inneren bzw. äußeren Grenzwert und $W_i(\xi)$ den direkten Wert von $W_i(x, \vec{\varphi})$ auf S.

Die drei Grenzwerte existieren und sind auf S stetige Funktionen von ξ, falls — wie wir vorausgesetzt hatten — $\vec{\varphi}$ stetig und S eine LJAPUNOW-Fläche mit dem Exponenten h ist. Die Polstelle von $K_{ij}(\xi, \eta)$ ist von der Art wie bei $\frac{1}{|\xi - \eta|^{2-h}}$.

Wir betrachten unter denselben Voraussetzungen bezüglich S das Potential der einfachen Schicht $\mathfrak{V}(x, \vec{\psi})$ mit der stetigen Dichte $\vec{\psi}$. Man sieht leicht, daß das Potential überall stetig ist und daß der Spannungstensor $T_{ij}(\mathfrak{V})$ des Potentials infolge (16) die Form

$$T_{ij}(\mathfrak{V}) = -\frac{3}{4\pi} \int\limits_S \frac{(x_i - \eta_i)(x_j - \eta_j)(x_k - \eta_k)}{|x - \eta|^5} \vec{\psi}_k(\eta)\, dS_\eta$$

hat. Neben der Randwertaufgabe für die Gleichungen (1), bei der das Feld $\mathfrak{v}$ auf S vorgegeben ist, betrachten wir diejenige, bei der

$$T_{ij}(\mathfrak{v})\, n_j|_S = b_i\,, \qquad i = 1, 2, 3\,, \tag{23}$$

auf S gegeben ist. Zu diesem Zweck untersuchen wir das Verhalten von $T_{ij}(\mathfrak{V})\, n_j$ in der Umgebung von S. ξ sei ein beliebiger Punkt auf S und $\mathfrak{n}(\xi)$ die äußere Normale von S in diesem Punkt. Strebt x entlang der Normalen gegen ξ, so existieren für die $T_{ij}(\mathfrak{V}(x, \vec{\psi}))\, n_j(\xi)$ eindeutig bestimmte innere und äußere Grenzwerte, die wir entsprechend mit $T_{ij}(\mathfrak{V})_{(i)}\, n_j$ und $T_{ij}(\mathfrak{V})_{(e)} n_j$ bezeichnen. Außerdem existiert im Punkte $\xi \in S$ auch der direkte Wert $T_{ij}(\mathfrak{V})\, n_j$.

Die Funktionen

$$T_{ij}(\mathfrak{V}(x, \vec{\psi}))\, n_j(\xi) - W_i(x, \vec{\psi}) = -\frac{3}{4\pi} n_j(\xi) \int\limits_S \frac{(x_i - \eta_i)(x_j - \eta_j)(x_k - \eta_k)}{|x - \eta|^5} \psi_k(\eta)\, dS_\eta$$
$$+ \frac{3}{4\pi} \int\limits_S \frac{(x_i - \eta_i)(x_j - \eta_j)(x_k - \eta_k)}{|x - \eta|^5} \psi_k(\eta)\, n_j(\eta)\, dS_\eta$$

sind, wie man leicht sieht, für $x = \xi$ stetig. Hieraus ergeben sich unter Berücksichtigung des über $\mathfrak{W}(x, \vec{\psi})$ Gesagten die Beziehungen

$$\left.\begin{aligned} T_{ij}(\mathfrak{V})_{(i)}\, n_j &= \frac{1}{2}\psi_i(\xi) + T_{ij}(\mathfrak{V})\, n_j = \frac{1}{2}\psi_i(\xi) - \int\limits_S K_{ji}(\eta, \xi)\, \psi_j(\eta)\, dS_\eta\,, \\ T_{ij}(\mathfrak{V})_{(e)}\, n_j &= -\frac{1}{2}\psi_i(\xi) + T_{ij}(\mathfrak{V})\, n_j = -\frac{1}{2}\psi_i(\xi) - \int\limits_S K_{ji}(\eta, \xi)\, \psi_j(\eta)\, dS_\eta\,. \end{aligned}\right\} \tag{24}$$

Die Integralgleichungen (22) und (24) sind zueinander adjungiert. Im nächsten Paragraphen untersuchen wir ihre Lösbarkeitsbedingungen.

§ 3. Untersuchung der Integralgleichungen

Wir betrachten das innere und das äußere Problem für das System

$$\Delta \mathfrak{v} = \operatorname{grad} p\,, \qquad \operatorname{div} \mathfrak{v} = 0 \tag{25}$$

mit den Randbedingungen

$$\mathfrak{v}|_S = \mathfrak{a} \tag{26}$$

bzw.

$$\mathfrak{T}_j(\mathfrak{v})\, n_j|_S = \mathfrak{b}\,. \tag{27}$$

Uns interessiert das Randwertproblem (25), (26); (25), (27) betrachten wir nur, weil es zu (25), (26) adjungiert ist. Das bezüglich S innere Gebiet werde mit Ω_i bezeichnet, das äußere mit Ω_e. Der Einfachheit halber sei S zusammenhängend und ganz im Endlichen gelegen. Beim äußeren Problem kommt die Bedingung

$$\mathfrak{v}(x) \text{ und } p(x) \to 0 \quad \text{für} \quad |x| \to \infty \tag{28}$$

hinzu. Aus der Darstellung der Lösungen für diese Aufgaben erkennt man, daß sich $\mathfrak{v}$ für große $|x|$ wie $\frac{1}{|x|}$, die Ableitungen von $\mathfrak{v}$ wie die entsprechenden Ableitungen von $\frac{1}{|x|}$ und $p(x)$ wie $\frac{1}{|x|^2}$ verhält. Auf Eindeutigkeitsfragen gehen wir bei den äußeren Problemen nicht ein und fordern deshalb von Anfang an, daß die gesuchte Lösung $\mathfrak{v}$ für $|x| \to \infty$ wie $\frac{1}{|x|}$, die ersten Ableitungen von $\mathfrak{v}$ wie $\frac{1}{|x|^2}$ und $p(x)$ ebenfalls wie $\frac{1}{|x|^2}$ gegen Null streben. Unter diesen Voraussetzungen bezüglich $\mathfrak{v}$ und p ergibt (9) im Gebiet Ω_i für $\mathfrak{u} = \mathfrak{v}$

$$\int\limits_{\Omega_i} \frac{\nu}{2}\left(\frac{\partial v_i}{\partial x_k} + \frac{\partial v_k}{\partial x_i}\right)\left(\frac{\partial v_i}{\partial x_k} + \frac{\partial v_k}{\partial x_i}\right) dx = \int\limits_S T_{ik}(\mathfrak{v})\, v_i\, n_k\, dS \tag{29}$$

und im Gebiet Ω_e

$$\int\limits_{\Omega_e} \frac{\nu}{2}\left(\frac{\partial v_i}{\partial x_k} + \frac{\partial v_k}{\partial x_i}\right)\left(\frac{\partial v_i}{\partial x_k} + \frac{\partial v_k}{\partial x_i}\right) dx = -\int\limits_S T_{ik}(\mathfrak{v})\, v_i\, n_k\, dS\,. \tag{30}$$

Dabei ist $\mathfrak{n}$ die in bezug auf Ω_i äußere Normale von S. Das Integral über die S umfassende Oberfläche der Kugel $|x| = R$ verschwindet für $R \to \infty$, da die $T_{ij}(\mathfrak{v})\, v_i$ dort von der Ordnung $\frac{1}{R^3}$ sind.

Aus (30) ergibt sich, daß das erste und zweite äußere Randwertproblem höchstens eine Lösung hat. Genügt nämlich $\mathfrak{v}$ homogenen Randbedingungen, so folgt aus (30)

$$\frac{\partial v_i}{\partial x_k} + \frac{\partial v_k}{\partial x_i} = 0\,, \qquad i, k = 1, 2, 3\,, \tag{31}$$

d. h., $\mathfrak{v}(x)$ beschreibt die Bewegung eines starren Körpers. Da $\mathfrak{v}$ im Unendlichen verschwindet, ist $\mathfrak{v}$ in Ω_e identisch Null. Aus (25) und $\lim\limits_{|x|\to\infty} p(x) = 0$ folgt, daß $p(x)$ in Ω_e identisch Null ist. Das System (31) besitzt sechs linearunabhängige Lösungen, die wir wie folgt wählen:

$$\left.\begin{aligned} &\vec{\varphi}_k = (\varphi_{1k}, \varphi_{2k}, \varphi_{3k}) = \mathfrak{e}_k = (\delta_1^k, \delta_2^k, \delta_3^k)\,, \qquad k = 1, 2, 3\,,\\ &\vec{\varphi}_4 = (0, x_3, -x_2)\,, \quad \vec{\varphi}_5 = (-x_3, 0, x_1)\,, \quad \vec{\varphi}_6 = (x_2, -x_1, 0)\,.\end{aligned}\right\} \tag{32}$$

Der Koordinatenursprung liege in Ω_i. Die Lösungen der ersten bzw. zweiten Randwertaufgabe suchen wir in der Form eines Potentials der einfachen bzw. doppelten Schicht. Für die erste innere Randwertaufgabe muß das Feld $\mathfrak{a}$ wegen

$$0 = \int_{\Omega_i} \operatorname{div} \mathfrak{v} \, dx = \int_S (\mathfrak{v}, \mathfrak{n}) \, dS$$

der Bedingung

$$\int_S (\mathfrak{a}, \mathfrak{n}) \, dS = 0 \tag{33}$$

genügen. Wir werden zeigen, daß diese Bedingung auch hinreichend ist.

Satz 1. *Die erste Randwertaufgabe für* (25) *ist in* Ω_i *für jedes auf* S *stetige Vektorfeld* $\mathfrak{a}$, *das der Bedingung* (33) *genügt, eindeutig lösbar. In* Ω_e *ist diese Aufgabe für ein beliebiges stetiges Vektorfeld* $\mathfrak{a}$ *eindeutig lösbar. Die Lösungen sind in* Ω_i *bzw.* Ω_e *analytisch und bis zum Rand stetig.*

Die Lösung des inneren Problems suchen wir in der Form $\mathfrak{W}(x, \vec{\varphi})$. Zur Bestimmung der Dichte $\vec{\varphi}$ ergibt sich die erste Gleichung (22)

$$a_i(\xi) = \frac{1}{2} \varphi_i(\xi) + \int_S K_{ij}(\xi, \eta) \, \varphi_j(\eta) \, dS_\eta \, . \tag{34}$$

Um ihre Lösbarkeit zu beweisen, betrachten wir die homogene adjungierte Gleichung

$$\frac{1}{2} \psi_i(\xi) + \int_S K_{ji}(\eta, \xi) \, \psi_j(\eta) \, dS_\eta = 0 \, . \tag{35}$$

Sie hat die Lösung $\vec{\psi}(\xi) = \mathfrak{n}(\xi)$. Um das zu beweisen, setzen wir in (35) links anstelle von $\vec{\psi}$ $\mathfrak{n}$ ein und verwenden die Darstellung (19a) für K_{ij}

$$\frac{1}{2} n_i(\xi) + \int_S - \frac{3}{4\pi} \cdot \frac{(\eta_i - \xi_i)(\eta_j - \xi_j)(\eta_k - \xi_k)}{|\xi - \eta|^5} n_k(\xi) \, n_j(\eta) \, dS_\eta$$
$$= \frac{1}{2} n_i(\xi) - n_k(\xi) \int_S K_{ik}(\xi, \eta) \, dS_\eta \, .$$

Wegen (20) ist

$$\int_S K_{ij}(\xi, \eta) \, c_j \, dS_\eta = \frac{1}{2} c_i$$

für beliebiges konstantes $\mathfrak{c}$, deshalb gilt

$$\frac{1}{2} n_i(\xi) - n_k(\xi) \int_S K_{ik}(\xi, \eta) \, dS_\eta = \frac{1}{2} n_i(\xi) - \frac{1}{2} n_k(\xi) \, \delta^i_k = 0 \, ,$$

d. h., $\mathfrak{n}$ ist tatsächlich eine Lösung von (35). Wir zeigen, daß (35) keine weitere Lösung hat. Sei $\vec{\psi}(\xi)$ eine Lösung von (35) und $\mathfrak{V}(x, \vec{\psi})$ das Potential der einfachen Schicht mit der Dichte $\vec{\psi}(\xi)$. Wir setzen $\mathfrak{V}(x, \vec{\psi})$ in (30) ein. Das rechts stehende Oberflächenintegral verschwindet, da die $T_{ij}(\mathfrak{V}(x, \vec{\psi}))_{(e)} n_j$ wegen (35) und der zweiten Gleichung (24) verschwinden. Deshalb folgt aus (30), daß $\mathfrak{V}$

eine Lösung von (31) ist, und da $\mathfrak{B}$ im Unendlichen verschwindet, ist $\mathfrak{B} \equiv 0$. In Ω_i verschwindet $\mathfrak{B}(x, \vec{\psi})$ gleichfalls, da es überall stetig und somit auf S gleich Null ist. Die zu $\mathfrak{B}$ gehörigen Drücke $Q_{(i)}$ und $Q_{(e)}$ sind wegen (25) konstant. Da $\lim\limits_{|x|\to\infty} Q_{(e)}(x) = 0$ ist, ist $Q_{(e)} \equiv 0$. Für den Spannungstensor gilt in Ω_i $T_{kj}(\mathfrak{B})_{(i)} = -\delta_k^j Q_{(i)}$. $\mathfrak{B}^\circ$ sei das zu $\vec{\psi} = \mathfrak{n}$ gehörige Potential der einfachen Schicht; ihm entspricht der Spannungstensor

$$T_{kj}(\mathfrak{B}^\circ)_{(i)} = \delta_k^j\,.$$

Das läßt sich mit Hilfe des auf S. 47 angegebenen expliziten Ausdrucks für $T_{ik}(\mathfrak{B}^\circ)$ und der Beziehungen (20) leicht nachprüfen. Wir betrachten das Potential $\mathfrak{B}^*$ mit der Dichte $\vec{\psi}^* = \vec{\psi} - Q_{(i)}\mathfrak{n}$. Für dieses Potential verschwinden die $T_{ik}(\mathfrak{B}(x, \vec{\psi}^*))$ sowohl in Ω_i als auch in Ω_e; deshalb ist wegen (24) $\vec{\psi}^* = 0$, $\vec{\psi} = Q_{(i)}\mathfrak{n}$. Damit ist bewiesen, daß (35) nur eine nichttriviale Lösung $\vec{\psi} = \mathfrak{n}$ hat, und deshalb ist für die Lösbarkeit der Gleichung (34) die Bedingung $\int\limits_S (\mathfrak{a}, \mathfrak{n})\, dS = 0$ notwendig und hinreichend. Der erste Teil des Satzes ist damit bewiesen.

Wir betrachten das äußere Problem und zeigen, daß die zu (34) für das äußere Problem gehörige homogene Gleichung

$$-\frac{1}{2}\varphi_i(\xi) + \int\limits_S K_{ij}(\xi, \eta)\, \varphi_j(\eta)\, dS_\eta = 0 \tag{36}$$

sechs linearunabhängige Lösungen $\vec{\varphi}^k(\xi)$, $k = 1, 2, \ldots, 6$, hat, welche durch (32) definiert sind. Jedes $\vec{\varphi}^k(\xi)$, $k = 1, 2, \ldots, 6$, genügt in Verbindung mit $p^k(x) \equiv 0$ dem homogenen System (25). Berücksichtigt man, daß $T_{ij}(\vec{\varphi}^k) = 0$ ist, so erhält (19) für $\vec{\varphi}^k$ die Form

$$\vec{\varphi}^k(x) = \mathfrak{W}(x, \vec{\varphi}^k)\,, \qquad x \in \Omega_i\,.$$

Strebt x gegen $\xi \in S$, so erhalten wir wegen (22)

$$\varphi_i^k(\xi) = \frac{1}{2}\varphi_i^k(\xi) + \int\limits_S K_{ij}(\xi, \eta)\, \varphi_j^k(\eta)\, dS_\eta\,,$$

d. h., jedes $\vec{\varphi}^k$ ist eine Lösung des Systems (36). Jede andere Lösung $\vec{\varphi}$ von (36) ist von $\vec{\varphi}^k$, $k = 1, 2, \ldots, 6$, linear abhängig. Wäre das nicht so, dann hätte die zu (36) adjungierte Gleichung

$$-\frac{1}{2}\psi_i(\xi) + \int\limits_S K_{ji}(\eta, \xi)\, \psi_j(\eta)\, dS_\eta = 0 \tag{38}$$

ebenfalls mehr als sechs linear unabhängige Lösungen $\vec{\psi}^k$. Jeder dieser Lösungen entspricht ein Potential der einfachen Schicht $\mathfrak{B}^k = \mathfrak{B}(x, \vec{\psi}^k)$, für das $T_{ij}(\mathfrak{B}^k)_{(i)}\, n_j = 0$ ist. Dann genügen die $\mathfrak{B}^k$ wegen (30) dem System (31), daher gibt es nicht mehr als sechs linear unabhängige. Dasselbe gilt für die $\vec{\psi}^k$, da $\mathfrak{B}(x, \vec{\psi})$ sofern es in Ω_i verschwindet, auch in Ω_e verschwindet und daher auch die Dichte $\vec{\psi}$ verschwindet. Damit ist bewiesen, daß die Systeme (36) und (38) genau sechs linear unabhängige Lösungen haben, die für das System (36) durch (32) gegeben sind. Wir betrachten nun das inhomogene System (34). Dieses ist nur unter der Bedingung

$$\int_S \mathfrak{a}\, \vec{\psi}^k\, dS = 0, \qquad k = 1, 2, \ldots, 6\,, \tag{39}$$

lösbar. Folglich existiert die Lösung des äußeren Problems (25), (26), (28) als Potential einer doppelten Schicht nur für solche Randwerte $\mathfrak{a}(\xi)$, die (39) erfüllen. Für beliebiges $\mathfrak{a}(\xi)$, suchen wir die Lösung in der Form

$$\mathfrak{v}(x) = \mathfrak{W}(x, \vec{\varphi}) + \sum_{m=1}^{6} c_m\, \mathfrak{V}(x, \vec{\psi}^m)\,,$$

wobei ψ^m die linear unabhängigen Lösungen des Systems (38) sind. Für $\vec{\varphi}$ erhalten wir analog zu (34) das System

$$a_i(\xi) - \sum_{m=1}^{6} c_m\, V_i(\xi, \vec{\psi}^m) = -\frac{1}{2}\varphi_i(\xi) + \int_S K_{ij}(\xi, \eta)\, \varphi_j(\eta)\, dS_\eta\,, \qquad i = 1, 2, 3\,. \tag{40}$$

Die Konstanten c_m wählen wir so, daß

$$\int_S \left[\mathfrak{a} - \sum_{m=1}^{6} c_m\, \mathfrak{V}(\xi, \vec{\psi}^m)\right] \vec{\psi}^k\, dS = 0\,, \qquad k = 1, 2, \ldots, 6\,, \tag{41}$$

gilt.

Für die eindeutige Lösbarkeit dieses linearen algebraischen Gleichungssystems ist hinreichend, daß das zugehörige homogene System nur die triviale Lösung besitzt; sei also $\mathfrak{a} \equiv 0$. (41) multiplizieren wir mit c_k, summieren über k von 1 bis 6 und erhalten

$$\int_S \mathfrak{V}\, \vec{\psi}\, dS = 0\,, \tag{42}$$

wobei

$$\vec{\psi} = \sum_{m=1}^{6} c_m\, \vec{\psi}^m\,, \qquad \mathfrak{V} \equiv \mathfrak{V}(x, \vec{\psi}) = \sum_{m=1}^{6} c_m\, \mathfrak{V}(x, \vec{\psi}^m)$$

ist.

Betrachtet man $\mathfrak{V}$ in Ω_e, so ist wegen (24)

$$T_{ik}(\mathfrak{V})_{(e)}\, n_k = -\frac{1}{2}\psi_i(\xi) - \int_S K_{ji}(\eta, \xi)\, \psi_j(\eta)\, dS_\eta\,,$$

so daß sich (42) unter Verwendung von (38) wie folgt schreiben läßt:

$$0 = 2\int_S V_i(\xi)\left[T_{ik}(\mathfrak{V})_{(e)}\, n_k + \int_S K_{ji}(\eta, \xi)\, \psi_j(\eta)\, dS_\eta\right] dS_\xi$$

$$= 2\int_S V_i(\xi)\left[T_{ik}(\mathfrak{V})_{(e)}\, n_k + \frac{1}{2}\psi_i(\xi)\right] dS_\xi = 2\int_S V_i\, T_{ik}(\mathfrak{V})_{(e)}\, n_k\, dS_\xi\,.$$

Hieraus und aus (30) folgt, daß das Potential $\mathfrak{B}$ das System (31) erfüllt und deshalb identisch verschwindet. Dann ist auch seine Dichte $\vec{\psi} \equiv 0$, und infolge der linearen Unabhängigkeit der $\vec{\psi}^k$ sind alle c_k gleich Null.

Die eindeutige Lösbarkeit von (40) ist damit für beliebige a_i bewiesen. Die erste äußere Randwertaufgabe ist also für beliebiges $\mathfrak{a}$ eindeutig lösbar.

Die Differenzierbarkeitseigenschaften der Potentiale $\mathfrak{B}(x, \vec{\psi})$ und $\mathfrak{W}(x, \vec{\varphi})$ und die Methoden sie zu untersuchen, entsprechen denen in der Potentialtheorie.

§ 4. Die Greensche Funktion

Besitzt das Randwertproblem für das homogene Differentialgleichungssystem bei inhomogenen Randbedingungen eine Lösung, so läßt sich bekanntlich die zugehörige Greensche Matrix angeben. Zum Beispiel hat die Greensche Matrix $(G_{ij}(x, y))$ für das innere Stokessche Problem (4), (4a), § 1, Kap. II, die Form

$$\left.\begin{aligned} G_{ij}(x, y) &= u_i^j(x, y) - g_i^j(x, y)\,, \\ r_j(x, y) &= q^j(x, y) - g^j(x, y)\,, \end{aligned}\right\} \tag{43}$$

wobei u_i^j und q^j die durch (5) definierten singulären Fundamentallösungen sind; die Funktionen $g_i^j(x, y)$ und $g^j(x, y)$ sind Lösungen des Stokesschen Problems

$$\left.\begin{aligned} &\Delta_x g_i^j(x, y) = \frac{\partial}{\partial x_i} g^j(x, y)\,, \qquad \frac{\partial}{\partial x_i} g_i^j(x, y) = 0\,, \\ &g_i^j(x, y)|_{x \in S} = u_i^j(x, y)|_{x \in S}\,. \end{aligned}\right\} \tag{44}$$

Ist $y \in \Omega_i$, so sind g_i^j und g^j in Ω_i analytische Funktionen von x, die bis zum Rand S stetig sind. Ihre Differenzierbarkeitseigenschaften in der Umgebung von S werden durch die Differenzierbarkeitseigenschaften der Fläche S bestimmt.

Die Lösung des inhomogenen Systems lautet, falls $\mathfrak{v}$ auf dem Rande verschwindet

$$\left.\begin{aligned} v_i(x) &= \int_\Omega G_{ij}(x, y)\, f_j(y)\, dy\,, \\ p(x) &= \int_\Omega r_j(x, y)\, f_j(y)\, dy\,. \end{aligned}\right\} \tag{45}$$

Für die Elemente der Greenschen Matrix und ihre Ableitungen wurde bewiesen, daß sie sich durch $\frac{1}{|x - y|^\alpha}$ ähnlich abschätzen lassen wie die Komponenten der ihnen entsprechenden singulären Fundamentallösung. Diese Abschätzungen sind trivial, wenn y in Ω fest ist und x in irgendeinem Teilgebiet von Ω variiert. Abschätzungen, die bezüglich x und y in $\overline{\Omega}$ gleichmäßig sind, erfordern jedoch eine sorgfältige Untersuchung der Lösungen der Integralgleichungen (22) und (24). Auf diesem Weg wurden die folgenden Sätze bewiesen.

Ist S eine LJAPUNOW-*Fläche mit dem Exponenten* $h \in (0,1)$, *so gilt*

$$\left.\begin{aligned}
&|G_{ij}(x,y)| \leqq \frac{C}{|x-y|}\,; \qquad \left|\frac{\partial G_{ij}(x,y)}{\partial x_m}\right|, \quad |r_j(x,y)| \leqq \frac{C}{|x-y|^2}\,;\\
&\left|\frac{\partial G_{ij}(x,y)}{\partial x_m} - \frac{\partial G_{ij}(x',y)}{\partial x_m}\right|, \quad |r_j(x,y) - r_j(x',y)|\\
&\leqq \begin{cases} C\left[\dfrac{|x-x'|\cdot|\ln|x-x'||}{R^3} + \dfrac{|x-x'|^h}{R^2}\right], \\ \qquad \text{für} \quad 0 < h < 1\,, \\ C\left[\dfrac{|x-x'|\cdot|\ln|x-x'||}{R^3} + \dfrac{|x-x'|\ln^2|x-x'|}{R^2}\right], \\ \qquad \text{für} \quad h = 1^{1)}\,; \end{cases}
\end{aligned}\right\} \qquad (46)$$

gehört S zu $\Lambda_{2,h}$, *so ist*

$$\left.\begin{aligned}
&\left|\frac{\partial^2 G_{ij}(x,y)}{\partial x_k\,\partial x_m}\right|, \quad \left|\frac{\partial r_j(x,y)}{\partial x_m}\right| \leqq \frac{C}{|x-y|^3}\,;\\
&\left|\frac{\partial^2 G_{ij}(x,y)}{\partial x_k\,\partial x_m} - \frac{\partial^2 G_{ij}(x',y)}{\partial x_k\,\partial x_m}\right|, \quad \left|\frac{\partial r_j(x,y)}{\partial x_m} - \frac{\partial r_j(x',y)}{\partial x_m}\right|\\
&\leqq \begin{cases} C\left[\dfrac{|x-x'|\,'\,|\ln|x-x'||}{R^4} + \dfrac{|x-x'|\ln^2|x-x'|}{R^3} + \dfrac{|x-x'|^h}{R^2}\right] \\ \qquad \text{für} \quad 0 < h < 1\,, \\ C\left[\dfrac{|x-x'|\cdot|\ln|x-x'||}{R^4} + \dfrac{|x-x'|\ln^2|x-x'|}{R^3}\right. \\ \qquad \left. + \dfrac{|x-x'|\cdot|\ln^3|x-x'||}{R^2}\right] \qquad \text{für} \quad h = 1\,, \end{cases}
\end{aligned}\right\} \qquad (47)$$

wobei $R = \min(|x-y|\,,\,|x'-y|)$ *ist.*

Mit Hilfe von (46) und (47) kann man beweisen, daß die Differenzierbarkeitseigenschaften der Lösungen der STOKESschen Gleichungen von der Berandung und den Randwerten in der gleichen Weise abhängen wie beim DIRICHLETschen Problem der Potentialtheorie. So hat eine Lösung $\mathfrak{v}$, p der STOKESschen Gleichungen bei homogenen Randbedingungen die gleichen Eigenschaften, die wir am Ende von § 1 dieses Kapitels für Volumenpotentiale angegeben haben.

Zum Schluß sei noch die singuläre Fundamentallösung der Gleichung (1) für ebene Gebiete angegeben

$$v_{ij}(x,y) = -\frac{1}{4\pi\nu}\left[\delta_{ij}\ln\frac{1}{|x-y|} + \frac{(x_i-y_i)(x_j-y_j)}{|x-y|^2}\right],$$

$$g_j(x,y) = \frac{1}{2\pi}\cdot\frac{\partial}{\partial x_j}\ln\frac{1}{|x-y|}\,.$$

---

[1]) Hier und in den folgenden Formeln von Kap. III vgl. Fußnote, Seite 10. — Anm. d. Red.

Mit ihrer Hilfe wird die Potentialtheorie entsprechend dem räumlichen Fall aufgebaut. Wie in der Theorie der LAPLACEschen Differentialgleichung gibt es Unterschiede zwischen zwei- und dreidimensionalen Problemen.

§ 5. Über die Untersuchung der Lösungen in $W_2^2(\Omega)$

Wir beweisen einen Satz, der überdies für eine Klasse von elliptischen Differentialoperatoren, z. B. für den LAPLACE-Operator, gilt.

Satz 2. *Ω sei ein beschränktes Gebiet mit der zweimal stetig differenzierbaren Berandung S, $\mathfrak{v}$, p eine Lösung des Randwertproblems*

$$\Delta\mathfrak{v} = \operatorname{grad} p + \mathfrak{f}\,, \quad \operatorname{div}\mathfrak{v} = 0 \quad in \quad \Omega; \quad \mathfrak{v}|_S = 0\,. \tag{48}$$

Ist $\mathfrak{f} \in \mathfrak{L}_2(\Omega)$, so gehört $\mathfrak{v}$ zu $\mathfrak{W}_2^2(\Omega)$ und p zu $W_2^1(\Omega)$, und es gilt

$$\|\mathfrak{v}\|_{\mathfrak{W}_2^2(\Omega)} + \|p\|_{W_2^1(\Omega)} \leqq C\|\mathfrak{f}\|_{\mathfrak{L}_2(\Omega)}\,. \tag{49}$$

Beweis. In § 1, Kap. II, wurde gezeigt, daß für jedes echte Teilgebiet $\Omega' \subset \Omega$ $\mathfrak{v} \in \mathfrak{W}_2^2(\Omega')$ und $p \in W_2^1(\Omega')$ ist. Der Beweis war recht einfach, über S wurden keine Voraussetzungen bezüglich Differenzierbarkeit gemacht. Die Untersuchung von $\mathfrak{v}$ und p im abgeschlossenen Bereich erfordert tiefer gehende Betrachtungen; dazu benötigen wir folgende Tatsachen.

1. Die Abschätzung (16) aus § 1, Kap. I,

$$\|u\|_{W_2^2(\Omega)} \leqq C\|\Delta u\|_{L_2(\Omega)}\,, \tag{50}$$

die für jede auf dem Rand verschwindende Funktion aus $W_2^2(\Omega)$ gilt,

2. die Abschätzung (7a) dieses Kapitels für das Volumenpotential $\mathfrak{U}$, P in bezug auf seine Dichte $\mathfrak{f}$

$$\|\mathfrak{U}\|_{\mathfrak{W}_2^2(\Omega)} \leqq C\|\mathfrak{f}\|_{\mathfrak{L}_2(\Omega)}\,, \qquad \|P\|_{W_2^1(\Omega)} \leqq C\|\mathfrak{f}\|_{\mathfrak{L}_2(\Omega)}\,. \tag{51}$$

3. Lemma 1. *Die Endlichkeit des Integrals*

$$\|u\|^2_{W_2^{l-1/2}(S)} \equiv \sum_{k=0}^{l-1} \|D_\xi^k u\|^2_{L_2(S)} + \int_S\int_S \sum_{(l-1)} \frac{|D_\xi^{l-1}u(\xi) - D_{\xi'}^{l-1}u(\xi')|^2}{|\xi - \xi'|^3}\, dS_\xi\, dS_{\xi'}$$

ist notwendig und hinreichend dafür, daß die auf der l-mal stetig differenzierbaren Fläche S definierte Funktion $u(\xi)$ die Randwerte der in Ω definierten Funktion $u(x)$ aus $W_2^l(\Omega)$, $l \geqq 1$, darstellt. Für $u \in W_2^l(\Omega)$ gilt

$$\|u\|_{W_2^{l-1/2}(S)} \leqq C\|u\|_{W_2^l(\Omega)}\,. \tag{52}$$

Ist für die auf S definierte Funktion $u(\xi)$ die Norm $\|u\|W_2^{l-1/2}(S)$ endlich, so existiert mindestens eine innere Fortsetzung $u(x)$, für die $\tilde{u}(x)|_S = \tilde{u}(\xi)$ und

$$\|\tilde{u}\|_{W_2^l(\Omega)} \leqq C\|u\|_{W_2^{l-1/2}(S)} \tag{53}$$

ist.

Den Beweis dieses Lemmas findet man in [20—22].

Aus Lemma 1 und der Ungleichung (50) folgt für jedes $u \in W_2^2(\Omega)$ die Abschätzung

$$||u||_{W_2^2(\Omega)} \leqq C[||\Delta u||_{L_2(\Omega)} + ||u||_{W_2^{3/2}(S)}] . \tag{54}$$

Dabei ist C eine nur von Ω abhängige positive Konstante. Der Rand S wird dabei als zweimal stetig differenzierbar angenommen. Zum Beweis wählen wir die in Ω definierte Funktion $\tilde{u}(x)$ so, daß sie auf S mit $u(x)$ übereinstimmt und wenden (50) auf die Differenz $u(x) - \tilde{u}(x)$ an:

$$||u - \tilde{u}||_{W_2^2(\Omega)} \leqq C||\Delta u - \Delta\tilde{u}||_{L_2(\Omega)} .$$

Hieraus erhalten wir infolge (53)

$$||u||_{W_2^2(\Omega)} \leqq C||\Delta u||_{L_2(\Omega)} + C||\Delta\tilde{u}||_{L_2(\Omega)} + ||\tilde{u}||_{W_2^2(\Omega)} \leqq C||\Delta u||_{L_2(\Omega)} + C_1||u||_{W_2^{3/2}(S)} .$$

Wir wenden uns dem Beweis des Satzes 2 zu. Die Lösung $\mathfrak{v}$, p stellen wir in der Form

$$\mathfrak{v}(x) = \mathfrak{U}(x) + \mathfrak{u}(x) , \quad p(x) = P(x) + q(x)$$

dar, wobei $\mathfrak{U}$ das Volumenpotential mit der Dichte $\mathfrak{f}$ und P der zugehörige Druck ist

$$U_i(x) = \int_\Omega u_i^k(x, y)\, f_k(y)\, dy , \quad P(x) = \int_\Omega q^k(x, y)\, f_k(y)\, dy .$$

$\mathfrak{u}(x)$, $q(x)$ ist die Lösung des Randwertproblems

$$\nu\, \Delta\mathfrak{u} = \operatorname{grad} q , \quad \operatorname{div} \mathfrak{u} = 0 \quad \text{in } \Omega , \quad \mathfrak{u}|_S = -\, \mathfrak{U}_S . \tag{55}$$

In § 2 dieses Kapitels wurde gezeigt, daß $\mathfrak{u}, q$ als Potential der doppelten Schicht

$$u_i(x) = \int_S K_{ij}(x, \eta)\, \varphi_j(\eta)\, dS_\eta , \tag{56}$$

$$q(x) = \int_S K_j(x, \eta)\, \varphi_j(\eta)\, dS_\eta \tag{57}$$

dargestellt werden können.

Die Dichte $\vec{\varphi}(\eta)$ wird aus dem Integralgleichungssystem

$$\frac{1}{2}\varphi_i(\xi) + \int_S K_{ij}(\xi, \eta)\, \varphi_j(\eta)\, dS_\eta = u_i(\xi) = -\, U_i(\xi) \tag{58}$$

bestimmt. Die für die Lösbarkeit dieses Systems hinreichende Bedingung

$$\int_S \mathfrak{U} \cdot \mathfrak{n}\, ds = 0 \tag{59}$$

ist erfüllt.

Für $\mathfrak{U}$, P sind die Abschätzungen (49) bzw. (51), die wir benötigen, bereits bewiesen. Wegen $U_i \in W_2^2(\Omega)$ und Lemma 1 gehören die Funktionen $U_i(\xi)$ zu $W_2^{3/2}(S)$, d. h., sie haben eine endliche Norm $||\ ||_{W_2^{3/2}(S)}$. Unter Ausnutzung dieser Eigenschaft kann man zeigen, daß die Lösung $\vec{\varphi}(\xi)$ des Integralgleichungssystems (58) ebenfalls zu $W_2^{3/2}(S)$ gehört, und zwar gilt

Lemma 2. *Gehört die rechte Seite* $-\mathfrak{U}(\xi)$ *des Integralgleichungssystems* (58) *zu* $\mathfrak{W}_2^{3/2}(S)$, *so gehört auch die Lösung von* (58) *zu* $\mathfrak{W}_2^{3/2}(S)$, *und es ist*

$$\sum_{i=1}^{3} \|\varphi_i\|_{W_2^{3/2}(S)} \leqq C \sum_{i=1}^{3} \|U_i\|_{\mathfrak{W}_2^{3/2}(S)} . \tag{60}$$

Den Beweis dieses Lemmas geben wir später. Jetzt zeigen wir, wie man mit Hilfe von Lemma 2 die Abschätzung (49) beweisen kann.

Die rechte Seite von (60) läßt sich wegen (52) und (51) durch $\|\mathfrak{f}\|_{\mathfrak{L}_2(\Omega)}$ abschätzen, so daß

$$\sum_{i=1}^{3} \|\varphi_i\|_{W_2^{3/2}(S)} \leqq C \sum_{i=1}^{3} \|U_i\|_{W_2^{3/2}(S)} \leqq C_1 \|\mathfrak{U}\|_{\mathfrak{w}_2^2(\Omega)} \leqq C_2 \|\mathfrak{f}\|_{\mathfrak{L}_2(\Omega)} \tag{61}$$

ist. Wir betrachten die Darstellung (57) für $q(x)$:

$$q(x) = \int\limits_S K_j(x, \eta)\, \varphi_j(\eta)\, dS_\eta = \frac{\nu}{2\pi} \cdot \frac{\partial}{\partial x_k} \int\limits_S \frac{x_j - \eta_j}{|x-\eta|^3} n_k(\eta)\, \varphi_j(\eta)\, dS_\eta .$$

Das rechts stehende Integral läßt sich wie folgt schreiben:

$$J = \frac{\nu}{2\pi} \frac{\partial}{\partial x_k} \int\limits_S \frac{x_j - \eta_j}{|x-\eta|^3} n_k(\eta)\, \varphi_j(\eta)\, dS_\eta = -\frac{\nu}{2\pi} \frac{\partial^2}{\partial x_k\, \partial x_j} \int\limits_S \frac{1}{|x-\eta|} n_k(\eta)\, \varphi_j(\eta)\, dS_\eta$$

$$= \frac{\nu}{2\pi} \frac{\partial}{\partial x_j} \int\limits_S \frac{\partial}{\partial n(\eta)} \frac{1}{|x-\eta|} \varphi_j(\eta)\, dS_\eta ,$$

d. h., J ist die Summe der Ableitungen von Potentialen der Doppelschicht

$$J = \nu \sum_{j=1}^{3} \frac{\partial}{\partial x_j} J_j$$

mit

$$J_j(x) = \frac{1}{2\pi} \int\limits_S \frac{\partial}{\partial n(\eta)} \frac{1}{|x-\eta|} \varphi_j(\eta)\, dS_\eta .$$

Die $J_j(x)$, $j = 1, 2, 3$, sind in Ω harmonische Funktionen, deren Randwerte zu $W_2^{3/2}(S)$ gehören. Denn wegen der Sprungrelationen für das Potential der doppelten Schicht, läßt sich der innere Grenzwert von $J_j(x)$ auf S durch den direkten Wert und die Dichte ausdrücken,

$$J_j(\xi)_{(i)} = -\varphi_j(\xi) + J_j(\xi) .$$

Ebenso wie in Lemma 2 beweist man, daß $J_j(\xi)_{(i)}$ zu $W_2^{3/2}(S)$ gehört und

$$\|J_{j(i)}\|_{W_2^{3/2}(S)} \leqq C \|\varphi_j\|_{W_2^{3/2}(S)} \tag{62}$$

ist, wenn die zugehörige Dichte $\varphi_j(\eta)$ zu $W_2^{3/2}(S)$ gehört.

Aus (62) und (61) erhalten wir

$$\|J_{j(i)}\|_{W_2^{3/2}(S)} \leqq C \|\varphi_j\|_{W_2^{3/2}(S)} \leqq C_1 \|\mathfrak{f}\|_{\mathfrak{L}_2(\Omega)} .$$

Infolge dieser Ungleichung und der Abschätzung (53) für die harmonischen Funktionen $J_j(x)$ gilt

$$\|J_j\|_{W_2^2(\Omega)} \leqq C \|J_{j(i)}\|_{W_2^{3/2}(S)} \leqq C_1 \|\mathfrak{f}\|_{\mathfrak{L}_2(\Omega)} ;$$

für $q(x)$ ergibt das

$$\|q\|_{W_2^1(\Omega)} \leqq C\|\mathfrak{f}\|_{\mathfrak{L}_2(\Omega)}\,. \tag{63}$$

$\mathfrak{u}$ schätzen wir nun mit Hilfe der STOKESschen Gleichungen $\Delta\mathfrak{u} = \frac{1}{\nu}\operatorname{grad} q$ und der Randbedingung $\mathfrak{u}|_S = -\mathfrak{U}|_S$ ab. Aus (54) und (63) folgt

$$\|u_i\|_{W_2^2(\Omega)} \leqq C\|q\|_{W_2^1(\Omega)} + C\|U_i\|_{W_2^{3/2}(S)} \leqq C_1\|\mathfrak{f}\|_{\mathfrak{L}_2(\Omega)}\,.$$

Aus (51), (63) und dieser Abschätzung folgt (49), q. e. d.

Wir beweisen nun Lemma 2. Für die Kerne $K_{ij}(\xi, \eta)$ des Integralgleichungssystems (58) gilt die Abschätzung

$$|K_{ij}(\xi, \eta)| \leqq \frac{C}{|\xi - \eta|}\,, \tag{64}$$

da S als zweimal stetig differenzierbar vorausgesetzt war. Außerdem sind offenbar die Abschätzungen

$$\left.\begin{aligned} |K_{ij}(\xi,\eta) - K_{ij}(\xi',\eta)| \leqq \frac{C\,|\xi - \xi'|}{R^2}\,; \qquad \left|\frac{\partial K_{ij}(\xi,\eta)}{\partial \xi_\alpha}\right| \leqq \frac{C}{|\xi - \eta|^2}\,; \\ \left|\frac{\partial K_{ij}(\xi,\eta)}{\partial \xi_\alpha} - \frac{\partial K_{ij}(\xi',\eta)}{\partial \xi_\alpha}\right| \leqq \frac{C\,|\xi - \xi'|}{R^3} \end{aligned}\right\} \tag{65}$$

richtig, wobei $R = \min(|\xi - \eta|, |\xi' - \eta'|)$ ist. Die Differentiationen erfolgen hier tangential zu S.

Das System (58) hat unendlich viele Lösungen, weil das zugehörige homogene System

$$\frac{1}{2}\mathring{\varphi}_i(\xi) + \int\limits_S K_{ij}(\xi, \eta)\,\mathring{\varphi}_j(\eta)\,dS_\eta = 0 \tag{66}$$

eine nichttriviale Lösung besitzt.

In § 3 wurde bewiesen, daß (66) bis auf einen willkürlichen konstanten Faktor nur eine Lösung $\vec{\varphi}^\circ$ hat. Die Lösung $\vec{\varphi}$ des Systems (58) legen wir durch die Bedingung

$$\int\limits_S \vec{\varphi}\,\vec{\varphi}^\circ\,dS = 0$$

fest.

Aus der Theorie der Integralgleichungen mit schwach singulärem Kern folgt, daß diese Lösung $\vec{\varphi}(\xi)$ auf S stetig ist, wenn die rechte Seite des Systems (58) stetig ist und

$$\max_{\xi \in S} |\vec{\varphi}(\xi)| \leqq C \max_{\xi \in S} |\mathfrak{U}(\xi)| \tag{67}$$

ist.

Das Potential $\mathfrak{U}(x)$ ist nebst seinen Ableitungen bis zur zweiten Ordnung über ein beliebiges beschränktes Gebiet des E_3 quadratisch summierbar, und es gilt die Abschätzung (51), wobei man links an Stelle von Ω auch ein beliebiges beschränktes Gebiet $\Omega_1 \supset \Omega$ wählen kann. Daraus und aus (10), § 1.1, Kap. I, folgt

$$\max_{x \in \bar{\Omega}} |\mathfrak{U}(x)| \leqq C\|\mathfrak{f}\|_{\mathfrak{L}_2(\Omega)}\,. \tag{68}$$

Wir zeigen, daß für jedes $\lambda < 1$

$$\int\limits_S \int\limits_S \frac{|\varphi_i(\xi) - \varphi_i(\xi')|^2}{|\xi - \xi'|^{2+2\lambda}} dS_\xi \, dS_{\xi'} \leqq C \|\mathfrak{f}\|^2_{\mathfrak{L}_2(\Omega)} \tag{69}$$

ist. Zu diesem Zweck schätzen wir ausgehend von (58) die Differenz

$$\begin{aligned} |\varphi_i(\xi) - \varphi_i(\xi')| &\leqq 2\,|U_i(\xi) - U_i(\xi')| + 2\int\limits_S |K_{ij}(\xi,\eta) - K_{ij}(\xi',\eta)| \cdot |\varphi_j(\eta)|\, dS_\eta \\ &\leqq 2\,|U_i(\xi) - U_i(\xi')| + 2\max_{\eta\in S} |\varphi_j| \int\limits_S |K_{ij}(\xi,\eta) - K_{ij}(\xi',\eta)|\, dS_\eta \end{aligned}$$

ab.

Zur Abschätzung des letzten Integrals für hinreichend benachbarte ξ und ξ' zerlegen wir S in zwei Teile: das Gebiet σ_ξ, das aus S durch die Kugel mit dem Radius $2\,|\xi - \xi'|$ und dem Mittelpunkt ξ herausgeschnitten wird, und den Rest $S - \sigma_\xi$. Die Integrale über σ_ξ bzw. $S - \sigma_\xi$ sind wegen (65) nicht größer als $C\,|\xi - \xi'|$ bzw. $C\,|\xi - \xi'|\,\big|\ln|\xi - \xi'|\big|$.

Deshalb ist

$$|\varphi_i(\xi) - \varphi_i(\xi')| \leqq 2\,|U_i(\xi) - U_i(\xi')| + C\,|\xi - \xi'| \cdot |\ln|\xi - \xi'| \cdot \|\mathfrak{f}\|_{\mathfrak{L}_2(\Omega)}\,.$$

Hieraus und aus den bereits gefundenen Abschätzungen für $\mathfrak{U}(\xi)$ folgt (69).

Die folgenden Abschätzungen werden wir nicht sofort für die ganze Fläche S durchführen, sondern für ihre Teile S_k, deren Gleichungen man in einem lokalen, auf einen gewissen Punkt $\xi^k \in S_k$ bezogenen Koordinatensystem explizit schreiben kann. Seien ξ_1, ξ_2, ξ_3 kartesische Koordinaten mit dem Ursprung $\xi^k \in S_k$; dabei mögen die ξ_1- und ξ_2-Achse in der Tangentialebene von S liegen, die ξ_3-Achse falle mit der äußeren Normalen zusammen. φ_i, U_i und die anderen auf S definierten Funktionen betrachten wir als von ξ_1, ξ_2 abhängig, wobei wir die alten Bezeichnungen beibehalten. ξ_1 und ξ_2 mögen im Gebiet $D_k\,\{(\xi_1 - \xi_1^k)^2 + (\xi_2 - \xi_2^k)^2 \leqq d^2\}$ variieren. Mit $\frac{\partial}{\partial\xi_\alpha}$ bezeichnen wir Ableitungen nach ξ_1 oder ξ_2. (58) schreiben wir in der Form

$$\varphi_i(\xi) + \int\limits_S K_{ij}(\xi,\eta)\,[\varphi_j(\eta) - \varphi_j(\xi)]\, dS_\eta = -\,U_i(\xi)\,. \tag{70}$$

Das ist möglich, weil wegen (20)

$$\int\limits_S K_{ij}(\xi,\eta)\, dS_\eta = \frac{1}{2}\,\delta_i^j \tag{71}$$

ist.

Wir differenzieren (70) in S_k nach ξ_α; wie wir aus den weiteren Abschätzungen sehen werden, kann diese Differentiation unter dem Integralzeichen erfolgen. Wir verwenden nochmals (20) und erhalten

$$\frac{1}{2}\,\frac{\partial\varphi_i(\xi)}{\partial\xi_\alpha} + \int\limits_S \frac{\partial K_{ij}(\xi,\eta)}{\partial\xi_\alpha}\,[\varphi_j(\eta) - \varphi_j(\xi)]\, dS_\eta = -\,\frac{\partial U_i(\xi)}{\partial\xi_\alpha}\,. \tag{72}$$

Für das zweite Glied gilt infolge (65)

$$\left|\int\limits_S \frac{\partial K_{ij}(\xi,\eta)}{\partial \xi_\alpha}[\varphi_j(\eta)-\varphi_j(\xi)]\,dS_\eta\right|^2$$

$$\leqq \int\limits_S \sum_{j=1}^{3}\left|\frac{\partial K_{ij}}{\partial \xi_\alpha}\right|^2 |\xi-\eta|^{2+2\lambda}\,dS_\eta \int\limits_S \sum_{j=1}^{3}\frac{|\varphi_j(\eta)-\varphi_j(\xi)|^2}{|\xi-\eta|^{2+2\lambda}}\,dS_\eta$$

$$\leqq C\int\limits_S \sum_{j=1}^{3}\frac{|\varphi_j(\eta)-\varphi_j(\xi)|^2}{|\xi-\eta|^{2+2\lambda}}\,dS_\eta\,.$$

Wir integrieren beiderseits über S_k und berücksichtigen (69), das ergibt

$$\int\limits_{S_k}\left|\int\limits_S \frac{\partial K_{ij}}{\partial \xi_\alpha}[\varphi_j(\eta)-\varphi_j(\xi)]\,dS_\eta\right|^2 dS_\xi \leqq C\|\mathfrak{f}\|^2_{\mathfrak{L}_2(\Omega)}\,.$$

Diese Abschätzung gilt für alle S_k, $k=1,2,\ldots,N$, $S=\bigcup\limits_{k=1}^{N} S_k$. Hieraus und aus (72), (51) und (52) folgt

$$\sum_{k=1}^{N}\int\limits_{S_k}\left|\frac{\partial \varphi_i}{\partial \xi_\alpha}\right|^2 dS_\xi \leqq C\|\mathfrak{f}\|^2_{\mathfrak{L}_2(\Omega)}\,. \tag{73}$$

Zum endgültigen Beweis des Satzes bleibt zu zeigen, daß

$$\int\limits_S\int\limits_S \left|\frac{\partial \varphi_i(\xi)}{\partial \xi_\alpha}-\frac{\partial \varphi_i(\xi')}{\partial \xi_\alpha}\right|^2\cdot|\xi-\xi'|^{-3}\,dS_\xi\,dS_{\xi'} \leqq C\|\mathfrak{f}\|^2_{\mathfrak{L}_2(\Omega)} \tag{74}$$

ist.

Wir beweisen diese Ungleichung ohne Beschränkung der Allgemeinheit unter der Annahme, daß die Integration über dS_ξ und $dS_{\xi'}$ nur über ein S_k zu erstrecken ist. Man kann die S_k stets so wählen, daß sie sich teilweise überdecken. Bei der folgenden Abschätzung kann man sich auf hinreichend benachbarte ξ und ξ' beschränken. Für weit entfernte ξ und ξ' ist eine weitere Abschätzung nicht nötig, weil in diesem Fall (73) verwendet werden kann. Wir wählen also $\xi, \xi' \in S_k$ so, daß (ξ_1, ξ_2) und $(\xi_1', \xi_2') \in D_k$ sind. Um ξ beschreiben wir die Kugel mit dem Radius $2\,|\xi-\xi'|$, wobei $|\xi-\xi'| \leqq \frac{d}{4}$ sei. Diese Kugel schneidet aus S ein gewisses Gebiet σ_ξ heraus. Wegen (72) und der Abschätzung (61) für die $\frac{\partial U_i}{\partial \xi_\alpha}$ genügt es, anstelle von $\frac{\partial \varphi_i}{\partial \xi_\alpha}$ das Integral in (72) zu betrachten und für dieses die Ungleichung (74) zu beweisen. Zu diesem Zweck betrachten wir zunächst

$$J^2(\xi,\xi') \equiv \left|\int\limits_S \left\{\frac{\partial K_{ij}(\xi,\eta)}{\partial \xi_\alpha}[\varphi_j(\eta)-\varphi_j(\xi)] - \frac{\partial K_{ij}(\xi',\eta)}{\partial \xi_\alpha}[\varphi_j(\eta)-\varphi_j(\xi')]\right\} dS_\eta\right|^2$$

und schreiben diesen Ausdruck in der Form

$$J^2(\xi,\xi') = \Bigg| \int\limits_{\sigma_\xi} \frac{\partial K_{ij}(\xi,\eta)}{\partial \xi_\alpha} [\varphi_j(\eta) - \varphi_j(\xi)]\, dS_\eta - \int\limits_{\sigma_\xi} \frac{\partial K_{ij}(\xi,\eta)}{\partial \xi_\alpha} [\varphi_j(\eta) - \varphi_j(\xi')]\, dS_\eta$$
$$+ \int\limits_{S-\sigma_\xi} \left(\frac{\partial K_{ij}(\xi',\eta)}{\partial \xi_\alpha} - \frac{\partial K_{ij}(\xi',\eta)}{\partial \xi_\alpha} \right) [\varphi_j(\eta) - \varphi_j(\xi)]\, dS_\eta$$
$$+ [\varphi_j(\xi') - \varphi_j(\xi)] \int\limits_{S-\sigma_\xi} \frac{\partial K_{ij}(\xi',\eta)}{\partial \xi_\alpha}\, dS_\eta \Bigg|^2 .$$

Jedes dieser Integrale schätzen wir nach der SCHWARZschen Ungleichung ab, wobei wir berücksichtigen, daß der Radius der herausgeschnittenen Kugel $2\,|\xi - \xi'|$ ist und für $K_{ij}(\xi,\eta)$ die Ungleichungen (65) gelten.

$$J^2(\xi,\xi') \leqq C \Bigg\{ \int\limits_{\sigma_\xi} \sum_{j=1}^{3} \frac{|\varphi_j(\eta) - \varphi_j(\xi)|^2}{|\xi - \eta|^{2+2\lambda}}\, dS_\eta \cdot \int\limits_{\sigma_\xi} \frac{1}{|\xi - \eta|^{2-2\lambda}}\, dS_\eta$$
$$+ \int\limits_{\sigma_\xi} \sum_{j=1}^{3} \frac{|\varphi_j(\eta) - \varphi_j(\xi')|^2}{|\xi' - \eta|^{2+2\lambda}}\, dS_\eta \cdot \int\limits_{\sigma_\xi} \frac{1}{|\xi' - \eta|^{2-2\lambda}}\, dS_\eta$$
$$+ \int\limits_{S-\sigma_\xi} \sum_{j=1}^{3} \frac{|\varphi_j(\eta) - \varphi_j(\xi)|^2}{|\xi - \eta|^{2+2\lambda}}\, dS \cdot \int\limits_{S-\sigma_\xi} \frac{|\xi - \xi'|^2\, |\xi - \eta|^{2+2\lambda}}{|\xi - \eta|^6}\, dS_\eta$$
$$+ \sum_{j=1}^{3} |\varphi_j(\xi') - \varphi_j(\xi)|^2 \Bigg(\int\limits_{S-\sigma_\xi} \frac{1}{|\xi' - \eta|^2}\, dS_\eta \Bigg)^2 \Bigg\}$$
$$\leqq C_1 \Bigg\{ |\xi - \xi'|^{2\lambda} \int\limits_{\sigma_\xi} \sum_{j=1}^{3} \frac{|\varphi_j(\eta) - \varphi_j(\xi)|^2}{|\xi - \eta|^{2+2\lambda}}\, dS_\eta$$
$$+ |\xi - \xi'|^{2\lambda} \int\limits_{\sigma_\xi} \sum_{j=1}^{3} \frac{|\varphi_j(\eta) - \varphi_j(\xi')|^2}{|\xi' - \eta|^{2+2\lambda}}\, dS_\eta$$
$$+ |\xi - \xi'|^{2\lambda} \int\limits_{S-\sigma_\xi} \sum_{j=1}^{3} \frac{|\varphi_j(\eta) - \varphi_j(\xi)|^2}{|\xi - \eta|^{2+2\lambda}}\, dS_\eta$$
$$+ \ln^2 |\xi - \xi'| \sum_{j=1}^{3} |\varphi_j(\xi') - \varphi_j(\xi)| \Bigg\} . \qquad (75)$$

Hierbei ist $\lambda < 1$ eine reelle Zahl. Um (74) zu erhalten, bleibt das Integral

$$I_k = \int\limits_{S_k} \int\limits_{S_k} \frac{J^2(\xi,\xi')}{|\xi - \xi'|^3}\, dS_\xi\, dS_{\xi'}$$

abzuschätzen. Dazu benutzen wir (75)

$$I_k \leqq C \sum_{j=1}^{3} \int\limits_S \int\limits_S \int\limits_S \left\{ \frac{|\varphi_j(\eta) - \varphi_j(\xi)|^2}{|\xi - \eta|^{2+2\lambda}} \cdot \frac{1}{|\xi - \xi'|^{3-2\lambda}} + \frac{|\varphi_j(\eta) - \varphi_j(\xi')|^2}{|\xi' - \eta|^{2+2\lambda}} \cdot \frac{1}{|\xi - \xi'|^{3-2\lambda}} \right.$$

$$\left. + \frac{|\varphi_j(\xi) - \varphi_j(\xi')|^2}{|\xi - \xi'|^{2+2\lambda}} |\xi - \xi'|^{2\lambda-1} \ln^2 |\xi - \xi'| \right\} dS_\xi \, dS_{\xi'} \, dS_\eta \, .$$

Da man $\lambda > \frac{1}{2}$ wählen kann, folgt hieraus und aus (69)

$$I_k \leqq C \|\mathfrak{f}\|^2_{\mathfrak{L}_2(\Omega)} \, .$$

Das wiederum ergibt (74), womit Lemma 2 bewiesen ist.

Auf die gleiche Weise läßt sich folgende Verallgemeinerung des Satzes 2 beweisen.

Satz 2'. *Ist* $\mathfrak{f} \in \mathfrak{W}_r^l(\Omega)$, $r > 1$, *so gilt für die zugehörige Lösung* $\mathfrak{v} \in \mathfrak{W}_r^{l+2}(\Omega)$, $p \in W_r^{l+1}(\Omega)$ *und*

$$\|\mathfrak{v}\|_{\mathfrak{W}_r^{l+2}(\Omega)} + \|p\|_{W_r^{l+1}(\Omega)} \leqq C \|\mathfrak{f}\|_{\mathfrak{W}_r^l(\Omega)} \, .$$

KOMMENTAR ZU KAPITEL II UND III

Das linearisierte stationäre Problem (STOKESsche Problem) für beliebige Gebiete wurde erstmalig von LICHTENSTEIN und ODQUIST (gleichzeitig und unabhängig voneinander) mit Hilfe der Potentialtheorie gelöst. Eine Kurzfassung davon findet man in [15]. S. G. KREIN [49] hat dieses Problem mit Hilfe der Theorie der Erweiterungen halbbeschränkter Operatoren untersucht.

In Kap. II geben wir zunächst einen sehr einfachen Beweis für die Lösbarkeit des STOKESschen Problems im Raum $H(\Omega)$. Die Grundidee dieses Beweises stammt von FRIEDRICHS [4]. Anschließend wird gezeigt, daß die gefundene Lösung $\mathfrak{v}$ die in den Gleichungen vorkommenden Ableitungen besitzt, sofern die Kräfte $\mathfrak{f}$ quadratisch summierbar sind. Beim Beweis dieses Satzes (Satz 3) wird der Mittelwertoperator verwendet. Mit dem gleichen Ziel wurde dieser erstmalig von S. L. SOBOLEW [5, 6] beim Beweis für die Glattheit einer beliebigen verallgemeinerten Lösung der LAPLACEschen Differentialgleichung benutzt. Später wurde diese Idee mit gewissen Modifizierungen von verschiedenen Autoren bei der Untersuchung der Differenzierbarkeitseigenschaften verallgemeinerter Lösungen angewendet. Eine besonders interessante und vollständige Entwicklung hat sie durch FRIEDRICHS [50] erfahren. Der Leser, der diese Arbeiten kennt, findet im Beweis von Satz 2 einige Besonderheiten. Spezifisch für unser Problem ist, daß wegen der zusätzlichen Bedingung der Quellenfreiheit die „Schnitt"funktionen nicht in der Form angewendet werden können wie bei elliptischen Differentialgleichungen.

In Kap. II, Satz 3, wird bewiesen, daß die zweiten Ableitungen von $\mathfrak{v}$ in jedem echten Teilgebiet von Ω quadratisch summierbar sind. Für den Beweis der quadratischen Summierbarkeit der $\mathfrak{v}_{x_i x_j}$ in Ω benötigt man stärkere Mittel. W. A. SOLONNIKOW [62] löste dieses Problem mit Hilfe der Potentialtheorie (siehe § 5, Kap. III). Von ihm stammt auch Satz 2'.

Ebenfalls mit Hilfe potentialtheoretischer Methoden wird bewiesen, daß $\mathfrak{v} \in C_{2,h}(\overline{\Omega})$ und $p \in C_{1,h}(\overline{\Omega})$ ist, sofern $\mathfrak{f} \in C_{0,h}(\overline{\Omega})$ und $S \in \Lambda_{2,h}$ ist.

IV. DIE INSTATIONÄREN STOKESSCHEN GLEICHUNGEN

In diesem Kapitel betrachten wir ein Randwertproblem für die instationären STOKESschen Gleichungen. Wie schon bemerkt wurde, sind die in diesem Buch dargelegten Methoden für die verschiedenen Linearisierungen gleichermaßen anwendbar. Deshalb beschränken wir uns auf folgendes Gleichungssystem

$$\mathfrak{v}_t - \nu \Delta \mathfrak{v} = - \operatorname{grad} p + \mathfrak{f}, \quad \operatorname{div} \mathfrak{v} = 0 \tag{1}$$

und demonstrieren daran unsere Methode. Die Randbedingungen seien der Einfachheit halber homogen. Der Fall inhomogener Bedingungen läßt sich auf die in Kap. II angegebene Weise auf den homogenen Fall zurückführen. Das Gebiet Ω kann beschränkt oder unbeschränkt sein. Für unbeschränkte Gebiete Ω verlangen wir, daß $\mathfrak{v}(x, 0)$ für $|x| \to \infty$ entweder zu $\mathfrak{L}_2(\Omega)$ gehört oder falls $\mathfrak{v}(x, 0) \notin \mathfrak{L}_2(\Omega)$ ein $\vec{\varphi}(x)$ existiert, so daß $\mathfrak{v}(x, 0) - \vec{\varphi}(x) \in \mathfrak{L}_2(\Omega)$ und $\Delta \vec{\varphi} \in \mathfrak{L}_2(\Omega)$ ist. $\mathfrak{f}(x, t)$ sei über $Q_T = \Omega \times [0, T]$ quadratisch summierbar.

Das zu (1) gehörige Randwertproblem, d. h. die Aufgabe $\mathfrak{v}$ und p aus dem System (1) und den Rand- und Anfangsbedingungen

$$\mathfrak{v}\,|_S = 0\,, \qquad \mathfrak{v}|_{t=0} = \mathfrak{a}(x) \tag{2}$$

zu bestimmen, läßt sich auf verschiedene Weise lösen. In rechnerischer Hinsicht wäre möglicherweise das GALERKINsche Verfahren oder ein Differenzenverfahren am besten geeignet. In theoretischer Hinsicht ist jedoch das funktionalanalytische Verfahren vorzuziehen, das wir in [31, 32] zur Lösung des Anfangswertproblems für Differentialgleichungen der Form

$$\frac{du}{dt} + A(t)\, u = f(t)\,, \qquad u(0) = u_0\,, \tag{3}$$

im HILBERT-Raum bei unbeschränktem Operator $A(t)$ vorgeschlagen haben. Aus den Ergebnissen und den Sätzen über das stationäre Problem folgt die eindeutige Lösbarkeit der Aufgabe (1), (2). Wir wenden die Ergebnisse aus [31, 32] auf den vorliegenden Fall an (vgl. A. A. KISELJEW [33]). Das GALERKINsche Verfahren benutzen wir bei der Lösung nichtlinearer instationärer Probleme; das Anwendungsschema für das lineare Problem ist das gleiche.

§ 1. Problemstellung, Eindeutigkeits- und Existenzsätze

Wie in Kap. II trennen wir uns von der klassischen Formulierung des Problems (1), (2) und ersetzen sie durch eine umfassendere, in vielen Beziehungen einfachere und vernünftigere. Die Problemstellung läßt Verallgemeinerungen zu. So kann man eine verallgemeinerte Lösung $\mathfrak{v}(x, t)$ in der Klasse $\mathfrak{L}_2(Q_T)$ unter sehr schwachen Voraussetzungen über $\mathfrak{f}$ suchen und zeigen, daß der Eindeutigkeitssatz in dieser Klasse gilt. Ein derartiges $\mathfrak{v}$ genügt allen Bedingungen der Aufgabe im verallgemeinerten Sinn. Wie diese Forderungen zu formulieren sind, kann der Leser an Hand der Arbeiten [2, 31, 32] verstehen.

Hier setzen wir voraus, daß $\mathfrak{f} \in \mathfrak{L}_2(Q_T)$ und $\mathfrak{a} \in H(\Omega)$ ist. Unter diesen Bedingungen besitzt die Lösung alle erforderlichen Ableitungen und genügt den Gleichungen fast überall. Wir werden nicht die verschiedenen zulässigen Erweiterungen des Lösungsbegriffs für das Problem (1), (2) bringen. Wir weisen darauf hin, daß der unten gegebene Beweis des Existenzsatzes sich eigentlich auf den Beweis der Eindeutigkeit der „verallgemeinerten Lösung des Problems in der Klasse $\mathfrak{L}_2(Q_T)$" stützt.

Wir beweisen jetzt die eindeutige Lösbarkeit des Problems (1), (2). Ω sei vorerst ein beschränktes Gebiet, es sei

$$\mathfrak{a} \in H(\Omega) \quad \text{und} \quad \mathfrak{f} \in \mathfrak{L}_2(Q_T)\,.$$

Wir zerlegen $\mathfrak{L}_2(Q_T)$ in zwei orthogonale Unterräume,

$$\mathfrak{L}_2(Q_T) = G(Q_T) \oplus \mathring{J}(Q_T)\,,$$

wobei für fast alle t die Elemente von $\mathring{J}(Q_T)$ zu $\mathring{J}(\Omega)$ und die Elemente von $G(Q_T)$ zu $G(\Omega)$ gehören sollen (siehe § 2, Kap. I). Ohne Beschränkung der Allgemeinheit nehmen wir an, daß $\mathfrak{f}$ zu $\mathring{J}(Q_T)$ gehört, da sein Gradientanteil in $-\operatorname{grad} p$ einbezogen werden kann. Wir verwenden den vom stationären Problem her bekannten Operator $\tilde{\Delta}$, der in § 4, Kap. II, definiert wurde und betrachten (1), (2) als das Problem, ein Vektorfeld $\mathfrak{v}(x, t)$ zu bestimmen, das für fast alle t zu $D(\tilde{\Delta})$ gehört und den Gleichungen

$$L\,\mathfrak{v} \equiv \mathfrak{v}_t - \tilde{\Delta}\mathfrak{v} = \mathfrak{f}\,, \quad \mathfrak{v}|_{t=0} = \mathfrak{a} \tag{4}$$

genügt.

Dem Problem (4) ordnen wir den Operator A zu, der eine Beziehung zwischen den Vektorfeldern $\mathfrak{u}(x, t)$ aus der Menge $D(A)$ und den Vektorfeldpaaren $L\mathfrak{u}(x, t)$; $\mathfrak{u}(x, 0)$ herstellt

$$A\,\mathfrak{u} = \big(L\,\mathfrak{u}; \mathfrak{u}(x, 0)\big)\,.$$

Für $D(A)$ wählen wir die Gesamtheit der Vektorfelder $\mathfrak{u}(x, t)$ von der Form $\vec{\varphi}_0(x) + \int_0^t \vec{\varphi}(x, \tau)\, d\tau$, wobei $\vec{\varphi}_0(x)$ und $\vec{\varphi}(x, t)$ für alle t zu $D(\tilde{\Delta})$ gehören und $\vec{\varphi}$ und $\Delta\vec{\varphi}$ als Elemente von $\mathfrak{L}_2(\Omega)$ stetig von t abhängen. Man sieht leicht (vgl.

§ 2, Kap. I), daß $D(A)$ in $\mathring{J}(Q_T)$ dicht ist. Die $A\,\mathfrak{u}$ betrachten wir als Elemente des HILBERT-Raumes W der Vektorfeldpaare $(\mathfrak{f}(x,t);\ \vec{\varphi}(x))$, wobei $\mathfrak{f} \in \mathring{J}(Q_T)$, $\vec{\varphi} \in H(\Omega)$ ist und das Skalarprodukt durch

$$\{(\mathfrak{f};\vec{\varphi}_1),\quad (\mathfrak{f}_2;\vec{\varphi}_2)\} = \int_0^T (\mathfrak{f}_1, \mathfrak{f}_2)\,dt + [\vec{\varphi}_1, \vec{\varphi}_2]$$

definiert ist (siehe § 2, Kap. I).

Das Skalarprodukt in $\mathring{J}(Q_T)$ bezeichnen wir wie in $\mathfrak{L}_2(Q_T)$ mit $(\mathfrak{f}_1, \mathfrak{f}_2)_{Q_T} = \int_0^T (\mathfrak{f}_1, \mathfrak{f}_2)\,dt$.

Der Operator A bildet aus dem Raum $\mathring{J}(Q_T)$ in den Raum W ab. Ziel der weiteren Betrachtungen ist es zu beweisen, daß W mit der Gesamtheit der Elemente $\bar{A}\,\mathfrak{u}$ identisch ist, wobei $\bar{A}$ die Abschließung von A ist. Das aber bedeutet, daß (4) für beliebiges $\mathfrak{f} \in \mathring{J}(Q_T)$ und $\mathfrak{a} \in H(\Omega)$ eine Lösung $\mathfrak{v}$ besitzt, die zu $D(\bar{A})$ gehört.

Wir zeigen zunächst, daß A die Abschließung $\bar{A}$ zuläßt und charakterisieren den Definitionsbereich $D(\bar{A})$. Die Behauptung bezüglich der Abschließung von A folgt aus der Dichtheit des Definitionsbereichs des zu A adjungierten Operators. Anstatt das zu überprüfen, beweisen wir unmittelbar die Möglichkeit der Abschließung von A. Die Folge $\{\mathfrak{u}_n(x,t)\}$ aus $D(A)$ konvergiere in $\mathring{J}(Q_T)$ gegen $\mathfrak{u}$ und die Folge $\{A\,\mathfrak{u}_n\}$ in W gegen $(\mathfrak{f};\vec{\varphi})$. Gelingt es zu zeigen, daß aus $\mathfrak{u} \equiv 0$ $(\mathfrak{f};\vec{\varphi})=0$ folgt, so läßt A die Abschließung $\bar{A}$ zu, und es ist $\bar{A}\,\mathfrak{u} = (\mathfrak{f};\vec{\varphi})$. Sei also $\mathfrak{u}_n \Rightarrow 0$ in $\mathring{J}(Q_T)$ und $A\,\mathfrak{u}_n = (\mathfrak{f}_n;\vec{\varphi}_n) \Rightarrow (\mathfrak{f};\vec{\varphi})$ in W. Wir multiplizieren die Beziehung $L\,\mathfrak{u}_n = \mathfrak{f}_n$ beiderseits mit einem beliebigen für $t = T$ verschwindenden Vektorfeld $\vec{\Phi}(x,t)$ aus $D(A)$, integrieren das Produkt über Q_T und übertragen mit Hilfe partieller Integration alle Differentiationen von $\mathfrak{u}_n$ auf $\vec{\Phi}$; dann erhalten wir

$$\int_{Q_T} \mathfrak{f}_n\,\vec{\Phi}\,dx\,dt = \int_{Q_T} (\mathfrak{u}_{nt} - \tilde{\Delta}\mathfrak{u}_n)\,\vec{\Phi}\,dx\,dt$$
$$= \int_{Q_T} \mathfrak{u}_n\,(-\vec{\Phi}_t - \tilde{\Delta}\vec{\Phi})\,dx\,dt - \int_{\Omega} \vec{\varphi}_n(x)\,\vec{\Phi}(x,0)\,dx\,. \tag{5}$$

Für $n \to \infty$ ist nach unseren Voraussetzungen

$$\int_{Q_T} \mathfrak{f}\,\vec{\Phi}\,dx\,dt = -\int_{\Omega} \vec{\varphi}\,\vec{\Phi}(x,0)\,dx\,.$$

Die Menge der $\vec{\Phi}(x,t)$ aus $D(A)$, die für $t = 0$ verschwinden, bildet, wie sich leicht nachprüfen läßt, in $\mathring{J}(Q_T)$ eine dichte Menge, folglich ist $\mathfrak{f}(x,t) \equiv 0$. Da die $\vec{\Phi}(x,0)$ in $H(\Omega)$ eine dichte Menge bilden, ist auch $\vec{\varphi} \equiv 0$. Die Existenz der Abschließung $\bar{A}$ des Operators A in $\mathring{J}(Q_T)$ ist damit bewiesen.

Wir charakterisieren den Definitionsbereich der abgeschlossenen Erweiterung $\bar{A}$. Zu diesem Zweck betrachten wir den Ausdruck $\int_0^t (L\mathfrak{u}, L\mathfrak{u})\,dt$ für $\mathfrak{u} \in D(\bar{A})$ und formen ihn mit Hilfe partieller Integration um

$$\int_0^t \int_\Omega L\mathfrak{u} \cdot L\mathfrak{u}\,dx\,dt = \int_{Q_t} [\mathfrak{u}_t^2 + (\tilde{\Delta}\mathfrak{u})^2 - 2\,\mathfrak{u}_t \tilde{\Delta}\mathfrak{u}]\,dx\,dt$$

$$= \int_{Q_t} [\mathfrak{u}_t^2 + (\tilde{\Delta}\mathfrak{u})^2]\,dx\,dt + \nu \int_\Omega \sum_{k=1}^3 \mathfrak{u}_{x_k}^2(x, t)\,dx \Big|_{t=0}^{t=t} \tag{6}$$

oder, was dasselbe ist,

$$\int_{Q_t} [\mathfrak{u}_t^2 + (\tilde{\Delta}\mathfrak{u})^2]\,dx\,dt + \nu \int_\Omega \sum_{k=1}^3 \mathfrak{u}_{x_k}^2(x, t)\,dx$$

$$= \int_{Q_t} (L\mathfrak{u})^2\,dx\,\,dt + \nu \int_\Omega \sum_{k=1}^3 \mathfrak{u}_{x_k}^2(x, 0)\,dx\,. \tag{7}$$

Konvergieren die $A\,\mathfrak{u}_n$ in W gegen $A\,\mathfrak{u}$, so konvergieren die Folgen $\frac{\partial \mathfrak{u}_n}{\partial t}$, $\Delta\,\mathfrak{u}_n$ und (erst recht) $\mathfrak{u}_n$ in $\mathfrak{L}_2(Q_T)$ und die $\frac{\partial \mathfrak{u}_n}{\partial x_k}$ gleichmäßig bezüglich t in $\mathfrak{L}_2(\Omega)$. Für die Elemente $\mathfrak{u}$ aus $D(\bar{A})$ existieren daher die erste Ableitung nach t und $\tilde{\Delta}\,\mathfrak{u}$ und sind in $\mathfrak{L}_2(Q_T)$ enthalten; die Ableitungen $D_x\mathfrak{u}$ gehören für alle $t \in [0, T]$ zu $\mathfrak{L}_2(\Omega)$ und ihre Norm bezüglich $\mathfrak{L}_2(\Omega)$ hängt stetig von t ab. Der Operator $\bar{A}$ wird für sie genau wie A definiert

$$\bar{A}\,\mathfrak{u} = \big(\mathfrak{u}_t - \tilde{\Delta}\mathfrak{u};\ \mathfrak{u}(x, 0)\big)\,. \tag{8}$$

Aus (7) folgt auch: Konvergieren die $A\,\mathfrak{u}_n$ in W, so konvergieren die $\mathfrak{u}_n$ in $\mathring{J}(Q_T)$ (und sogar besser). Das bedeutet, daß die Abschließung von A die Abschließung des Wertebereiches $R(A)$ des Operators A in W zur Folge hat, d. h., es ist $R(\bar{A}) = \bar{R}(A)$. $R(\bar{A})$ ist ein abgeschlossener Unterraum in W und auf $R(\bar{A})$ ist der (beschränkte) inverse Operator $\bar{A}^{-1}$ definiert.

Schließlich zeigen wir, daß die Gleichung

$$\bar{A}\,\mathfrak{v} = (\mathfrak{f};\,\mathfrak{a})$$

für beliebiges $(\mathfrak{f};\,\mathfrak{a}) \in W$ eindeutig lösbar ist. Dazu bleibt zu beweisen, daß $R(\bar{A}) = W$ ist oder daß in W kein zu $R(\bar{A})$ orthogonales Element existiert. (Diese Behauptung ist mit dem Eindeutigkeitssatz für die verallgemeinerte Lösung aus $\mathfrak{L}_2(Q_T)$ identisch.) Wir nehmen das Gegenteil an, d. h., es existiere ein Element $(\mathfrak{f};\,\mathfrak{a})$ aus W, das zu allen Elementen aus $R(\bar{A})$ oder, was dasselbe ist, aus $R(A)$ orthogonal ist. Es sei also

$$0 = \{(\mathfrak{f};\,\mathfrak{a}), A\,\mathfrak{u}\} = \int_{Q_T} \mathfrak{f}\,(\mathfrak{u}_t - \tilde{\Delta}\mathfrak{u})\,dx\,dt + \int_\Omega \mathfrak{a}_{x_k}\,\mathfrak{u}_{x_k}(x, 0)\,dx \tag{9}$$

für alle $\mathfrak{u} \in D(A)$. Wir konstruieren das Vektorfeld $\vec{\varphi}(x, t) = \tilde{\Delta}^{-1}\left(\int_T^t \mathfrak{f}(x, \tau)\, d\tau\right)$; t wird hierbei als Parameter betrachtet. Da $\int_T^t \mathfrak{f}(x, \tau)\, d\tau \in \mathring{J}(\Omega)$ ist, ist $\vec{\psi}(x, t) \in D(\tilde{\Delta})$ und $\tilde{\Delta}\vec{\psi}(x, t) = \int_T^t \mathfrak{f}(x, \tau)\, d\tau$. Hieraus folgt für fast alle t $\mathfrak{f}(x, \tau) = \frac{\partial}{\partial t}(\tilde{\Delta}\vec{\psi}(x, t))$. Wir setzen in (9) $\mathfrak{u}(x, t) = \int_0^t \vec{\psi}(x, \tau)\, d\tau$; das ist möglich, weil $\mathfrak{u} \in D(A)$ ist. Dann erhalten wir

$$0 = \int_{Q_T} (\tilde{\Delta}\vec{\psi})_t \left(\vec{\psi} - \int_0^t \tilde{\Delta}\vec{\psi}\, d\tau\right) dx\, dt\,.$$

Partielle Integration nach t ergibt, wenn man $\vec{\psi}|_{t=T} = 0$ berücksichtigt

$$0 = \int_{Q_T} [-\tilde{\Delta}\vec{\psi} \cdot \vec{\psi}_t + (\tilde{\Delta}\vec{\psi})^2]\, dx\, dt - \int_{\Omega} \tilde{\Delta}\vec{\psi} \cdot \vec{\psi}|_{t=0}\, dx\,.$$

Partielle Integration nach x_k bzw. t ergibt schließlich

$$0 = \frac{1}{2}\int_{\Omega} \sum_{k=1}^{3} \vec{\psi}_{x_k}^2(x, t)\, dx\Big|_{t=0}^{t=T} + \int_{Q_T} (\tilde{\Delta}\vec{\psi})^2\, dx\, dt + \int \sum_{k=1}^{3} \psi_{x_k}^2(x, 0)\, dx$$

$$= \int_{Q_T} (\tilde{\Delta}\vec{\psi})^2\, dx\, dt + \frac{1}{2}\int_{\Omega} \sum_{k=1}^{3} \vec{\psi}_{x_k}^2(x, 0)\, dx\,.$$

Hieraus folgt, daß $\tilde{\Delta}\vec{\psi} = 0$ und damit $\mathfrak{f} \equiv 0$ ist.

Wir kehren zu Gleichung (9) zurück. Nach dem soeben Bewiesenen nimmt sie für beliebiges $\mathfrak{u} \in D(A)$ die Form

$$0 = [\mathfrak{a}, \mathfrak{u}(x, 0)]$$

an. Da die $\mathfrak{u}(x, 0)$ in $H(\Omega)$ dicht sind, ist $\mathfrak{a} \equiv 0$. Damit ist bewiesen, daß $R(\bar{A})$ mit W zusammenfällt. Die Ergebnisse dieses Paragraphen lassen sich wie folgt zusammenfassen.

Satz 1. *Das Randwertproblem* (1), (2) *ist für beliebiges* $\mathfrak{f} \in \mathring{J}(Q_T)$ *und* $\mathfrak{a} \in H(\Omega)$ *eindeutig lösbar. Seine Lösung* $\mathfrak{v}$ *besitzt die zu* $\mathfrak{L}_2(Q_T)$ *gehörige Ableitung* $\mathfrak{v}_t$, *die zu* $\mathfrak{L}_2(\Omega' \times [0, T])$, $\Omega' \subset \Omega$[1]), *gehörigen Ableitungen* $\mathfrak{v}_{x_i x_j}$ *und* p_{x_i} *und* $\mathfrak{v}(x, t)$ *kann für beliebiges* $t \in [0, T]$ *als Element von* $H(\Omega)$ *betrachtet werden, das stetig von* t *abhängt. Die Differentialgleichungen* (1) *sind fast überall erfüllt. Ist der Rand* S *zweimal stetig differenzierbar, so gehören die* $\mathfrak{v}_{x_i x_j}$ *und* p_{x_i} *zu* $\mathfrak{L}_2(Q_T)$.

Von den Aussagen des Satzes 1 muß nur noch die Eindeutigkeit nachgeprüft werden. Daß es in $D(\bar{A})$ nur eine Lösung gibt, folgt leicht aus (7); sind nämlich $\mathfrak{f} \equiv 0$ und $\mathfrak{a} \equiv 0$ und ist $\mathfrak{v}$ die zugehörige Lösung, so ist $\mathfrak{v}_{x_k}(x, t) \equiv 0$, $k = 1, 2, 3$, und deshalb $\mathfrak{v} \equiv 0$.

[1]) Hier wie im folgenden bedeutet $\Omega' \subset \Omega$, daß Ω' ein echtes Teilgebiet von Ω ist.

§ 2. Unbeschränkte Gebiete, Differenzierbarkeitseigenschaften verallgemeinerter Lösungen und deren Verhalten für $t \to \infty$

Satz 1 wurde unter der Voraussetzung bewiesen, daß Ω ein beschränktes Gebiet ist. Der Satz gilt aber auch für unbeschränkte Gebiete Ω, wenn $\mathfrak{a} \in J_{0,1}(\Omega)$ und $\mathfrak{f} \in \mathring{J}(Q_T)$ ist. Der oben gegebene Beweis ist nur deshalb nicht anwendbar, weil für den Operator $\tilde{\Delta}$ kein beschränkter inverser Operator auf $\mathring{J}(\Omega)$ existiert. Bei unbeschränktem Ω ist $\lambda = 0$ für $\tilde{\Delta}$ Punkt eines stetigen Spektrums. Da alle Eigenwerte des Operators $\tilde{\Delta}$ negativ sind (siehe § 4, Kap. II), existiert für den Operator $\tilde{\Delta}_1 = \tilde{\Delta} - \lambda_0 E$ für $\lambda_0 > 0$ ein beschränkter inverser Operator. Ersetzt man in (4) das unbekannte Vektorfeld $\mathfrak{v}$ durch $\mathfrak{u} = \mathfrak{v}\, e^{-\lambda_0 t}$, so erhält man für $\mathfrak{u}$ die Differentialgleichung

$$\mathfrak{u}_t - \tilde{\Delta}_1 \mathfrak{u} = \mathfrak{f}\, e^{-\lambda_0 t},$$

deren eindeutige Lösbarkeit man unter den Bedingungen (2) genau so beweisen kann, wie wir das für beschränkte Gebiete Ω getan haben.

Gilt für die Anfangswerte $\mathfrak{a}(x)$ der Geschwindigkeit $\mathfrak{a} \notin J_{0,1}(\Omega)$, so führen wir das Problem zunächst auf die Bestimmung von $\mathfrak{u}(x, t) = \mathfrak{v}(x, t) - \mathfrak{b}(x)$ zurück, wobei das quellenfreie Vektorfeld $\mathfrak{b}(x)$ so gewählt sei, daß $\mathfrak{b}\,|_S = 0$, $\Delta\mathfrak{b} \in \mathfrak{L}_2(\Omega)$ und $\mathfrak{a} - \mathfrak{b} \in J_{0,1}(\Omega)$ ist.

Existiert ein solches $\mathfrak{b}(x)$ (das ist z. B. dann der Fall, wenn $\mathfrak{a}(x)$ für große $|x|$ gegen eine von Null verschiedene Konstante strebt), so ist $\mathfrak{u}$ infolge der Aussagen dieses Paragraphen eindeutig bestimmbar.[1])

Sei $\mathfrak{a} \in H(\Omega)$ aber $\mathfrak{a} \notin J_{0,1}(\Omega)$. Wir wählen eine Folge finiter Vektorfelder $\mathfrak{a}_n$ aus $J_{0,1}(\Omega)$, die bezüglich der Norm von $H(\Omega)$ gegen $\mathfrak{a}$ konvergiert. $\mathfrak{v}^{(n)}(x, t)$ sei Lösung des Randwertproblems (1), $\mathfrak{v}|_S = 0$, $\mathfrak{v}(x, 0) = \mathfrak{a}^{(n)}(x)$, und $\mathfrak{v}(x, t)$ sei der Grenzwert der Folge $\mathfrak{v}^{(n)}(x, t)$. Dann ist $\mathfrak{v}(x, t)$ Lösung des Randwertproblems (1), (2). Die Lösungen $\mathfrak{v}^{(n)}(x, t)$ existieren nach dem oben Gesagten; für sie gilt die Beziehung (7). Die Differenz $\mathfrak{v}^{(n)} - \mathfrak{v}^{(m)}$ ist Lösung des zu (1) gehörigen homogenen Systems. Für $\mathfrak{v}^{(n)} - \mathfrak{v}^{(m)}$ ist deshalb ebenfalls die Beziehung (7) erfüllt, aus der folgt, daß die $\mathfrak{v}^{(n)}$ gegen ein Vektorfeld $\mathfrak{v}$ konvergieren. Für dieses sind $\mathfrak{v}_t$ und $\Delta\mathfrak{v}$ über Q_T quadratisch summierbar, und die $\mathfrak{v}_{x_k}$, $k = 1, 2, 3$, gehören für alle $t \in [0, T]$ zu $\mathfrak{L}_2(\Omega)$.

In Satz 1 wurde festgestellt, daß die Lösung $\mathfrak{v}(x, t)$ für $\mathfrak{f} \in \mathfrak{L}_2(Q_T)$, $\mathfrak{a} \in J_{0,1}(\Omega)$ alle erforderlichen Ableitungen besitzt, welche über Q_T quadratisch summierbar sind. Das ist in folgendem Sinne ein „Grenz"-Ergebnis. Unter den über $\mathfrak{f}(x, t)$ und $\mathfrak{a}(x)$ gemachten Voraussetzungen wird die Lösung im allgemeinen keine höheren Ableitungen haben und den existierenden Ableitungen wird man keine zusätzlichen Bedingungen auferlegen dürfen. Fordert man von $\mathfrak{f}(x, t)$ und $\mathfrak{a}(x)$ zusätzliche Differenzierbarkeitseigenschaften, so wird man auch von der Lösung zusätzliche Differenzierbarkeitseigenschaften erwarten dürfen. Dieses „Grenz"-Ergebnis läßt sich recht einfach in der Terminologie der HILBERT-

[1]) Die Differenz $\mathfrak{v}(x, t) - \mathfrak{a}(x)$ gehört für alle $t \geq 0$ zu $J_{0,1}(\Omega)$.

Räume formulieren; vgl. [2, 32]. Wir beweisen zunächst die Existenz der Ableitungen $D_t^m \mathfrak{v}$ und $D_t^m \mathfrak{v}_{x_k}$ und damit die Existenz von $\tilde{\Delta}^m \mathfrak{v}$; daraus folgt die Existenz der Ableitungen $D_{x_k}^{2m} \mathfrak{v}$. *Existieren für* $\mathfrak{f}$ *die Ausdrücke* $D_t^l \mathfrak{f}$ *und* $\tilde{\Delta}^l \mathfrak{f}$, $0 \leqq l \leqq m$, *und gehören sie zu* $\mathfrak{L}_2(Q_T)$, *so ist* $\mathfrak{a} \in \mathfrak{W}_2^{2l-1}(\Omega)$, $0 \leqq l \leqq m$, *und sind für* $x \in S$, $t = 0$ *die notwendigen Beziehungen zwischen* $\mathfrak{a}(x)$ *und* $\mathfrak{f}(x, t)$ *erfüllt so existieren für die Lösung* $\mathfrak{v}$ *die Ausdrücke* $D_t^l \mathfrak{v}$ *und* $\tilde{\Delta}^l \mathfrak{v}$, $0 \leqq l \leqq m + 1$, *und gehören zu* $\mathfrak{L}_2(Q_T)$. *Dann existieren auch die verallgemeinerten Ableitungen* $D_{x_k}^{2l} \mathfrak{v}$ *für* $0 \leqq l \leqq m + 1$ *und gehören zu* $\mathfrak{L}_2(\Omega' \times [0, T])$, $\Omega' \subset \Omega$; *ist* S *hinreichend glatt*[1]), *so gehören sie sogar zu* $\mathfrak{L}_2(Q_T)$.

Man kann für die genannten Ableitungen Beziehungen vom Typ (7) angeben und die stetige Abhängigkeit der Lösung $\mathfrak{v}$ von $\mathfrak{f}$ und $\mathfrak{a}$ in bezug auf gewisse Normen beweisen. Wir gehen darauf nicht ein und überlassen die Beweise, die sich mit Hilfe der Ergebnisse aus Kap. II und III führen lassen, dem Leser.

Auch die Abhängigkeit der Differenzierbarkeitseigenschaften der Lösung $\mathfrak{v}(x, t)$ unter geringeren Voraussetzungen über $\mathfrak{f}(x, t)$ und $\mathfrak{a}(x)$ läßt sich in HILBERT-Räumen leicht verfolgen. Das Randwertproblem hat sogar dann eine eindeutig bestimmte Lösung, wenn $\mathfrak{f}(x, t)$ und $\mathfrak{a}(x)$ keine Punktfunktionen sondern Distributionen sind. Die entsprechenden Resultate formulieren wir hier nicht, weil dazu der Begriff einer negativen Norm und die Grundlagen der Theorie der Distributionen gebraucht werden. Im Zusammenhang damit verweisen wir auf die Arbeiten [7, 58, 59, 25, 26, 60].

Unter der Voraussetzung, daß $\mathfrak{f}(x, t)$ und $\mathfrak{a}(x)$ Punktfunktionen sind, gilt der folgende

Satz. *Ist* $\mathfrak{a} \in \mathring{J}(\Omega)$ *und* $\int_0^t \|\mathfrak{f}\| \, dt < \infty$, *so ist die zugehörige Lösung* $\mathfrak{v}(x, t)$ *für alle* $t \geqq 0$ *ein Element von* $\mathring{J}(\Omega)$, *das stetig von* t *abhängt und die Ableitungen* $\mathfrak{v}_{x_i}$, $i = 1, 2, 3$, *aus* $\mathfrak{L}_2(Q_T)$ *besitzt. Für diese Lösung gilt die weiter unten angegebene Ungleichung* (11), *und für* $t \to +0$ *strebt* $\|\mathfrak{v} - \mathfrak{a}\|_{\mathfrak{L}_2(\Omega)}$ *gegen Null.*

Der ersten Gleichung (1) genügt die angegebene Lösung in dem Sinne, daß

$$\int_\Omega \mathfrak{v}(x, t)\, \vec{\Phi}(x, t)\, dx - \int_\Omega \mathfrak{a}(x)\, \vec{\Phi}(x, 0)\, dx$$

$$+ \int_0^t \int_\Omega (- \mathfrak{v}\, \vec{\Phi}_t + \nu\, \mathfrak{v}_{x_i} \vec{\Phi}_{x_i} - \mathfrak{f}\, \vec{\Phi})\, dx\, dt = 0\,, \qquad 0 \leqq t \leqq T\,,$$

erfüllt ist. $\vec{\Phi}(x, t)$ ist hierbei ein beliebiges glattes quellenfreies Vektorfeld, das auf der Mantelfläche von Q_T verschwindet.

Die Existenz der Lösung $\mathfrak{v}(x, t)$ läßt sich mit Hilfe des Satzes 1 und der Ungleichung (11) leicht beweisen. $\mathfrak{v}(x, t)$ wird als Grenzwert einer Folge von Lösungen $\mathfrak{v}^{(n)}$ für $\mathfrak{f}^{(n)}$ und $\mathfrak{a}^{(n)}$ gefunden, wobei $\mathfrak{f}^{(n)}$ und $\mathfrak{a}^{(n)}$ den Bedingungen des Satzes 1 genügen. Bezüglich der Eindeutigkeit der Lösung haben wir beim Beweis von Satz 1 gezeigt, daß es höchstens ein zu $\mathfrak{L}_2(Q_T)$ gehöriges $\mathfrak{v}(x, t)$ gibt.

Wie die Differenzierbarkeitseigenschaften des Vektorfeldes $\mathfrak{v}(x, t)$ von $\mathfrak{f}$ und $\mathfrak{a}$ abhängen, ist beim linearisierten Problem und beim allgemeinen nichtlinearen Problem

---

[1]) Vgl. Fußnote 3), Seite 14. — Anm. d. Red.

nicht nur in HILBERT-Räumen von Interesse. Besonders wichtig ist es, die Räume zu finden, in denen „Grenz“-Ergebnisse möglich sind. Zu diesen Räumen gehören $\mathfrak{L}_r(Q_T)$ und $C_{n,h}(Q_T)$. Für sie gelten folgende

Sätze.

1. *Sind* $\mathfrak{f}(x, t)$ *und* $\mathfrak{a}(x)$ *H-stetig mit den Exponenten* h *bzw.* $\frac{h}{2}$, $h \in (0, 1)$, *bezüglich* x *bzw.* t, *so ist* $\mathfrak{v}(x, t)$ *stetig und besitzt die Ableitungen* $\mathfrak{v}_t$ *und* $\mathfrak{v}_{x_i x_j}$, *die mit den gleichen Exponenten bezüglich* x *bzw.* t *H-stetig sind.*
2. *Ist* $\mathfrak{f} \in \mathfrak{L}_r(Q_T)$ *und* $\mathfrak{a} \in W_r^{2-2/r}(\Omega)$, $r > 1$, *so sind* $\mathfrak{v}_t$ *und die* $\mathfrak{v}_{x_i x_j}$ *mit demselben Exponenten* r *über* Q_T *summierbar. Der Rand* S *muß hierbei zur Klasse* $C_{2,h}$ *gehören.*

Der Beweis dieser Sätze für ein beliebiges Teilgebiet von Q_T ist nicht sehr schwierig; er wird wie für das stationäre Problem (§ 4, Kap. II) geführt. Mit Hilfe der singulären Fundamentallösungen von (1) (siehe § 5 dieses Kapitels) und einer Abschnittsfunktion kann man für $\mathfrak{v}(x, t)$ eine Integraldarstellung erhalten, aus der die Behauptungen folgen. Schwierigkeiten bereitet die Untersuchung der singulären Integrale in $\mathfrak{L}_r$, die beim Differenzieren auftreten. Sie sind von der gleichen Art wie beim Anfangswertproblem. Im nächsten Paragraphen beschäftigen wir uns damit.

Bedeutend schwieriger ist es, die Sätze 1 und 2 für das gesamte Gebiet Q_T zu beweisen. Für diesen Beweis müssen wir die Theorie der instationären hydrodynamischen Potentiale verwenden (siehe Kommentare).

Wir betrachten das Verhalten der Lösung des instationären Problems für $t \to +\infty$. Sei $\mathfrak{v}$ die Lösung des Randwertproblems (1), (2); für sie gilt (7). Aus

$$\int_\Omega \mathfrak{f}\,\mathfrak{v}\,dx = \frac{1}{2}\int_\Omega \frac{\partial \mathfrak{v}^2}{\partial t}\,dx + \nu \int_\Omega \sum_{k=1}^{3} \mathfrak{v}_{x_k}^2\,dx \tag{10}$$

folgt leicht die Abschätzung

$$\int_\Omega \mathfrak{v}^2(x, t)\,dx + 2\nu \int_\tau^t \int_\Omega \sum_{k=1}^{3} \mathfrak{v}_{x_k}^2\,dx\,dt \leqq 2\int_\Omega \mathfrak{v}^2(x, \tau)\,dx + 3\left[\int_\tau^t \|\mathfrak{f}\|\,dt\right]^2, 0 \leqq \tau \leqq t. \tag{11}$$

Beweis. Nach (10) ist

$$\|\mathfrak{v}\| \frac{d}{dt} \|\mathfrak{v}\| \leqq \|\mathfrak{f}\| \cdot \|\mathfrak{v}\|,$$

so daß entweder $\|\mathfrak{v}\| = 0$ oder $\frac{d}{dt}\|\mathfrak{v}\| \leqq \|\mathfrak{f}\|$ ist. Da $\|\mathfrak{v}\|$ eine stetige Funktion von t ist, folgt aus diesen Ungleichungen

$$\|\mathfrak{v}(x, t)\| \leqq \|\mathfrak{v}(x, \tau)\| + \int_\tau^t \|\mathfrak{f}\|\,dt. \tag{11a}$$

Wir integrieren (10) über t von τ bis t, verwenden die letzte Ungleichung und überzeugen uns von der Richtigkeit der Ungleichung (11).

Satz 2. *Ist Ω ein beschränktes Gebiet und* $\mathfrak{a} \in H(\Omega)$, *so folgt aus der Konvergenz des Integrals* $\int_0^\infty \|\mathfrak{f}\|^2 \, dt$, *daß* $\|\mathfrak{v}\|_H$ *für* $t \to \infty$ *verschwindet, und aus der Konvergenz des Integrals* $\int_0^\infty \|\mathfrak{f}\| \, dt$ *folgt das Verschwinden von* $\|\mathfrak{v}\|$ *für* $t \to \infty$. *Ist Ω ein beliebiges Gebiet,* $\mathfrak{a} \in J_{0,1}(\Omega)$ und $\int_0^\infty (\|\mathfrak{f}\| + \|\mathfrak{f}\|^2) \, dt < \infty$, *so strebt* $\|\mathfrak{v}\|_H$ *für* $t \to \infty$ *gegen Null.*

Für die Lösung, deren Existenz wir voraussetzen, gelten für alle $t \geqq 0$ die Beziehungen (7) und (11). Ist bekannt, daß $\int_0^\infty \|\mathfrak{f}\| \, dt$ konvergiert, so folgt aus (11), daß $\int_0^\infty \|\mathfrak{v}\|_H^2 \, dt$ ebenfalls konvergiert. Daher existiert eine gegen Unendlich strebende Folge $\{t_k\}$, für die $\|\mathfrak{v}\|_H$ gegen Null strebt. Für ein beschränktes Gebiet ist $\|\mathfrak{v}\| \leqq C\|\mathfrak{v}\|_H$ [1]), daher strebt $\|\mathfrak{v}\|$ für $t_k \to \infty$ gegen Null. Hieraus und aus der Ungleichung

$$\|\mathfrak{v}(x, t)\| \leqq \|\mathfrak{v}(x, t_k)\| + \int_{t_k}^{t} \|\mathfrak{f}\| \, dt ,$$

die für $t \geqq t_k$ gilt (siehe (11a)), schließen wir, daß für $t \to \infty$ $\|\mathfrak{v}\| \to 0$ strebt. Die erste Behauptung des Satzes 2 wird mit Hilfe von (7) und der Ungleichung $\|\mathfrak{v}\|_H \leqq C\|\tilde{\Delta}\mathfrak{v}\|$ entsprechend bewiesen.

Für ein beliebiges Gebiet Ω können wir uns nicht auf die Abschätzungen $\|\mathfrak{v}\| \leqq C\|\mathfrak{v}\|_H$ und $\|\mathfrak{v}\|_H \leqq C\|\tilde{\Delta}\mathfrak{v}\|$ stützen, deshalb müssen wir (7) und (11) gleichzeitig verwenden. Es sei $\mathfrak{a} \in J_{0,1}(\Omega)$ und $\int_0^\infty (\|\mathfrak{f}\| + \|\mathfrak{f}\|^2) \, dt < \infty$; aus (11) folgt dann die Existenz einer gegen Unendlich strebenden Folge $\{t_k\}$, für die $\|\mathfrak{v}\|_H$ gegen Null strebt.

Nach (7) ist

$$\|\mathfrak{v}(x, t)\|_H^2 \leqq \|\mathfrak{v}(x, t_k)\|_H^2 + \frac{1}{\nu} \int_{t_k}^{t} \|\mathfrak{f}\|^2 \, dt , \qquad t \geqq t_k ,$$

$\|\mathfrak{v}\|_H$ kann also für hinreichend große t tatsächlich beliebig klein gemacht werden.

Aus (10) folgt leicht (siehe § 5, Kap. VI), daß $\|\mathfrak{v}\|$ für beschränkte Gebiete Ω wie e^{-ct}, $c > 0$, abnimmt, sofern

$$\int_0^\infty \|\mathfrak{f}\| \, e^{ct} \, dt < \infty$$

ist. Hängt die Kraft $\mathfrak{f}$ nicht von t ab oder strebt $\mathfrak{f}$ hinreichend schnell gegen ein nur von x abhängiges Vektorfeld $\mathfrak{f}_0(x)$, so daß die in Satz 2 angegebenen Integrale für $\mathfrak{f} - \mathfrak{f}_0$ konvergieren, so strebt die zugehörige Lösung $\mathfrak{v}(x, t)$ gegen die zu $\mathfrak{f}_0(x)$ gehörige Lösung $\mathfrak{v}_0(x)$ des stationären Problems, sofern diese existiert. (Hinreichende Bedingungen für die Existenz der Lösung $\mathfrak{v}_0$ wurden in Kap. II an-

[1]) Vgl. Fußnote, Seite 10. — Anm. d. Red.

gegeben.) Die Richtigkeit dieser Behauptung folgt leicht aus dem eben bewiesenen Satz. Man braucht ihn nur auf das Vektorfeld $\mathfrak{v}(x, t) - \mathfrak{v}_0(x)$ anzuwenden.

Wir betrachten noch einen Fall, der im Unterschied zu den eben behandelten kein Analogon bei den ebenen Strömungen besitzt (vgl. das „STOKESsche Paradoxon“). $\mathfrak{v}(x, t)$ sei die Lösung des Problems

$$\mathfrak{v}_t - \nu \Delta \mathfrak{v} = - \operatorname{grad} p , \qquad \operatorname{div} \mathfrak{v} = 0 \tag{12}$$

$$\mathfrak{v}|_S = 0 , \quad \mathfrak{v}|_{t=0} = \mathfrak{a}(x) , \quad \mathfrak{v}|_{|x| = \infty} = \mathfrak{a}^\circ = \text{const} \tag{13}$$

für ein Gebiet Ω, das das Äußere eines beschränkten Gebiets ist. $\mathfrak{v}^\circ(x)$ sei die Lösung des stationären Problems

$$\nu \Delta \mathfrak{v}^\circ = \operatorname{grad} q , \quad \operatorname{div} \mathfrak{v}^\circ = 0 , \quad \mathfrak{v}^\circ|_S = 0 , \quad \mathfrak{v}^\circ|_{|x|=\infty} = \mathfrak{a}^\circ$$

im gleichen Gebiet Ω. Aus Ergebnissen des II. Kapitels folgt, daß $\mathfrak{v}^\circ(x)$ existiert und $\mathfrak{a}^\circ - \mathfrak{v}^\circ \in H(\Omega)$ ist. Es gilt

Satz 3. *Ist $\mathfrak{a} - \mathfrak{v}^0 \in J_{0,1}(\Omega)$, so strebt $\|\mathfrak{v} - \mathfrak{v}^0\|_H$ für $t \to \infty$ gegen Null.*

Dieser Satz folgt unmittelbar aus Satz 2, wenn man ihn auf das Vektorfeld $\mathfrak{v}(x, t) - \mathfrak{v}^\circ(x)$ anwendet.

§ 3. Über die Entwicklung in eine FOURIER-Reihe

Die Lösung des instationären Problems (1), (2) kann auch mit Hilfe der FOURIERschen Methode ermittelt werden. Die Konvergenz der die Lösung $\mathfrak{v}(x, t)$ darstellenden Reihe sowie der Reihen, die durch ihre gliedweise Differentiation nach t bzw. den x_k entstehen, in $\mathfrak{L}_2(\Omega)$ wird wie für Differentialgleichungen vom hyperbolischen Typ bewiesen (siehe [2]). Dabei sind die entsprechenden Ergebnisse für das linearisierte stationäre Problem zu verwenden.

Wir geben ohne Beweis ein Ergebnis bezüglich der Konvergenz der FOURIER-Reihe

$$\mathfrak{v}(x, t) = \sum_{k=1}^{\infty} a_k \, e^{-\lambda_k t} \, \vec{\varphi}_k(x) , \tag{14}$$

welche die Lösung $\mathfrak{v}(x, t)$ des Problems

$$\mathfrak{v}_t - \tilde{\Delta} \mathfrak{v} = 0 , \qquad \mathfrak{v}\,|_{t=0} = \mathfrak{a}(x) \tag{15}$$

in einem beschränkten Gebiet Ω darstellt. In (14) sind $\vec{\varphi}_k(x)$ bzw. λ_k die normierten Eigenvektoren bzw. die Eigenwerte des Operators $-\tilde{\Delta}$

$$-\tilde{\Delta} \vec{\varphi}_k = \lambda_k \vec{\varphi}_k , \tag{16}$$

und es ist

$$a_k = (\mathfrak{a}, \vec{\varphi}_k) .$$

Satz 4. *Ist* $\mathfrak{a} \in \mathfrak{W}_2^2(\Omega) \cap J_{0,1}(\Omega)$, *so konvergieren die Reihe* (14) *und die durch einmalige gliedweise Differentiation nach t bzw. den* x_k *entstehenden Reihen in* $\mathfrak{L}_2(\Omega)$ *gleichmäßig für* $t \geqq 0$. *Die durch zweimalige gliedweise Differentiation nach den* x_k *erhaltenen Reihen konvergieren in* $\mathfrak{L}_2(\Omega')$ *gleichmäßig für* $t \geqq 0$, *wobei* Ω' *ein beliebiges echtes Teilgebiet von* Ω *bezeichnet und der Rand S von* Ω *beliebig ist; sie konvergieren in* $\mathfrak{L}_2(\Omega)$ *gleichmäßig für* $t \geqq 0$, *wenn S zweimal stetig differenzierbar ist.*

§ 4. Der Grenzfall verschwindender Zähigkeit

Wir zeigen, daß die Lösung $\mathfrak{v}(x, t; \nu)$ des Problems (1), (2) für $\nu \to 0$ gegen die Lösung $v(x, t; 0)$ des ausgearteten Problems

$$\mathfrak{v}_t^\circ = -\operatorname{grad} p^\circ + \mathfrak{f}(x, t)\,, \quad \mathfrak{v}^\circ|_{t=0} = \mathfrak{a}(x)\,, \quad \mathfrak{v}^\circ \in \overset{\circ}{J}(\Omega) \tag{17}$$

strebt.

Die Zugehörigkeit von $\mathfrak{v}^\circ$ zu $\overset{\circ}{J}(\Omega)$ bedeutet, grob gesagt, daß div $\mathfrak{v}^\circ$ und $(\mathfrak{v}^\circ, \mathfrak{n})|_S$ verschwinden. Die Lösung des Problems (17) ist, wie man leicht sieht, eindeutig bestimmt und kann auf folgende Weise ermittelt werden. Den Vektor $\mathfrak{f}$ zerlegen wir derart in eine Summe $\mathfrak{f}_1 + \mathfrak{f}_2$, daß $\mathfrak{f}_1 \in \overset{\circ}{J}(Q_T)$, $\mathfrak{f}_2 \in G(Q_T)$ ist. Dann ist $\mathfrak{f}_2 = \operatorname{grad} p^\circ$ und $\mathfrak{f}_1 = \mathfrak{v}_t^\circ$, woraus

$$\mathfrak{v}^\circ(x, t) = \mathfrak{a}(x) + \int_0^t \mathfrak{f}_1(x, \tau)\, d\tau$$

folgt.

Satz 5. *Die Lösung* $\mathfrak{v}(x, t; \nu)$ *des Problems* (1), (2) *strebt für* $\nu \to 0$ *gegen die Lösung des Problems* (17). *Dabei sei* $\mathfrak{f} \in \mathfrak{L}_2(Q_T)$ *und* $\mathfrak{a} \in H(\Omega)$, Ω *sei ein beschränktes Gebiet.*

Beweis. Die Lösung $\mathfrak{v}(x, t; \nu)$ genügt offensichtlich für ein beliebiges stetig differenzierbares quellenfreies auf S verschwindendes Vektorfeld $\vec{\Phi}$ der Integralidentität

$$\int_0^T \int_\Omega \mathfrak{f}\, \vec{\Phi}\, dx\, dt = \int_0^T \int_\Omega (\mathfrak{v}_t \vec{\Phi} + \nu\, \mathfrak{v}_{x_k} \vec{\Phi}_{x_k})\, dx\, dt\,. \tag{18}$$

Außerdem besteht für diese Lösung die Ungleichung

$$\int_0^T \int_\Omega \left(\mathfrak{v}_t^2 + \nu \sum_{k=1}^3 \mathfrak{v}_{x_k}^2 + \mathfrak{v}^2\right) dx\, dt \leqq C \left(\int_0^T \int_\Omega \mathfrak{f}^2\, dx\, dt + \int_\Omega \sum_{k=1}^3 \mathfrak{a}_{x_k}^2\, dx\right),\text{[1]} \tag{19}$$

die unmittelbar aus (7) und (11) folgt.

Wegen (19) existiert eine Nullfolge $\{\nu_k\}$, so daß die Folgen $\{\mathfrak{v}(x, t; \nu_k)\}$ bzw. $\{\mathfrak{v}_t(x, t; \nu_k)\}$ in $\mathfrak{L}_2(Q_T)$ schwach gegen ein Vektorfeld $\mathfrak{v}^\circ$ bzw. dessen Ableitung $\mathfrak{v}_t^\circ$ konvergieren, wobei $\mathfrak{v}^\circ|_{t=0} = \mathfrak{a}(x)$ ist. Da die $\mathfrak{v}(x, t; \nu_k)$ und $\mathfrak{v}_t(x, t; \nu_k)$ zu $\overset{\circ}{J}(\Omega)$ gehören, gehören auch $\mathfrak{v}^\circ$ und $\mathfrak{v}_t^\circ$ zu $\overset{\circ}{J}(\Omega)$. In der Identität (18) kann man ν

[1]) Vgl. Fußnote, Seite 10. — Anm. d. Red.

die Nullfolge durchlaufen lassen und den Grenzübergang vollziehen. Dann ist

$$\int_0^T\int_\Omega \mathfrak{f}\,\vec{\Phi}\,dx\,dt = \int_0^T\int_\Omega \mathfrak{v}_t^\circ\,\vec{\Phi}\,dx\,dt\,, \tag{20}$$

da für $\nu \to 0$

$$\left|\nu\int_0^T\int_\Omega \mathfrak{v}_{x_k}\vec{\Phi}_{x_k}\,dx\,dt\right| \leqq \sqrt{\nu}\sqrt{\nu\int_0^T\int_\Omega \sum_{k=1}^3 \mathfrak{v}_{x_k}^2\,dx\,dt}\sqrt{\int_0^T\int_\Omega \sum_{k=1}^3 \vec{\Phi}_{x_k}^2\,dx\,dt} \to 0$$

gilt. Die hier auftretenden willkürlichen Vektorfelder $\vec{\Phi}$ bilden in $\mathring{J}(\Omega)$ eine dichte Menge, deshalb folgt aus (20)

$$\mathfrak{v}_t^\circ = -\operatorname{grad} p^\circ + \mathfrak{f}\,,$$

q. e. d.

Etwas mühsamere Betrachtungen erfordert der Grenzübergang $\nu \to 0$ für das System

$$\mathfrak{v}_t - \nu\,\Delta\mathfrak{v} + b_k(x)\,\mathfrak{v}_{x_k} = -\operatorname{grad} p + \mathfrak{f}\,,\quad \operatorname{div}\mathfrak{v} = 0\,,$$

$$\mathfrak{v}|_S = 0\,,\qquad \mathfrak{v}|_{t=0} = \mathfrak{a}(x)\,,$$

wobei $\mathfrak{b}$ ein gegebenes Vektorfeld aus $H(\Omega)$ ist.

§ 5. Das Anfangswertproblem

In diesem Paragraphen soll folgendes gezeigt werden: Ist das absolute Glied $\mathfrak{f}(x, t)$ in den Stokesschen Gleichungen im Streifen $0 \leqq t \leqq T$ mit dem Exponenten $r > 1$ nach (x, t) summierbar, dann besitzt die zugehörige für $t = 0$ verschwindende Lösung $\mathfrak{v}(x, t)$ des Anfangswertproblems die Ableitungen $\mathfrak{v}_t$ und $\mathfrak{v}_{x_i x_j}$, und diese sind im Streifen $0 \leqq t \leqq T$ mit demselben Exponenten r summierbar. Der Fall inhomogener Anfangswerte läßt sich mit Hilfe der Grenzwertsätze über die Fortsetzung von Funktionen aus der Ebene $t = 0$ in den Halbraum $t \geqq 0$ auf den homogenen zurückführen. Ein entsprechendes Ergebnis existiert auch für die Lösungen von Randwertaufgaben der Stokesschen Gleichungen, wenn der Rand der umströmten Körper gewisse Differenzierbarkeitsvoraussetzungen erfüllt. Der Beweis erfordert die Anwendung des diffizilen Apparats der Theorie instationärer Potentiale; deshalb werden wir auf diesen Beweis verzichten. Der folgende Satz interessiert hauptsächlich wegen seiner Anwendung auf das nichtlineare Problem, wovon in § 8, Kap. VI, die Rede sein wird.

Satz 6. *Zu jedem* $\mathfrak{f} \in \mathfrak{L}_r(\Omega \times [0, T])$, $r > 1$, *existiert genau eine Lösung* $\mathfrak{v}(x, t)$, $p(x, t)$ *des Anfangswertproblems für das System* (1) *mit homogenen Anfangswerten. Sie besitzt die Ableitungen* $\mathfrak{v}_{x_i}$, $\mathfrak{v}_t$, $\mathfrak{v}_{x_i x_j}$ *und* p_{x_i}, *welche zu* $\mathfrak{L}_r\,(\Omega \times 0, T)$ *gehören.*[1])

Der Beweis wird mit Hilfe der Fourier-Transformation geführt. Von einer anderen Möglichkeit, Satz 6 zu beweisen, wird am Ende dieses Paragraphen gesprochen.

---

[1]) Für inhomogene Anfangsbedingungen ist zu fordern, daß $\mathfrak{a}(x)$ zu $W_r^{2-2/r}$ gehört.

Wir wenden die FOURIER-Transformation nach x und t an. Da uns die Lösung nur im Streifen $0 \leqq t \leqq T$, der endlichen Breite T interessiert, setzen wir für $t \notin [0, T]$ $\mathfrak{f} \equiv 0$. Die Lösung $\mathfrak{v}$, p setzen wir für $t \leqq 0$ fort, indem wir dort $\mathfrak{v} = 0$, $p = 0$ setzen.

Sei $\mathfrak{u} = \mathfrak{v}\, e^{-t}$ und $q = p\, e^{-t}$; für $\mathfrak{u}$ und q erhalten wir das System

$$\mathfrak{u}_t - \Delta\mathfrak{u} + \mathfrak{u} + \operatorname{grad} q = \mathfrak{F}\,, \qquad \operatorname{div}\mathfrak{u} = 0\,, \tag{21}$$

wobei $\mathfrak{F} = \mathfrak{f}\, e^{-t}$ ist. Zur Vereinfachung wurde $\nu = 1$ gesetzt.

Es sei

$$\mathfrak{u}(x, t) = \frac{1}{(2\pi)^2}\int \tilde{\mathfrak{u}}(\alpha, \alpha_0)\, e^{i\alpha x + i\alpha_0 t}\, d\alpha\, d\alpha_0\,,$$

$$q(x, t) = \frac{1}{(2\pi)^2}\int \tilde{q}(\alpha, \alpha_0)\, e^{i\alpha x + i\alpha_0 t}\, d\alpha\, d\alpha_0\,,$$

$$\mathfrak{F}(x, t) = \frac{1}{(2\pi)^2}\int \tilde{\mathfrak{F}}(\alpha, \alpha_0)\, e^{i\alpha x + i\alpha_0 t}\, d\alpha\, d\alpha_0\,,$$

wobei $\alpha = (\alpha_1, \alpha_2, \alpha_3)$, $d\alpha = d\alpha_1\, d\alpha_2, d\alpha_3$, $\alpha\, x = \sum_{k=1}^{3} \alpha_k x_k$ ist. Die α_k und α_0 seien reell, das Integrationsintervall erstrecke sich in bezug auf alle Variablen von $-\infty$ bis $+\infty$. Für die FOURIER-Transformierten $\tilde{\mathfrak{u}}$ und $\tilde{q}$ erhalten wir aus (21) auf die übliche Weise das algebraische System

$$\left.\begin{aligned} (i\,\alpha_0 + \alpha^2 + 1)\,\tilde{u}_k + i\,\alpha_k\,\tilde{q} &= \tilde{F}_k\,,\\ i\,\alpha_k\,\tilde{u}_k &= 0\,, \end{aligned}\right\} \tag{22}$$

wobei $\alpha^2 = \sum_{k=1}^{3} \alpha_k^2$ ist. Die Lösung dieses Systems ist

$$\tilde{u}_k = \frac{\delta_k^j \alpha^2 - \alpha_k\,\alpha_j}{(i\,\alpha_0 + \alpha^2 + 1)\,\alpha^2}\,\tilde{F}_j, \qquad \tilde{q} = -\,i\,\frac{\alpha_j \tilde{F}_j}{\alpha^2}\,.$$

Deshalb erhalten wir für die gesuchte Lösung $\mathfrak{u}$, q

$$u_k(x, t) = \frac{1}{(2\pi)^2}\int \frac{\delta_k^j\,\alpha^2 - \alpha_k\,\alpha_j}{(i\,\alpha_0 + \alpha^2 + 1)\,\alpha^2}\,\tilde{F}_j\, e^{i\alpha x + i\alpha_0 t} d\alpha\, d\alpha_0\,, \tag{23}$$

$$q(x, t) = -\,\frac{1}{(2\pi)^2}\int i\,\frac{\alpha_j}{\alpha^2}\,\tilde{F}_j\, e^{i\alpha x + i\alpha_0 t}\, d\alpha\, d\alpha_0\,. \tag{24}$$

Die Konvergenz der Integrale kann mit Hilfe des MARCINKIEWICZschen Lemmas (siehe [34]) untersucht werden. Wir brauchen es in einer Form, die für die Anwendung auf FOURIER-Integrale von S. G. MICHLIN gegeben wurde (siehe [35]). Das Lemma lautet: *Im E_n sei eine mit dem Exponenten $r > 1$ summierbare Funktion $\varphi(x)$ gegeben; sie besitze die FOURIER-Transformierte $\tilde{\varphi}(\alpha)$. Definieren wir durch*

$$A\,\varphi = \frac{1}{(2\pi)^{n/2}}\int \Lambda(\alpha)\,\tilde{\varphi}(\alpha)\, e^{i\alpha x}\, d\alpha$$

den Operator A, so daß die Funktion $\Lambda(\alpha)$ alle rein gemischten Ableitungen nach $\alpha_1, \ldots, \alpha_n$ bis zur n-ten Ordnung besitzt und

$$|\Lambda(\alpha)|, \quad \left|\alpha_k \frac{\partial \Lambda(\alpha)}{\partial \alpha_k}\right|, \ldots, \left|\alpha_1 \alpha_2 \ldots \alpha_n \frac{\partial^n \Lambda(\alpha)}{\partial \alpha_1 \ldots \partial \alpha_n}\right| \leqq M$$

gleichmäßig beschränkt sind, dann ist A ein beschränkter Operator, der $L_r(E_n)$ in $L_r(E_n)$ abbildet.

Aus diesem Lemma folgt, wie man leicht sieht, daß die durch (23) definierten Funktionen sowie die Ausdrücke $\frac{\partial u_k}{\partial t}$, $\frac{\partial u_k}{\partial x_i}$, $\frac{\partial^2 u_k}{\partial x_i \partial x_j}$ und $\frac{\partial q}{\partial x_k}$, die sich durch formale Differentiation aus (23) bzw. (24) ergeben, mit dem Exponenten r über $0 \leqq t \leqq T$ summierbar sind. Daß $\mathfrak{u}$, q dem System (21) genügt, läßt sich unmittelbar nachprüfen. Daß $\mathfrak{u}$ für $t \leqq 0$ verschwindet, läßt sich auf dem aus der Operatorenrechnung bekannten Weg beweisen. Im wesentlichen folgt es daraus, daß man in (23) die reelle Achse α_0 in die Halbebene $\alpha_0 = \xi - i\eta$, $\eta > 0$, parallel verschieben kann, da der Nenner $i\alpha_0 + \alpha^2 + 1 = i\xi + \eta + \alpha^2 + 1$ dabei nirgends verschwindet. $\tilde{F}_j(\alpha, \alpha_0)$ ist für $\eta > 0$ bezüglich α_0 analytisch, und der Faktor $e^{i\alpha_0 t} = e^{i\xi t + \eta t}$ verschwindet für $t = t_1 < 0$, $\eta \to +\infty$. Aus den Einbettungssätzen von S. L. SOBOLEW [6] und S. M. NIKOLSKI [36] folgt, daß sowohl $\mathfrak{u}$ als auch die $\mathfrak{u}_{x_i}$ über (x, t) mit einem Exponenten $r' > r$ summierbar sind.

Es bleibt zu zeigen, daß das Problem in der Klasse der Funktionen, die die gleichen Eigenschaften haben wie die gefundene Lösung $\mathfrak{v} = \mathfrak{u}\, e^t$, nicht mehr als eine Lösung besitzt.

Zu diesem Zweck betrachten wir die Lösung $\vec{\Phi}(x, t)$, $Q(x, t)$ des adjungierten Problems

$$\left.\begin{array}{c} -\vec{\Phi}_t - \Delta\vec{\Phi} - \operatorname{grad} Q = \mathfrak{F}, \quad \operatorname{div}\vec{\Phi} = 0, \\ \vec{\Phi}(x, T) = 0 \end{array}\right\} \tag{25}$$

im Streifen $0 \leqq t \leqq T$ für hinreichend glattes[1]) finites $\mathfrak{F}(x, t)$. Wie man leicht sieht, ist die Lösung $\vec{\Phi}$, Q für solche $\mathfrak{F}$ durch Ausdrücke der Form (23), (24) gegeben, wobei die Differenzierbarkeitseigenschaften von $\vec{\Phi}$ und Q durch die von $\mathfrak{F}$ bestimmt werden. Für große $|x|$ gilt

$$\vec{\Phi}(x, t) = O\left(\frac{1}{|x|^3}\right), \quad \vec{\Phi}_{x_k} = O\left(\frac{1}{|x|^4}\right), \quad k = 1, 2, 3, \quad Q(x, t) = O\left(\frac{1}{|x|^2}\right).\text{[2])}$$

$\mathfrak{v}$, p sei eine Lösung der homogenen STOKESschen Gleichungen, so daß $\mathfrak{v}$, $\mathfrak{v}_t$, $\mathfrak{v}_{x_k}$, $\mathfrak{v}_{x_k x_j}$ und p_{x_k} im Streifen $0 \leqq t \leqq T$ mit dem Exponenten r summierbar sind. Die STOKESschen Gleichungen multiplizieren wir beiderseits skalar mit $\vec{\Phi}$ und integrieren über den Zylinder $Q_{T,R} = \{|x| \leqq R, 0 \leqq t \leqq T\}$; wir erhalten

$$\iint\limits_{Q_{T,R}} (\mathfrak{v}_t - \Delta\mathfrak{v} - \operatorname{grad} p)\,\vec{\Phi}\, dx\, dt = 0\,.$$

[1]) Vgl. Fußnote 3), Seite 14. — Anm. d. Red.

[2]) Am leichtesten ist das aus den Darstellungen (31), (32) für die GREENsche Matrix ersichtlich.

Hieraus ergibt sich unter Berücksichtigung von (25) durch einfache Umformungen

$$0 = \iint\limits_{Q_{T,R}} \mathfrak{v}(-\vec{\Phi}_t - \Delta\vec{\Phi})\,dx\,dt + \int\limits_{S_{T,R}} \left(-\frac{\partial \mathfrak{v}}{\partial n}\vec{\Phi} + \mathfrak{v}\frac{\partial \vec{\Phi}}{\partial n} - p\,\vec{\Phi}\,\mathfrak{n}\right) dS\,dt = \iint\limits_{Q_{T,R}} \mathfrak{v}\,\mathfrak{F}\,dx\,dt$$

$$+ \int\limits_{S_{T,R}} \left(-\frac{\partial \mathfrak{v}}{\partial n}\vec{\Phi} + \mathfrak{v}\frac{\partial \vec{\Phi}}{\partial n} - p\,\vec{\Phi}\,\mathfrak{n} + Q\,\mathfrak{v}\,\mathfrak{n}\right) dS\,dt\,, \tag{26}$$

wobei $S_{T,R} = \{|x| = R,\ 0 \leqq t \leqq T\}$ ist. Lassen wir R eine gegen Unendlich strebende Folge durchlaufen, so verschwindet das Integral über die Fläche $S_{T,R}$. Zum Beweis bemerken wir zunächst, daß wegen

$$\iint\limits_{Q_{T,R}} \left(\sum_{i=1}^{3} |v_i|^r + \sum_{i,j=1}^{3} |v_{i x_j}|^r\right) dx\,dt < \infty$$

eine Folge $\{R_k\}$ existiert, so daß

$$I_k \equiv R_k \int\limits_{S_{T,R_k}} \left(\sum_{i=1}^{3} |v_i|^r + \sum_{i,j=1}^{3} |v_{i x_j}|^r\right) dS\,dt \qquad \text{für } k \to \infty \text{ gegen Null strebt.}$$

Ohne Beschränkung der Allgemeinheit können wir $p(0, t) = 0$ annehmen, daher ist $p(x, t) = \int\limits_0^x \frac{\partial p}{\partial \varrho}\,d\varrho$, wobei die Integration und die Differentiation $\frac{\partial}{\partial \varrho}$ längs der Strecke erfolgt, die den Punkt x mit $x = 0$ verbindet. Aus dem über $\mathfrak{v}$ und p Gesagten und den asymptotischen Beziehungen für $\vec{\Phi}$ und die $\vec{\Phi}_{x_k}$ ergibt sich

$$\left|\int\limits_{S_{T,R_k}} \left(-\frac{\partial \mathfrak{v}}{\partial n}\vec{\Phi} + \mathfrak{v}\frac{\partial \vec{\Phi}}{\partial n}\right) dS\,dt\right| \leqq \frac{C}{R_k^3} \int\limits_{S_{T,R_k}} \left(\sum_{i=1}^{3} |v_i| + \sum_{i,j=1}^{3} |v_{i x_j}|\right) d\,S\,dt$$

$$\leqq \frac{C_1}{R_k^3} \left\{\int\limits_{S_{T,R_k}} \left(\sum_{i=1}^{3} |v_i|^r + \sum_{i,j=1}^{3} |v_{i x_j}|^r\right) dS\,dt\right\}^{1/r} (4\pi R_k^2)^{1/r'}$$

$$\leqq C_2\, R_k^{-3 + \frac{2}{r'} - \frac{1}{r}}\, I_k^{\frac{1}{r}} \to 0 \text{ für } k \to \infty\,,$$

da stets $-3 + \frac{2}{r'} - \frac{1}{r} = -4 + \frac{3}{r'} < 0$ ist. Das p enthaltene Integral schätzen wir wie folgt ab:

$$\left|\int\limits_{S_{T,R_k}} p\,\vec{\Phi}\,\mathfrak{n}\,dS\,dt\right| \leqq \frac{C}{R_k^3} \int\limits_{S_{T,R_k}} |p|\,dS\,dt \leqq \frac{C}{R_k^3} \iint\limits_{Q_{T,R_k}} \left|\frac{\partial p}{\partial \varrho}\right| dx\,dt$$

$$\leqq \frac{C_1}{R_k^3} \left(\iint\limits_{Q_{T,R_k}} \sum_{i=1}^{3} |p_{x_i}|^r\,dx\,dt\right)^{1/r} \cdot R_k^{3/r'} \to 0\,;$$

dabei verwenden wir die Beziehung $-3 + \frac{3}{r'} < 0$.

Schließlich gilt

$$\left| \int\limits_{S_{T,R_k}} Q\,\mathfrak{v}\,\mathfrak{n}\,dS\,dt \right| \leqq \frac{C}{R_k^2} \left(\int\limits_{S_{T,R_k}} \sum_{i=1}^{3} |v_i|^r\,dS\,dt \right)^{1/r} (4\pi R_k^2)^{1/r'} \to 0\,,$$

da $-2 - \frac{1}{r} + \frac{2}{r'} = -3 + \frac{3}{r'} < 0$ ist. In (26) führen wir den Grenzübergang aus, indem wir R die Folge $\{R_k\}$ durchlaufen lassen, und erhalten

$$\iint\limits_{Q_{T,R}} \mathfrak{v}\,\mathfrak{F}\,dx\,dt = 0\,.$$

Hieraus folgt $\mathfrak{v} \equiv 0$, da $\mathfrak{F}$ ein willkürliches glattes finites Vektorfeld ist. Der Eindeutigkeitssatz ist damit bewiesen.

Die oben gefundene Lösung $\mathfrak{v} = \mathfrak{u}\,e^t$ mit dem durch (23) definierten Vektorfeld $\mathfrak{u}$ genügt der Integralidentität

$$\iint\limits_{Q_{T,R}} \mathfrak{v}\,(-\vec{\Phi} - \Delta\vec{\Phi})\,dx\,dt = \iint\limits_{Q_{T,R}} \mathfrak{f}\,\vec{\Phi}\,dx\,dt\,, \tag{27}$$

wobei $\vec{\Phi}$ eine beliebige Lösung von (25) für finites hinreichend glattes[1]) $\mathfrak{F}$ ist. Die Beziehung (27) werden wir in § 8, Kap. VI, benötigen. Die Beschränktheit des rechts stehenden Integrals folgt aus der HÖLDERschen Ungleichung

$$\left| \iint\limits_{Q_{T,R}} \mathfrak{f}\,\vec{\Phi}\,dx\,dt \right| \leqq \left(\iint\limits_{Q_{T,R}} \sum_{i=1}^{3} |f_i|^r\,dx\,dt \right)^{1/r} \left(\iint\limits_{Q_{T,R}} \sum_{i=1}^{3} |\Phi_i|^{r'}\,dx\,dt \right)^{1/r'}$$

und der für große $|x|$ gültigen Beziehung $\vec{\Phi} = O\left(\frac{1}{|x|^3}\right)$. Satz 6 ist damit bewiesen. Man kann ihn auch beweisen, indem man die explizite Form des GREENschen Tensors für die instationären STOKESschen Gleichungen verwendet. Diesen Tensor $(\mathfrak{u}^k, P^k)$ wollen wir ermitteln. $\mathfrak{u}^k(x, y, t, \tau)$, $P^k(x, y, t, \tau)$ mögen für $t < \tau$ verschwinden und für $t > \tau$ dem System

$$\mathfrak{u}_t^k - \nu\,\Delta\mathfrak{u}^k = -\operatorname{grad} P^k + \delta(x - y)\,\delta\,(t - \tau)\,\mathfrak{e}^k\,, \tag{28}$$

$$\operatorname{div} \mathfrak{u}^k = 0 \tag{29}$$

genügen. Setzt man $\mathfrak{u}^k$ in der Form $\mathfrak{u}^k = \operatorname{rot}\operatorname{rot} \mathfrak{U}^k = -\Delta\mathfrak{U}^k + \operatorname{grad}\operatorname{div} \mathfrak{U}^k$ in (28) ein und verlangt, daß der von $-\Delta\mathfrak{U}^k$ herrührende Summand gleich $\delta\,(x - y)\,\delta\,(t - \tau)\,\mathfrak{e}^k$ und der von $\operatorname{grad}\operatorname{div} \mathfrak{U}^k$ herrührende Summand gleich $\operatorname{grad} p$ ist, so erhält man die Gleichungen

$$\left(-\frac{\partial}{\partial t} + \nu\,\Delta\right)\Delta\mathfrak{U}^k = \delta(x - y)\,\delta\,(t - \tau)\,\mathfrak{e}^k \tag{30}$$

und

$$P^k = \operatorname{div}\left(\frac{\partial}{\partial t} - \nu\,\Delta\right)\mathfrak{U}^k = -\operatorname{div} \Delta^{-1}\,[\delta(x - y)\,\delta\,(t - \tau)\,\mathfrak{e}^k]$$

$$= \frac{\partial}{\partial x_k}\frac{1}{4\pi\,|x - y|}\,\delta(t - \tau)\,. \tag{31}$$

---

[1]) Vgl. Fußnote 3) Seite 14. — Anm. d. Red.

Es sei $\mathfrak{U}^k|_{t<\tau} = 0$. Mit Hilfe der singulären Fundamentallösungen der LAFPLACEschen und der Wärmeleitungsgleichung gewinnen wir aus (30)

$$\Delta \mathfrak{U}^k(x, y\, t, \tau) = -\frac{1}{(4\,\pi\,\nu)^{3/2}\,(t-\tau)^{3/2}}\, e^{-\frac{|x-y|^2}{4\,\nu\,(t-\tau)}}\, \mathfrak{e}^k$$

und

$$\mathfrak{U}^k(x, y, t, \tau) = \frac{1}{(4\,\pi)^{5/2}\,(t-\tau)^{3/2}\,\nu^{3/2}} \int\limits_{E_3} \frac{1}{|x-z|}\, e^{\frac{-|z-y|^2}{4\,\nu\,(t-\tau)}}\, dz \cdot \mathfrak{e}^k$$

$$= \frac{1}{4\,\pi^{3/2}\,\nu^{1/2}(t-\tau)^{1/2}\,|x-y|} \int\limits_0^{|x-y|} e^{\frac{-\varrho^2}{4\,\nu\,(t-\tau)}}\, d\varrho \cdot \mathfrak{e}^k . \tag{32}$$

Die Darstellungen (31) und (32) gestatten es, Satz 6 wie die entsprechende Behauptung für die Wärmeleitungsgleichung zu beweisen.

KOMMENTAR ZU KAPITEL IV

In diesem Kapitel werden ebenso wie in Kap. II alle Betrachtungen (außer § 5) in HILBERT-Räumen durchgeführt. Dabei verfolgen wir nicht das Ziel, die Lösungen unter möglichst schwachen Voraussetzungen bezüglich der Ausgangsgrößen des Problems zu erhalten. Auf Grund des Satzes 1 und zusätzlicher Grenzprozesse kann man das leicht tun. Wie im Text angegeben, haben wir beim Beweis von Satz 1 faktisch den Eindeutigkeitssatz für die verallgemeinerte Lösung in $\mathfrak{L}_2(Q_T)$ bewiesen, d. h. für eine Lösung $\mathfrak{v}$, die keine Ableitungen zu haben braucht.

Satz 1 ist in gewissem Sinne ein Maximalergebnis: Gehört die Kraft zu $\mathfrak{L}_2(Q_T)$, so sind alle in den Differentialgleichungen vorkommenden Ableitungen über Q_T quadratisch summierbar. Die $\mathfrak{a}(x)$ auferlegten Bedingungen sind ebenfalls notwendig, um die durch den Satz garantierte Lösung zu erhalten.

Mit der Lösbarkeit des instationären linearisierten Problems hat man sich viel beschäftigt. Im wesentlichen waren alle Versuche auf den Aufbau einer Theorie der instationären hydrodynamischen Potentiale gerichtet. ODQUIST hat das in [15] versucht; die Lösbarkeit des dabei erhaltenen Systems singulärer Integralgleichungen konnte er allerdings nicht beweisen. Dieses Problem wurde erstmalig für den zweidimensionalen Fall von LERAY gelöst; er hat in [12] die instationären hydrodynamischen Potentiale konstruiert und mit ihrer Hilfe das Randwertproblem (1), (2) für ebene Strömungen in konvexen Gebieten gelöst. Um die Lösbarkeit der dabei auftretenden singulären Integralgleichungen zu beweisen, verwendet LERAY entscheidend die Funktionentheorie. Erst jüngst gelang es K. K. GOLOWKIN [53] und W. A. SOLONNIKOW, diese Ergebnisse auf den dreidimensionalen Fall auszudehnen. In beiden Fällen wird LERAYs Idee, die Potentialtheorie für beliebige Gebiete nicht mit Hilfe der singulären Fundamentallösung, sondern mit Hilfe der Lösung des Randwertproblems für den Halbraum bei δ-förmiger Kraft auf dem Rand, aufzubauen, verwendet.

Der Beweis der Ergebnisse in § 2 über den Operator $\frac{\partial}{\partial t} - \tilde{\Delta}$ in $L_r(Q_T)$ und $C_{n,h}(Q_T)$ wurde in [54] begonnen und von K. K. GOLOWKIN und W. A. SOLONNIKOW vollendet.

Unabhängig von K. K. GOLOWKIN wurden die instationären hydrodynamischen Potentiale für den Halbraum von O. W. GUSJEWA konstruiert und untersucht. Ihre Arbeit wird im Westnik LGU veröffentlicht [77].

Die in § 1 dargelegte Funktionalmethode war die erste, mit deren Hilfe das instationäre Randwertproblem (1), (2) für beliebige dreidimensionale Gebiete gelöst werden konnte. Mit klassischen Methoden wurde es nur in einigen Spezialfällen gelöst; B. W. Rusanow [27] hat die Umströmung des Kreises und der Kugel betrachtet.

V. DIE STATIONÄREN NAVIER-STOKESSCHEN GLEICHUNGEN

In diesem Kapitel wird bewiesen, daß stationäre Probleme der NAVIER-STOKESschen Gleichungen für jede REYNOLDS-Zahl und beliebige Berandungen mindestens eine laminare Lösung haben. Die Differenzierbarkeitseigenschaften der Lösung sind abhängig von der äußeren Kraft und der Berandung des Strömungsgebietes. Bei kleinen REYNOLDS-Zahlen gilt ein Eindeutigkeitssatz. Wir betrachten nur räumliche Probleme. Die Besonderheiten der ebenen Probleme sind die gleichen wie bei den linearisierten Gleichungen. Darüber wurde in § 3, Kap. II, gesprochen. Der Einfachheit halber untersuchen wir zunächst den Fall homogener Randbedingungen. Dafür läßt sich die Lösbarkeit des Problems besonders leicht beweisen. Danach betrachten wir den allgemeinen Fall inhomogener Randbedingungen.

Die Betrachtungen werden hauptsächlich im HILBERT-Raum $H(\Omega)$ (siehe § 2, Kap. I) durchgeführt, der die Abschließung der Menge $\dot{J}(\Omega)$ aller in Ω glatten finiten quellenfreien Vektorfelder bezüglich der Norm, die dem Skalarprodukt

$$[\mathfrak{u}, \mathfrak{v}] = \int_{\Omega} \sum_{k=1}^{3} \mathfrak{u}_{x_k} \mathfrak{v}_{x_k} \, dx \tag{1}$$

entspricht, ist.

Wir suchen im Gebiet Ω Lösungen des Systems

$$-\nu \Delta \mathfrak{v} + v_k \mathfrak{v}_{x_k} = -\operatorname{grad} p + \mathfrak{f}(x), \qquad \operatorname{div} \mathfrak{v} = 0, \tag{2}$$

die gewissen Bedingungen auf dem Rand des Gebietes genügen.

§ 1. Homogene Randbedingungen

Auf dem Rand S des Gebietes Ω sei die homogene Bedingung

$$\mathfrak{v}|_S = 0 \tag{3}$$

vorgeschrieben, wobei für unbeschränktes Ω die gleiche Bedingung auch im Unendlichen erfüllt sein soll:

$$\mathfrak{v}|_{|x|=\infty} = 0. \tag{4}$$

Als verallgemeinerte Lösung des Problems (2)—(4) bezeichnen wir ein Vektorfeld $\mathfrak{v}(x)$ aus $H(\Omega)$, das für beliebiges $\vec{\Phi} \in \dot{J}(\Omega)$ der Integralidentität

$$\int_\Omega (\nu\, \mathfrak{v}_{x_k} \vec{\Phi}_{x_k} - v_k\, \mathfrak{v}\, \vec{\Phi}_{x_k})\, dx = \int_\Omega \mathfrak{f}\, \vec{\Phi}\, dx \tag{5}$$

genügt. Man sieht leicht, daß man das nichtlineare Glied in (5) auch in der Form $\int_\Omega v_k\, \mathfrak{v}_{x_k} \vec{\Phi}\, dx$ darstellen kann, da für $\vec{\Phi} \in \dot{J}(\Omega)$ und $\mathfrak{v} \in H(\Omega)$

$$\int_\Omega v_k\, \mathfrak{v}_{x_k} \vec{\Phi}\, dx = -\int_\Omega v_k\, \mathfrak{v}\, \vec{\Phi}_{x_k}\, dx$$

gilt.

Satz 1. *In jedem beschränkten Gebiet Ω hat das Randwertproblem* (2), (3) *für jedes $\mathfrak{f}$, für das $\int_\Omega \mathfrak{f}\, \vec{\Phi}\, dx$ ein lineares Funktional von $\vec{\Phi}$ in $H(\Omega)$ definiert, mindestens eine verallgemeinerte Lösung.*

Beweis. Nach dem Satz von Riesz läßt sich das lineare Funktional $\int_\Omega \mathfrak{f}\, \vec{\Phi}\, dx$ in der Form

$$\int_\Omega \mathfrak{f}\, \vec{\Phi}\, dx = [\mathfrak{F}, \vec{\Phi}] \tag{6}$$

darstellen, wobei $\mathfrak{F}$ ein eindeutig bestimmtes Element aus $H(\Omega)$ ist. Bei festem $\mathfrak{v}$ aus $H(\Omega)$ stellt das Integral $\int_\Omega v_k\, \mathfrak{v}\, \vec{\Phi}_{x_k}\, dx$ ebenfalls ein lineares Funktional von $\vec{\Phi} \in H(\Omega)$ dar. Die Linearität bezüglich $\vec{\Phi}$ ist offensichtlich, die Beschränktheit folgt aus der Abschätzung

$$\left|\int_\Omega v_k\, \mathfrak{v}\, \vec{\Phi}_{x_k}\, dx\right| \leq \sqrt{3} \left(\int_\Omega \sum_{k=1}^{3} v_k^4\, dx\right)^{1/4} \left(\int_\Omega \sum_{i=1}^{3} v_i^4\, dx\right)^{1/4} \left(\int_\Omega \sum_{i,k=1}^{3} \vec{\Phi}_{i\,x_k}^2\, dx\right)^{1/2}$$

$$= \sqrt{3} \left(\int_\Omega \sum_{k=1}^{3} v_k^4\, dx\right)^{1/2} \|\vec{\Phi}\|_H \leq \sqrt{3}\, C\, \|\mathfrak{v}\|_H^2\, \|\vec{\Phi}\|_H\,.$$

Dabei benutzten wir die Höldersche Ungleichung und die Ungleichungen (3) und (7) aus § 1, Kap. I. Nach dem Satz von Riesz existiert ein Element $A\,\mathfrak{v}$ aus $H(\Omega)$ mit der Eigenschaft

$$\int_\Omega v_k\, \mathfrak{v}\, \vec{\Phi}_{x_k}\, dx = [A\,\mathfrak{v}, \vec{\Phi}]\,. \tag{7}$$

Verwenden wir (6) und (7), so können wir die Identität (5) in der Form

$$[\nu\, \mathfrak{v} - A\,\mathfrak{v} - \mathfrak{F}, \vec{\Phi}] = 0$$

schreiben. Da $\vec{\Phi}$ ein beliebiges Element aus $\dot{J}(\Omega)$ ist, reduziert sich die Bestimmung der verallgemeinerten Lösung $\mathfrak{v}$ auf die Lösung der nichtlinearen Gleichung

$$\mathfrak{v} - \frac{1}{\nu}(A\,\mathfrak{v} + \mathfrak{F}) = 0 \tag{8}$$

in $H(\Omega)$.

Wir zeigen, daß der Operator A in $H(\Omega)$ vollstetig ist. Zu diesem Zweck beweisen wir, daß er eine beliebige in $H(\Omega)$ schwach konvergente Folge $\{\mathfrak{v}^m\}$ in eine stark konvergente Folge $\{A\,\mathfrak{v}^m\}$ transformiert. Nach den Einbettungssätzen (siehe § 1, Kap. I) konvergieren die $\mathfrak{v}^m$ in $\mathfrak{L}_4(\Omega)$ stark gegen ihren Grenzwert $\mathfrak{v}$. Mit Hilfe von (7) berechnen wir den Ausdruck

$$[A\,\mathfrak{v}^m - A\,\mathfrak{v}^n\,,\ \vec{\Phi}] = \int_\Omega (v_k^m\,\mathfrak{v}^m - v_k^n\,\mathfrak{v}^n)\,\vec{\Phi}_{x_k}\,dx$$

$$= \int_\Omega (v_k^m - v_k^n)\,\mathfrak{v}^m\,\vec{\Phi}_{x_k}\,dx + \int_\Omega v_k^n\,(\mathfrak{v}^m - \mathfrak{v}^n)\,\vec{\Phi}_{x_k}\,dx\,.$$

Zur Abschätzung der rechten Seite verwenden wir die HÖLDERsche Ungleichung sowie (3) und (7) aus § 1, Kap. I. Wir erhalten wie oben

$$|[A\,\mathfrak{v}^m - A\,\mathfrak{v}^n, \vec{\Phi}]| \leqq C_1\|\mathfrak{v}^m - \mathfrak{v}^n\|_{\mathfrak{L}_4(\Omega)}\,(\|\mathfrak{v}^m\|_H + \|\mathfrak{v}\|_H\|)\,\|\vec{\Phi}\|_H\,.$$

Hieraus folgt mit $\vec{\Phi} = A\,\mathfrak{v}^m - A\,\mathfrak{v}^n$

$$\|A\,\mathfrak{v}^m - A\,\mathfrak{v}^n\|_H \leqq C_2\|\mathfrak{v}^m - \mathfrak{v}^n\|_{\mathfrak{L}_4(\Omega)} \to 0 \quad \text{für } m, n \to \infty\,,$$

da $\|\mathfrak{v}^m\|_H$ beschränkt ist. Damit ist gezeigt, daß A und folglich auch der Operator $A + \mathfrak{F}\,E$, der jedem Vektorfeld $\mathfrak{v}$ das Vektorfeld $A\,\mathfrak{v} + \mathfrak{F}$ zuordnet, vollstetig ist. Zur Untersuchung der Lösbarkeit von (8) kann man deshalb die LERAY-SCHAUDERsche Methode anwenden. Aus dem LERAY-SCHAUDERschen Satz (siehe § 3, Kap. I) folgt, daß es zum Beweis der Existenz einer Lösung der Gleichung (8) genügt zu wissen, daß die Normen aller Lösungen $\mathfrak{v}^{(\lambda)}$ der Gleichung

$$\mathfrak{v} - \lambda\,(A\,\mathfrak{v} + \mathfrak{F}) = 0 \tag{9}$$

für alle $\lambda \in \left[0, \frac{1}{\nu}\right]$ eine gemeinsame obere Schranke haben. Zu diesem Zweck multiplizieren wir (9) in $H(\Omega)$ skalar mit $\mathfrak{v}$ und schreiben das Resultat mit Hilfe von (7) in der Form

$$\int_\Omega (\mathfrak{v}_{x_k}^{(\lambda)}\,\mathfrak{v}_{x_k}^{(\lambda)} - \lambda\,v_k^{(\lambda)}\,\mathfrak{v}^{(\lambda)}\,\mathfrak{v}_{x_k}^{(\lambda)})\,dx = \lambda\,[\mathfrak{F}, \mathfrak{v}^{(\lambda)}] = \lambda \int_\Omega \mathfrak{f}\,\mathfrak{v}^{(\lambda)}\,dx\,. \tag{10}$$

Das nichtlineare Glied ist gleich Null,

$$-\lambda \int_\Omega v_k^{(\lambda)}\,\mathfrak{v}^{(\lambda)}\,\mathfrak{v}_{x_k}^{(\lambda)}\,dx = -\frac{\lambda}{2}\int_\Omega v_k^{(\lambda)}\,\frac{\partial(\mathfrak{v}^{(\lambda)})^2}{\partial x_k}\,dx = 0\,,$$

da $\operatorname{div}\mathfrak{v}^{(\lambda)} = 0$ und $\mathfrak{v}^{(\lambda)}|_S = 0$ ist. Aus (10) folgt deshalb die von uns benötigte a priori Abschätzung

$$\|\mathfrak{v}^{(\lambda)}\|_H \leqq \lambda\|\mathfrak{F}\|_H = \lambda|\mathfrak{f}|\,,$$

$|\mathfrak{f}|$ ist hier die Norm des durch $\mathfrak{f}$ definierten linearen Funktionals. Der Satz ist damit bewiesen.

Für die Lösung des Randwertproblems (2), (3) gilt ebenfalls die Abschätzung

$$\|\mathfrak{v}\|_H \leqq \frac{1}{\nu}\,\|\mathfrak{F}\|_H = \frac{1}{\nu}\,|\mathfrak{f}|\,. \tag{11}$$

Wir zeigen, daß das Problem (2), (3) für „kleine REYNOLDS-Zahlen" [1]) nicht mehr als eine verallgemeinerte Lösung hat.

Angenommen, es existieren zwei verallgemeinerte Lösungen $\mathfrak{v}$ und $\mathfrak{v}'$. Ihre Differenz $\mathfrak{u} = \mathfrak{v} - \mathfrak{v}'$ gehört zu $H(\Omega)$ und genügt der Identität

$$\int_\Omega (\nu\, \mathfrak{u}_{x_k} \vec{\Phi}_{x_k} - u_k\, \mathfrak{v}\, \vec{\Phi}_{x_k} - v'_k\, \mathfrak{u}\, \vec{\Phi}_{x_k})\, dx = 0\,. \tag{12}$$

Da Ω ein beschränktes Gebiet ist, kann man $\vec{\Phi}$ als beliebiges Element aus $H(\Omega)$ wählen. Es sei $\vec{\Phi} = \mathfrak{u}$. (12) läßt sich dann in der Form

$$0 = \nu \|\mathfrak{u}\|_H^2 - \int_\Omega (u_k\, \mathfrak{v}\, \mathfrak{u}_{x_k} + v'_k\, \mathfrak{u}\, \mathfrak{u}_{x_k})\, dx = \nu \|\mathfrak{u}\|_H^2 - \int_\Omega u_k\, \mathfrak{v}\, \mathfrak{u}_{x_k}\, dx$$

schreiben. Das letzte Glied schätzen wir mit Hilfe der HÖLDERschen Ungleichung und der Ungleichungen (3) und (7) aus § 1, Kap. I, ab:

$$\nu \|\mathfrak{u}\|_H^2 = \int_\Omega \sum_{k,i=1}^{3} u_k v_i\, u_{i\,x_k}\, dx \leqq \sqrt{3}\; \|\mathfrak{u}\|_H \left(\int_\Omega \sum_{k=1}^{3} u_k^4\, dx \right)^{1/4}$$

$$\times \left(\int_\Omega \sum_{i=1}^{3} v_i^4\, dx \right)^{1/4} \leqq 2\sqrt{3}\, \mu_1^{-1/4}\, \|\mathfrak{u}\|_H^2\, \|\mathfrak{v}\|_H\,.$$

Für $\mathfrak{v}$ gilt die Abschätzung (11), woraus

$$\nu\, \|\mathfrak{u}\|_H^2 \leqq 2\sqrt{3}\, \mu_1^{-1/4} \cdot \frac{1}{\nu}\, \|\mathfrak{u}\|_H^2 \cdot |\mathfrak{f}| \tag{13}$$

folgt.

Sind ν, $\mathfrak{f}$ und Ω so beschaffen, daß

$$2\sqrt{3}\, \mu_1^{-1/4}\, \nu^{-2}\, |\mathfrak{f}| < 1$$

gilt, dann folgt aus (13) $\mathfrak{u} = 0$, d. h., $\mathfrak{v}$ und $\mathfrak{v}'$ fallen zusammen. Damit haben wir folgenden Satz 2 bewiesen.

Sind ν, $\mathfrak{f}$ und Ω so beschaffen, daß die Bedingung

$$2\sqrt{3}\, \mu_1^{-1/4}\, \nu^{-2}\, |\mathfrak{f}| < 1 \tag{14}$$

erfüllt ist, so hat das Randwertprobelm (2), (3) *höchstens eine verallgemeinerte Lösung.*

Wir betrachten nun unbeschränkte Gebiete Ω.

Satz 3. *Im unbeschränkten Gebiet Ω hat das Problem* (2)—(4) *für jedes $\mathfrak{f}$, für das das Integral $\int_\Omega \mathfrak{f}\, \vec{\Phi}\, dx$ ein lineares Funktional von $\vec{\Phi}$ in $H(\Omega)$ definiert, mindestens eine verallgemeinerte Lösung.*

Wir erinnern daran, daß in § 1, Kap. II, Kriterien dafür angegeben sind, daß $\mathfrak{f}$ ein lineares Funktional in $H(\Omega)$ definiert. Der oben angeführte Beweis ist nicht unmittelbar auf unbeschränkte Gebiete Ω anwendbar. Einen gewissen Unterschied gibt es auch bei der Definition der verallgemeinerten Lösung für be-

[1]) Das heißt, wenn die Bedingung (14) erfüllt ist. — Anm. d. Red.

schränkte und unbeschränkte Ω, obwohl oben eine gemeinsame Definition gegeben wurde. Wir forderten in dieser Definition die Erfüllung der Identität (5) für beliebiges $\vec{\Phi} \in \dot{J}(\Omega)$; für beschränkte Gebiete ist das äquivalent mit der Forderung, daß (5) für beliebiges $\vec{\Phi} \in H(\Omega)$ gilt. Für unbeschränkte Gebiete ist das nicht der Fall; (5) gilt wegen des nichtlinearen Gliedes nicht für beliebige $\vec{\Phi}$ aus $H(\Omega)$.

Beweis des Satzes 3. Ω_n, $n = 1, 2, \ldots, \Omega_{n+1} \supset \Omega_n$, sei eine Folge beschränkter Gebiete, die gegen Ω konvergiert. Jedes Vektorfeld $\mathfrak{v}$ aus $H(\Omega_n)$, das man auf Ω fortsetzt, indem man es in $\Omega - \Omega_n$ gleich Null setzt, gehört — wie man leicht sieht — zu $H(\Omega)$, und es gilt $\|\mathfrak{v}\|_{H(\Omega_n)} = \|\mathfrak{v}\|_{H(\Omega)}$. Deshalb kann man durch $\mathfrak{f}$ in jedem $H(\Omega_n)$ ein lineares Funktional definieren, wobei für $\vec{\Phi} \in H(\Omega_n)$

$$|(\mathfrak{f}, \vec{\Phi})| \leqq |\mathfrak{f}| \cdot \|\vec{\Phi}\|_{H(\Omega)}$$

gilt; $|\mathfrak{f}|$ bezeichne die Norm des durch $\mathfrak{f}$ in $H(\Omega)$ definierten linearen Funktionals.

Für jedes Ω_n hat das Randwertproblem (2), (3) mindestens eine Lösung $\mathfrak{v}^{(n)}$, und für alle $\mathfrak{v}^{(n)}$ gilt die Abschätzung (11) mit derselben Konstanten $|\mathfrak{f}|$. Deshalb ist die Gesamtheit der Lösungen $\{\mathfrak{v}^{(n)}\}$ in $H(\Omega)$ schwach kompakt. Wir zeigen, daß ein beliebiger schwacher Häufungspunkt $\mathfrak{v}$ dieser Menge eine verallgemeinerte Lösung des Problems (2)—(4) ist. Zu diesem Zweck genügt es, sich davon zu überzeugen, daß $\mathfrak{v}$ für jedes $\vec{\Phi}$ aus $\dot{J}(\Omega)$ der Identität (5) genügt. Wir wählen ein beliebiges $\vec{\Phi}$ aus $\dot{J}(\Omega)$; es ist finit. Folglich gilt für dieses $\vec{\Phi}$ und alle $\mathfrak{v}^{(n)}$ mit hinreichend großem n die Identität (5). Gehen wir in (5) bezüglich der Teilfolge $\{n_k\}$, für die $\mathfrak{v}^{(n_k)}$ in $H(\Omega)$ schwach und folglich in $\mathfrak{L}_4$ ($|x| \leqq$ const) stark gegen $\mathfrak{v}$ konvergiert, zum Grenzwert über, so sehen wir, daß $\mathfrak{v}$ für das gewählte $\vec{\Phi}$ tatsächlich (5) genügt, q. e. d.

Wir bemerken, daß dem Rand S dabei keinerlei Differenzierbarkeitsbedingungen auferlegt wurden.

In § 4 dieses Kapitels zeigen wir, wie die Differenzierbarkeitseigenschaften der verallgemeinerten Lösungen von den diesbezüglichen Eigenschaften der äußeren Kraft $\mathfrak{f}$ und dem Rand S des Gebietes abhängen. Diese Abhängigkeit besitzt lokalen Charakter. In einem Teilgebiet von Ω, in dem $\mathfrak{f}$ „besser"[1] ist, wird auch die Lösung „besser" sein. Dasselbe gilt für den Rand S. Ähnlich ist es bei Randwertproblemen für den LAPLACE-Operator.

Die Sätze 1—3 gelten auch für zweidimensionale Strömungen; in (14) muß man lediglich $\sqrt{3}$ durch $\sqrt{2}$ ersetzen. Die Beweise verlaufen wie im dreidimensionalen Fall.

§ 2. Das innere Problem mit inhomogenen Randbedingungen

Im beschränkten Gebiet Ω mit dem Rand S, $S = S_1 + S_2 + \cdots + S_n$, suchen wir eine verallgemeinerte Lösung des Systems (2), die der Randbedingung

$$\mathfrak{v}|_S = \mathfrak{a}|_S \tag{15}$$

[1]) „Besser" bezieht sich auf die Differenzierbarkeitseigenschaften. — Anm. d. Red.

genügt. Die Voraussetzungen über den Rand S und das Feld $\mathfrak{a}$ reduzieren sich auf folgende zwei Forderungen:

1. Das Feld $\mathfrak{a}|_S$ kann man auf Ω in der Form $\mathfrak{a}(x) = \operatorname{rot} \mathfrak{b}(x)$, wobei $\mathfrak{b} \in \mathfrak{W}_2^2(\Omega)$ ist, fortsetzen;

2. es existiert eine Menge zweimal stetig differenzierbarer „Schnitt"funktionen $\zeta(x, \delta)$ für $\delta \in [0, \delta_1]$, $\delta_1 > 0$, die in einer Umgebung von S gleich Eins und in den Punkten von Ω, deren Entfernung vom Rand größer als δ ist, gleich Null sind und für die

$$|\zeta(x, \delta)| \leqq C\,, \quad \left|\frac{\partial \zeta(x, \delta)}{\partial x_i}\right| \leqq \frac{C}{\delta}$$

gleichmäßig für alle δ aus $(0, \delta_1]$ gilt.

Außer gewissen Differenzierbarkeitsbedingungen für $\mathfrak{a}$ und S schließt die erste Forderung noch die Bedingungen

$$\int_{S_k} (\mathfrak{a}, \mathfrak{n})\, dS = 0\,, \quad k = 1, \ldots, n\,, \tag{15a}$$

ein.

Die zweite Forderung bezieht sich nur auf den Rand S. Man sieht leicht, daß diese Forderung für stückweise glatte Ränder, die keine „Nullwinkel" haben, erfüllt ist.

Wir setzen $\operatorname{rot}\big(\mathfrak{b}(x)\,\zeta(x, \delta)\big) = \mathfrak{a}(x, \delta)$, dann ist $a(x, \delta)|_S = \mathfrak{a}|_S$.

Als verallgemeinerte Lösung des Problems (2), (15) bezeichnen wir jedes Vektorfeld $\mathfrak{v}(x)$, das für beliebiges $\vec{\Phi} \in \dot{J}(\Omega)$ der Integralidentität (5) genügt und für das $\mathfrak{u}(x, \delta) = \mathfrak{v}(x) - \mathfrak{a}(x, \delta)$ zu $H(\Omega)$ gehört. $\mathfrak{u}(x, \delta)$ gehört, sofern es für ein δ aus $(0, \delta_1]$ zu $H(\Omega)$ gehört auch für jedes andere $\delta \in (0, \delta_1]$ zu $H(\Omega)$, da $\mathfrak{a}(x, \delta')$ $- a(x, \delta'')$ zu $\dot{J}(\Omega)$ gehört.

Wir beweisen den folgenden Satz, der auch für zweidimensionale Strömungen gilt.

Satz 4. *Das Randwertproblem* (2), (15) *hat für jedes* $\mathfrak{f}$, *für das* $\int_\Omega \mathfrak{f}\, \vec{\Phi}\, dx$ *ein lineares Funktional von* $\vec{\Phi}$ *in* $H(\Omega)$ *definiert, mindestens eine verallgemeinerte Lösung, sofern die Bedingungen* 1 *und* 2 *erfüllt sind.*

Dieser Satz wird wie der entsprechende Satz des vorigen Paragraphen bewiesen. Wir wählen ein $\mathfrak{a}(x, \delta)$. Die Identität (5)

$$\int_\Omega \{\nu\, (\mathfrak{u}_{x_k} + \mathfrak{a}_{x_k})\, \vec{\Phi}_{x_k} - (u_k + a_k)\, (\mathfrak{u} + \mathfrak{a})\, \vec{\Phi}_{x_k}\}\, dx = (\mathfrak{f}, \vec{\Phi}) \tag{16}$$

ist der Operatorgleichung

$$\nu\, \mathfrak{u} - A_1\, \mathfrak{u} - \mathfrak{F} = 0 \tag{17}$$

in $H(\Omega)$ äquivalent. Der nichtlineare Operator A_1 in (17) wird durch die Gleichung

$$[A_1\, \mathfrak{u}, \vec{\Phi}] = \int_\Omega \{-\nu\, \mathfrak{a}_{x_k} + (u_k + a_k)\, (\mathfrak{u} + \mathfrak{a})\}\, \vec{\Phi}_{x_k}\, dx$$

definiert. Wie oben beweist man, daß A_1 ein vollstetiger Operator in $H(\Omega)$ ist. Für die Lösbarkeit von (17) genügt es deshalb zu zeigen, daß alle Lösungen der Gleichung

$$\mathfrak{u} - \lambda (A_1 \mathfrak{u} + \mathfrak{F}) = 0 \tag{18}$$

für $\lambda \in \left[0, \frac{1}{\nu}\right]$ in $H(\Omega)$ eine gemeinsame obere Schranke haben. Sei $\mathfrak{u}$ irgendeine Lösung von (17). Sie genügt der Identität (16), wobei $\nu = \frac{1}{\lambda}$ ist. In (16) setzen wir $\vec{\Phi} = \mathfrak{u}$ — das ist möglich, da Ω beschränkt ist — und benutzen die Beziehung

$$\int_\Omega (u_k + a_k)\, \mathfrak{u}\, \mathfrak{u}_{x_k}\, dx = \frac{1}{2} \int_\Omega (u_k + a_k) \frac{\partial \mathfrak{u}^2}{\partial x_k} dx = 0\,.$$

Dann erhalten wir

$$\int_\Omega \{(\mathfrak{u}_{x_k} + \mathfrak{a}_{x_k})\, \mathfrak{u}_{x_k} - \lambda\, (u_k + a_k)\, \mathfrak{a}\, \mathfrak{u}_{x_k}\}\, dx = \lambda\, (\mathfrak{f}, \mathfrak{u})\,.$$

Hieraus folgt

$$||\mathfrak{u}||_H^2 \leqq \lambda \left|\int_\Omega u_k\, \mathfrak{a}\, \mathfrak{u}_{x_k}\, dx\right| + ||\mathfrak{a}||_H \cdot ||\mathfrak{u}||_H + \lambda\, C_3 ||\mathfrak{a}||_H^2\, ||\mathfrak{u}||_H + \lambda |\mathfrak{f}| \cdot ||\mathfrak{u}||_H\,, \tag{19}$$

da

$$\left|\int_\Omega \mathfrak{a}_{x_k} \mathfrak{u}_{x_k}\, dx\right| \leqq ||\mathfrak{a}||_H \cdot ||\mathfrak{u}||_H\,, \qquad |(\mathfrak{f}, \mathfrak{u})| \leqq |\mathfrak{f}| \cdot ||\mathfrak{u}||_H\,,$$

$$\left|\int_\Omega a_k\, \mathfrak{a}\, \mathfrak{u}_{x_k}\, dx\right| \leqq \sqrt{3} \left(\int_\Omega \sum_{k=1}^{3} a_k^4\, dx\right)^{1/2} ||\mathfrak{u}||_H \leqq C_3\, ||\mathfrak{a}||_H^2\, ||\mathfrak{u}||_H$$

ist. Angenommen $||\mathfrak{v}||_H$ und folglich auch $||\mathfrak{u}||_H$ seien nicht für alle $\lambda \in \left[0, \frac{1}{\nu}\right]$ beschränkt. Dann existiert in $\left[0, \frac{1}{\nu}\right]$ eine konvergente Folge $\lambda_1, \lambda_2, \ldots, \lambda_n, \ldots$, deren Grenzwert wir mit λ_0 bezeichnen, so daß die Normen $N_n = ||\mathfrak{u}^n||_H$ der zugehörigen Lösungen $\mathfrak{u}^n = \mathfrak{u}(x, \lambda_n)$ von (15) für $n \to \infty$ gegen Unendlich streben. Für diese $\mathfrak{u}^n$ gilt Ungleichung (19) mit einer von n unabhängigen Konstanten C_3. Wir dividieren beide Seiten dieser Ungleichung durch N_n^2 und schreiben das Ergebnis in der Form

$$1 \leqq \lambda_n \left|\int_\Omega w_k^n\, \mathfrak{a}\, \mathfrak{w}_{x_k}^n\, dx\right| + \frac{1}{N_n} ||\mathfrak{a}||_H + \frac{\lambda_n C_3}{N_n} ||\mathfrak{a}||_H^2 + \frac{\lambda_n}{N_n} |\mathfrak{f}|\,, \tag{20}$$

wobei $\mathfrak{w} = \frac{1}{N_n} \mathfrak{u}^n$ ist. Die Folge $\mathfrak{w}^n$ ist in $H(\Omega)$ gleichmäßig beschränkt — $||\mathfrak{w}^n|| = 1$ — und folglich in $\mathfrak{L}_4(\Omega)$ stark kompakt. Ohne Beschränkung der Allgemeinheit nehmen wir an, daß $\{\mathfrak{w}^n\}$ in $\mathfrak{L}_4(\Omega)$ stark und in $H(\Omega)$ schwach gegen ein Vektorfeld $\mathfrak{w}$ konvergiert. Der Grenzwert $\mathfrak{w}$ gehört zu $H(\Omega)$. Wie man leicht sieht, konvergiert das Integral $\int_\Omega w_k^n\, \mathfrak{a}\, \mathfrak{w}_{x_k}^n\, dx$ gegen $\int_\Omega w_k\, \mathfrak{a}\, \mathfrak{w}_{x_k}\, dx$. In (20) lassen wir $n \to \infty$ streben; dabei geht (20) über in

$$1 \leqq \lambda_0 \left|\int_\Omega w_k\, \mathfrak{a}\, \mathfrak{w}_{x_k}\, dx\right|\,. \tag{21}$$

Diese Ungleichung erhielten wir für ein beliebiges festes $\mathfrak{a}(x, \delta)$, das wir zu Beginn ausgewählt hatten. $\mathfrak{w}$ hängt jedoch nicht von der Wahl des $\delta \in (0, \delta_1]$ in $\mathfrak{a}(x, \delta)$ ab. Es gilt nämlich

$$\mathfrak{w}^n = \frac{1}{N_n} \mathfrak{u}(x, \lambda_n) = \frac{1}{N_n} \mathfrak{v}(x, \lambda_n) - \frac{1}{N_n} \mathfrak{a}(x, \delta),$$

und da wir bei der Wahl der gegen λ_0 konvergierenden Folge $\{\lambda_n\}$ von den Lösungen des Randwertproblems (2), (15) ausgingen, die nicht von δ abhängen, und $\frac{1}{N_n}\mathfrak{a}(x, \delta)$ für $n \to \infty$ gegen Null strebt, ist

$$\mathfrak{w} = \lim_{n\to\infty} \mathfrak{w}^n = \lim_{n\to\infty} \frac{1}{N_n} \mathfrak{v}(x, \lambda_n)$$

ebenfalls von δ unabhängig. Die Beziehung (21) gilt also für dieses $\mathfrak{w}(x)$ gleichmäßig in $\delta \in (0, \delta_1]$. Wir zeigen, daß das unmöglich ist. Infolge der Voraussetzungen 1 und 2 gilt für $\mathfrak{a}(x, \delta)$ die Ungleichung

$$|\mathfrak{a}(x, \delta)| \leqq C_4 \left(\frac{1}{\delta} + \sum_{k=1}^{3} |\mathfrak{b}_{x_k}(x)|\right)^{1)}$$

(aus $\mathfrak{b} \in \mathfrak{W}_2^2(\Omega)$ folgt bekanntlich, daß $\mathfrak{b}$ dem Betrag nach beschränkt ist — siehe (10), § 1, Kap. I). Deshalb folgt aus (21)

$$1 \leqq \lambda_0 \left| \int_{\Omega_\delta} w_k\, \mathfrak{w}_{x_k}\, \mathfrak{a}(x, \delta)\, dx \right| \leqq C_4 \lambda_0 \int_{\Omega_\delta} \sum_{i,k=1}^{3} |w_k\, w_{i\,x_k}| \cdot \left(\frac{1}{\delta} + \sum_{l=1}^{3} |\mathfrak{b}_{x_l}|\right) dx$$

$$\leqq \frac{C_4 \lambda_0 \sqrt{3}}{\delta} \left(\int_{\Omega_\delta} \sum_{k=1}^{3} w_k^2\, dx\right)^{1/2} \cdot \left(\int_{\Omega_\delta} \sum_{i,k=1}^{3} w_{i\,x_k}^2\, dx\right)^{1/2} + C_5 \left(\int_{\Omega_\delta} \sum_{k=1}^{3} w_k^4\, dx\right)^{1/4}$$

$$\times \left(\int_{\Omega_\delta} \sum_{i,k=1}^{3} w_{i\,x_k}^2\, dx\right)^{1/2} \left(\int_{\Omega_\delta} \sum_{i,k=1}^{3} b_{i\,x_k}^4\, dx\right)^{1/4}. \tag{22}$$

Hierbei ist Ω_δ ein Randstreifen von der Breite δ, C_4 und C_5 sind positive Konstanten, die nur von Ω abhängig sind. Da $\mathfrak{w} \in H(\Omega)$ ist, gilt

$$\left(\int_{\Omega_\delta} \mathfrak{w}^2\, dx\right)^{1/2} \leqq C_6\, \delta \left(\int_{\Omega_\delta} \sum_{k=1}^{3} \mathfrak{w}_{x_k}^2\, dx\right)^{1/2}. \tag{23}$$

Diese Ungleichung läßt sich mit Hilfe der SCHWARZschen Ungleichung leicht aus der Darstellung

$$\mathfrak{w}(x) = \mathfrak{w}(y)|_{y \in S} + \int_y^x \frac{\partial \mathfrak{w}}{\partial n}\, dn$$

[1]) Vgl. Fußnote, Seite 10. — Anm. d. Red.

herleiten, wenn man berücksichtigt, daß $\mathfrak{w}|_S = 0$ ist und der Rand entsprechende Differenzierbarkeitsbedingungen erfüllt. Aus (22) und (23) folgt

$$1 \leqq \lambda_0 C_7 \int\limits_{\Omega_\delta} \sum_{k=1}^{3} \mathfrak{w}_{x_k}^2 \, dx ,$$

wobei C_7 eine von δ unabhängige positive Konstante ist. Diese Ungleichung ist jedoch unmöglich, da $\int\limits_{\Omega_\delta} \sum_{k=1}^{3} \mathfrak{w}_{x_k}^2 \, dx$ für $\delta \to 0$ gegen Null strebt. Dieser Widerspruch beweist die gleichmäßige Beschränktheit von $||\mathfrak{u}||_H$ für $\lambda \in \left[0, \frac{1}{\nu}\right]$. Damit st Satz 4 bewiesen.

§ 3. Strömungen im unbeschränkten Gebiet

Ein System von n ruhenden beschränkten Körpern werde mit der Geschwindigkeit $\mathfrak{v}(x)$ umströmt, wobei $\mathfrak{v}_\infty = \text{const}$ ist. Mit $\mathfrak{a}(x)$ bezeichnen wir ein beliebiges quellenfreies lokal quadratisch summierbares Vektorfeld mit über Ω quadratisch summierbaren verallgemeinerten ersten Ableitungen, das auf S verschwindet und für große $|x|$, $|x| \geqq R_0$, gleich $\mathfrak{v}_\infty$ ist. Eine verallgemeinerte Lösung $\mathfrak{v}$ des Umströmungsproblems wird formal genau so bestimmt wie die Lösung des Randwertproblems (2), (15) im vorigen Paragraphen. Die Forderung $\mathfrak{v} - \mathfrak{a} \in H(\Omega)$ garantiert bekanntlich die Konvergenz des Integrals

$$\int\limits_{\Omega} \frac{[\mathfrak{v}(x) - \mathfrak{a}(x)]^2}{|x - y|^2} dx ,$$

die besagt, daß $\mathfrak{v}(x)$ für $|x| \to \infty$ in einem gewissen Sinne gegen $\mathfrak{v}_\infty$ strebt (siehe § 1, Kap. I). Bezüglich $\mathfrak{f}$ machen wir dieselben Voraussetzungen wie in § 2. Von S verlangen wir nur, daß es möglich ist, die „Schnitt"funktionen $\zeta(x, \delta)$, $\delta \in (0, \delta_1]$ — das sind solche Funktionen, die in einer Umgebung von S gleich Eins sind, für von S weiter als δ entfernte Punkte aus Ω verschwinden und den Ungleichungen $|\zeta| \leqq C$, $\left|\frac{\partial \zeta}{\partial x_k}\right| \leqq \frac{C}{\delta}$ genügen — zu konstruieren. Diese Funktionen kann man ohne Beschränkung der Allgemeinheit als zweimal stetig differenzierbar annehmen. (Durch eine zusätzliche Mittelung von ζ läßt sich das immer erreichen.) Wir betrachten das Vektorfeld $\mathfrak{b} = (\alpha_2 x_3, \alpha_3 x_1, \alpha_1 x_2)$, wobei $(\alpha_1, \alpha_2, \alpha_3) = \vec{\alpha} = \mathfrak{v}_\infty$ ist. Das Vektorfeld $\mathfrak{e}(x, \delta) = \text{rot}\,\big(\mathfrak{b}(x)\,\zeta(x, \delta)\big)$ ist in einer Umgebung von S mit $\mathfrak{v}_\infty$ identisch und verschwindet außerhalb des Randstreifens Ω_δ. Für $\mathfrak{a}(x)$ kann man bei der Bestimmung einer verallgemeinerten Lösung jedes Vektorfeld der Gestalt $\mathfrak{a}(x, \delta) = \mathfrak{v}_\infty - \mathfrak{e}(x, \delta)$ wählen. Davon werden wir im weiteren Gebrauch machen.

Es gilt der folgende

Satz 5. *Das Umströmungsproblem für n Körper, wobei die Geschwindigkeit im Unendlichen* $\mathfrak{v}_\infty = \vec{\alpha}$ *ist, besitzt für jedes* $\mathfrak{f}$, *für das* $\int_\Omega \mathfrak{f}\, \vec{\Phi}\, dx$ *in* $H(\Omega)$ *ein lineares Funktional definiert, insbesondere für* $\mathfrak{f} \equiv 0$, *mindestens eine verallgemeinerte Lösung.*

Eine verallgemeinerte Lösung kann wie in Satz 2, § 1, gefunden werden, und zwar wird eine Folge von beschränkten Gebieten Ω_n konstruiert, die gegen Ω strebt. Für jedes Ω_n wählt man eine Lösung $\mathfrak{v}^n$ des Systems (2), die den Randbedingungen

$$\mathfrak{v}^n|_S = 0\,, \qquad \mathfrak{v}^n|_{\Gamma_n} = \mathfrak{a}(x)|_{\Gamma_n}$$

($S + \Gamma_n$ ist der Rand von Ω_n) genügt und zeigt, daß die auf $H(\Omega_n)$ bezogenen Normen aller $\mathfrak{u}^n = \mathfrak{v}^n - \mathfrak{a}$ bezüglich n gleichmäßig beschränkt sind:

$$||\mathfrak{u}^n||_{H(\Omega_n)} \leqq C_8\,. \tag{24}$$

Die Abschätzung (24) gestattet es, aus $\{\mathfrak{u}^n\}$ eine Teilfolge zu wählen, welche gegen ein Vektorfeld $\mathfrak{u} \in H(\Omega)$ strebt, das die gesuchte verallgemeinerte Lösung $\mathfrak{v} = \mathfrak{u} + \mathfrak{a}$ bestimmt. Da der Beweis wie in § 1 verläuft, werden wir ihn hier nicht ausführlich wiederholen.

Es bleibt zu zeigen, daß (24) gilt. Das beweisen wir im wesentlichen wie im vorigen Paragraphen die gleichmäßige Beschränktheit von $||\mathfrak{v}||_H$ bezüglich λ. Wir nehmen das Gegenteil an, d. h., es gelte

$$N_n = ||\mathfrak{u}^n||_{H(\Omega_n)} \to \infty \qquad \text{für} \qquad n \to \infty\,.$$

Für jedes $\mathfrak{u}^n$ gilt die Identität (16). Hier und im weiteren setzen wir $\mathfrak{a}(x) = \mathfrak{a}(x, \delta) = \mathfrak{v}_\infty - \mathfrak{e}(x, \delta)$. In (16) setzen wir $\mathfrak{u} = \mathfrak{u}^n$, $\vec{\Phi} = \mathfrak{u}^n$ und schätzen die rechte Seite wie oben ab. Dabei berücksichtigen wir, daß

$$\left|\int_{\Omega_n} a_k\, \mathfrak{a}\, \mathfrak{u}^n_{x_k}\, dx\right| = \left|\int_{\Omega_n} a_k\, \mathfrak{a}_{x_k}\, \mathfrak{u}^n\, dx\right| = \left|\int_{\Omega_\delta} a_k\, \mathfrak{a}_{x_k}\, \mathfrak{u}^n\, dx\right| \leqq C_9\, ||\mathfrak{a}||^2_{H(\Omega_\delta)}\, ||\mathfrak{u}^n||_{H(\Omega_n)}$$

mit einer von n und $\delta \in (0, \delta_1]$ unabhängigen Konstanten C_9 gilt, da $\mathfrak{a}(x, \delta)$ außerhalb des Randstreifens Ω_δ gleich dem konstanten Vektor $\mathfrak{v}_\infty$ ist. Entsprechend erhalten wir aus (19)

$$\begin{aligned} ||\mathfrak{u}^n||^2_{H(\Omega_n)} \leqq \left|\int_{\Omega_n} \mathfrak{u}^n_{x_k}\, \mathfrak{a}\, u^n_k\, dx\right| &+ ||\mathfrak{a}||^2_{H(\Omega_\delta)} \cdot ||\mathfrak{u}^n||_{H(\Omega_n)} \\ &+ C_9\, ||\mathfrak{a}||^2_{H(\Omega_\delta)} \cdot ||\mathfrak{u}^n||_{H(\Omega_n)} + |\mathfrak{f}| \cdot ||\mathfrak{u}^n||_{H(\Omega_n)}\,. \end{aligned} \tag{25}$$

Die $\mathfrak{u}^n(x)$ setzen wir auf Ω fort, indem wir außerhalb Ω_n $\mathfrak{u}(x) = 0$ setzen. Sei

$$\mathfrak{w}^n(x) = \frac{\mathfrak{u}^n(x)}{N_n} \qquad \text{mit} \quad N_n = ||\mathfrak{u}^n||_{H(\Omega_n)}\,;$$

die $\mathfrak{w}^n(x)$ kann man als Elemente von $H(\Omega)$ betrachten, die bezüglich der Norm von $H(\Omega)$ beschränkt sind. Für sie gilt (25) bzw.

$$1 \leqq \left|\int_{\Omega_\delta} w^n_k\, \mathfrak{e}\, \mathfrak{w}^n_{x_k}\, dx\right| + \frac{1}{N_n}\, ||\mathfrak{a}||_{H(\Omega_\delta)} + \frac{C_9}{N_n}\, ||\mathfrak{a}||^2_{H(\Omega_\delta)} + \frac{1}{N_n}\, |\mathfrak{f}|\,,$$

wenn man

$$\int_{\Omega_n} u_k^n \, \mathfrak{a} \, \mathfrak{u}_{x_k}^n \, dx = - \int_{\Omega_\delta} u_k^n \, \mathfrak{e}(x, \delta) \, \mathfrak{u}_{x_k}^n \, dx$$

berücksichtigt.

Fährt man wie im vorhergehenden Paragraphen fort, so gerät man wie dort in Widerspruch zu der Annahme $N_n \to \infty$, für $n \to \infty$; (24) und Satz 5 sind damit bewiesen.

Das benutzte Beweisverfahren für die Lösbarkeit des Umströmungsproblems ist auch für inhomogene Randbedingungen $\mathfrak{v}|_{S_k} = \mathfrak{a}|_{S_k}$ auf den Rändern S_k der umströmten Körper anwendbar, wenn $\int_{S_k} (\mathfrak{a}, \mathfrak{n}) \, dS = 0$, $k = 1, 2, \ldots, n$, ist.

Für zweidimensionale Strömungen gilt in den hier betrachteten Gebieten anstelle von Satz 5 Satz 4, wobei $\mathfrak{a}$ nicht den Bedingungen (15a) zu genügen braucht.

§ 4. A priori Abschätzungen der Lösungen

Durch Konstruktion einer „Schnitt“funktion $\zeta(x)$ kann man für die Lösungen $\mathfrak{u}$ der Gleichung (18) auch eine explizite Abschätzung von $\|\mathfrak{u}\|_H$ angeben. Das soll gezeigt werden.

Wie oben sei das Feld $\mathfrak{a}|_S$ in das Gebiet Ω hinein in der Form rot $\mathfrak{b}(x)$ fortsetzbar, wobei $\mathfrak{b} \in \mathfrak{W}_2^2(\Omega)$ ist.

Der Rand S von Ω sei stückweise glatt, und es seien keine Nullwinkel vorhanden. Die Voraussetzungen über S sind, genauer gesagt, folgende. S läßt sich in eine endliche Anzahl von Kugeln $K_i(r)$, $i = 1, \ldots, N$, mit dem Radius r so einbetten, daß sich in jedem $K_i(2r)$ $\big(K_i(2r)$ ist mit $K_i(r)$ konzentrisch$\big)$ nicht entartete Koordinaten $y^i = y^i(x)$, wobei $y^i(x)$ und $x^i = x^i(y)$ Funktionen aus C_1 sind, einführen lassen. Diese Koordinaten seien so beschaffen, daß sich $S \cap K_i(2r)$ in der Form $y_3^i = \omega^i(y_1^i, y_2^i)$ darstellen läßt. (y_1^i, y_2^i) variiert in einem beschränkten Gebiet D_i und die ω^i sind stetige stückweise glatte Funktion, deren Ableitungen $\omega_{y_1^i}^i, \omega_{y_2^i}^i$ beschränkt sind. Es existieren Zahlen $\delta_i > 0$, $i = 1, \ldots, N$, so daß das Gebiet

$$\{\omega^i(y_1^i, y_2^i) \leqq y_3^i \leqq \omega^i(y_1^i, y_2^i) + \delta_i, \ (y_1^i, y_2^i) \in D_i\} \subset \overline{\Omega}$$

$K_i(2r) \wedge \Omega$ enthält und das Gebiet

$$\{\omega^i(y_1^i, y_2^i) - \delta_i \leqq y_3^i < \omega^i(y_1^i, y_2^i)\}$$

keine gemeinsamen Punkte mit $\overline{\Omega}$ hat.

$\varphi_i(x)$, $i = 1, \ldots, N$, seien finite glatte nichtnegative Funktionen mit den Trägern $K_i(2r)$, so daß in einem Randstreifen der Breite r $\sum_{i=1}^{N} \varphi_i(x) \equiv 1$ ist.

Die Funktion

$$\eta(t, \varepsilon, \varrho) = \begin{cases} 1 & \text{für} \quad -\infty < t \leqq 2\varrho\left(-1 + e^{-\frac{1}{\varepsilon}}\right), \\ -\varepsilon \ln \dfrac{t + 2\varrho}{4\varrho} & \text{für} \quad 2\varrho\left(-1 + e^{-\frac{1}{\varepsilon}}\right) \leqq t \leqq 2\varrho, \\ 0 & \text{für} \quad t \geqq 2\varrho \end{cases}$$

mit $\varepsilon > 0$ und $\varrho > 0$ ist stückweise glatt, und es ist

$$\frac{d\eta}{dt} = \eta' = \begin{cases} 0 & \text{für } t \leqq 2\varrho\left(-1 + e^{-\frac{1}{\varepsilon}}\right), \\ -\dfrac{\varepsilon}{t + 2\varrho} & \text{für } 2\varrho\left(-1 + e^{-\frac{1}{\varepsilon}}\right) \leqq t \leqq 2\varrho, \\ 0 & \text{für } t \geqq 2\varrho, \end{cases}$$

so daß $|\eta'(t, \varepsilon, \varrho)| \leqq \frac{\varepsilon}{t}$ ist. Mit Hilfe von $\eta(t, \varepsilon, \varrho)$ konstruieren wir die Funktionen

$$\zeta_i(y^i, \varepsilon, \varrho) = \begin{cases} \eta\left(y_3^i - \omega^i(y_1^i, y_2^i), \varepsilon, \varrho\right) \cdot \varphi_i(x(y^i)) & \text{in } K_i(2r), \\ 0 & \text{außerhalb } K_i(2r). \end{cases}$$

In den alten Koordinaten x bezeichnen wir sie mit $\hat{\zeta}_i(x, \varepsilon, \varrho)$, d. h. $\hat{\zeta}_i(x, \varepsilon, \varrho) = \zeta_i(y^i(x), \varepsilon, \varrho)$. Die Funktion $\hat{\zeta}(x, \varepsilon, \varrho) = \sum_{i=1}^{N} \hat{\zeta}_i(x, \varepsilon, \varrho)$ besitzt folgende Eigenschaften: Sie ist stetig, besitzt stückweise stetige Ableitungen, ihre Werte liegen zwischen Null und Eins, in einer zweiseitigen Umgebung von S mit einer Breite von der Ordnung ϱ (z. B. $C_1 \varrho$)[1]) ist sie gleich 1 und außerhalb einer Umgebung von S mit der Breite $C_2 \varrho$ verschwindet sie. Außerdem ist $\left|\frac{\partial \hat{\zeta}}{\partial x_i}\right| \leqq C_3 \frac{\varepsilon}{d(x)}$, $d(x)$ ist der Abstand von x und S, und C_3 hängt, ebenso wie C_1 und C_2, nicht von ε und ϱ ab. Von der Funktion $\hat{\zeta}(x, \varepsilon, \varrho)$ bilden wir den Mittelwert mit dem Radius $\frac{C_1 \varrho}{2}$ mit Hilfe eines nichtnegativen beliebig oft differenzierbaren Kerns (siehe § 1. 3, Kap. I), den wir mit $\zeta(x, \varepsilon, \varrho)$ bezeichnen. Er besitzt dieselben Eigenschaften wie die Funktion $\hat{\zeta}$, ist aber im Unterschied zu dieser beliebig oft differenzierbar. In einem Randstreifen von der Breite $\frac{C_1 \varrho}{2}$ ist $\zeta(x, \varepsilon, \varrho)$ gleich Eins, und außerhalb eines Streifens der Breite $\left(C_2 + \frac{C_1}{2}\right)\varrho$ verschwindet es. Die Funktion $\zeta(x, \varepsilon, \varrho)$ ist eine „Schnitt"funktion mit den verlangten Eigenschaften. Die Zahlen ε und ϱ wählen wir im folgenden hinreichend klein.

Wir kehren zur Abschätzung von $\|\mathfrak{u}\|_H$ zurück. In der Ungleichung (19) bleibt nur das erste Glied $J = \lambda \left| \int_\Omega u_k\, \mathfrak{a}\, \mathfrak{u}_{x_k}\, dx \right|$ abzuschätzen. Es wurde $\mathfrak{a} = \operatorname{rot}(\mathfrak{b}\,\zeta)$ gesetzt. Für ζ wählen wir die eben konstruierte Funktion $\zeta(x, \varepsilon, \varrho)$. Wir schätzen J mit Hilfe der Schwarzschen Ungleichung und der Dreiecksungleichung ab, wobei $\lambda \in \left[0, \frac{1}{\nu}\right]$ zu berücksichtigen ist:

$$J \leqq \frac{C_4}{\nu} \|\mathfrak{u}\|_H \sum_{k,l=1}^{3} \sqrt{\int_\Omega u_k^2\, a_l^2\, dx} \leqq C_5 \|\mathfrak{u}\|_H \sum_{k,l,i} \sqrt{\int_{D_i} dy_1^i\, dy_2^i \int_{\omega^i(y_1^i, y_2^i)}^{\omega^i(y_1^i, y_2^i) + c\varrho} u_k^2\, a_l^2\, dy_3^i}$$

$$\leqq C_7 \|\mathfrak{u}\|_H \sum_{k,l,i} \left(\sqrt{\iiint u_k^2 \frac{\varepsilon^2}{(y_3^i - \omega^i)^2}\, dy^i} + \sqrt{\iiint u_k^2 |\nabla \mathfrak{b}|^2\, dy^i} \right). \qquad \text{(A)}$$

---
[1]) Hier und in den folgenden Formeln vgl. Fußnote, Seite 10. — Anm. d. Red.

Für jede glatte Funktion w, die für $t = 0$ verschwindet, gilt

$$j \equiv \int_{D_i}\int_0^{C_6 \varrho} \frac{w^2(y_1, y_2, t)}{t^2}\, dy_1\, dy_2\, dt = \int_{D_i}\int_0^{C_6 \varrho} \frac{2\, w\, w_t}{t}\, dy_1\, dy_2\, dt - \int_{D_i} \frac{w^2(y_1, y_2, C_6\, \varrho)}{C_6\, \varrho}\, dy_1\, dy_2$$

$$\leqq 2 \sqrt{\int_{D_i}\int_0^{C_6 \varrho} \frac{w^2}{t^2}\, dy_1\, dy_2\, dt}\ \sqrt{\int_{D_i}\int_0^{C_6 \varrho} |\nabla\, w|^2\, dy_1\, dy_2\, dt}\,,$$

woraus wir die bekannte Ungleichung

$$j \leqq 4 \int_{D_i}\int_0^{C_6\, \varrho} |\nabla\, w|^2\, dy_1\, dy_2\, dt \tag{B}$$

erhalten. Dasselbe gilt auch für die Komponenten des Vektors $\mathfrak{u}$, da $\mathfrak{u} \in H(\Omega)$ ist. Weiter gilt

$$\int_{D_i} dy_1^i\, dy_2^i \int_{\omega^i(y_1^i\, y_2)}^{\omega^i(y_1^i,\, y_2^i) + C_6\, \varrho} u_k^2\, |\nabla\, \mathfrak{b}|^2\, dy_3^i \leqq \sqrt{\textstyle\int\int\int u_k^4\, dy^i}\ \sqrt{\textstyle\int\int\,|\nabla\, \mathfrak{b}|^2\, dy^i} \leqq C(\varrho) ||\mathfrak{u}||_H^2\,, \tag{C}$$

wobei die positive Konstante $C(\varrho)$ für $\varrho \to 0$ gegen Null strebt. Aus (A), (B), (C) folgt

$$J \leqq \big(C_8\, \varepsilon + C(\varrho)\big)\, ||\mathfrak{u}||_H^2\,.$$

Die Zahlen ε und ϱ wählen wir so klein, daß $C_8\, \varepsilon + C(\varrho) \leqq \frac{1}{2}$ ist. Dann erhalten wir hieraus und aus (19) eine Abschätzung für $||\mathfrak{u}||_{H(\Omega)}$, die lediglich von bekannten Größen und nicht von $\lambda \in \left[0, \frac{1}{\nu}\right]$ abhängt.

Für Strömungen in unbeschränkten Gebieten Ω kann man eine entsprechende Abschätzung für $||\mathfrak{u}||_{H(\Omega)}$ angeben. Dazu verwendet man eine „Schnitt"funktion $\zeta(x, \varepsilon, \varrho)$ wie sie oben für unbeschränkte Gebiete konstruiert wurde. Dann ist das Vektorfeld

$$\mathfrak{a}(x, \varepsilon, \varrho) = \mathfrak{v}_\infty - \mathfrak{e} = \mathfrak{v}_\infty - \operatorname{rot}\big(\mathfrak{b}(x)\, \zeta(x, \varepsilon, \varrho)\big)$$

in Ω mit Ausnahme eines S umgebenden Streifens $\Omega_{C_9 \varrho}$ von der Breite $C_9\, \varrho$ gleich $\mathfrak{v}_\infty$. In diesem Streifen gilt für $\mathfrak{a}$ die Abschätzung

$$|\mathfrak{a}(x, \varepsilon, \varrho)| \leqq C_{10}\left(|\mathfrak{b}(x)|\, \frac{\varepsilon}{d(x)} + |\nabla\, \mathfrak{b}| + 1\right),$$

$d(x)$ ist dabei der Abstand des Punktes x von S. Dies gestattet uns, das Integral auf der rechten Seite von (25)

$$J_n = \int_{\Omega_n} \mathfrak{u}_{x_k}^n\, \mathfrak{a}\, u_k^n\, dx = -\int_{\Omega_n} \mathfrak{u}_{x_k}^n \operatorname{rot}(\mathfrak{b}\, \zeta)\, u_k^n\, dx = -\int_{\Omega_{C_9 \varrho}} \mathfrak{u}_{x_k}^n \operatorname{rot}(\mathfrak{b}\, \zeta)\, u_k^n\, d\,x$$

wie am Ende von § 2 für beschränkte Gebiete Ω abzuschätzen. In Verbindung mit (25) ergibt das eine von n unabhängige Abschätzung für $||\mathfrak{u}^n||_{H(\Omega_n)}$ mittels bekannter Größen. Diese gilt auch für den Limes $\mathfrak{u}(x)$ im Gebiet Ω.

§ 5. Über die Differenzierbarkeitseigenschaften verallgemeinerter Lösungen

Wir zeigen, daß sich die Differenzierbarkeitseigenschaften der verallgemeinerten Lösungen in Abhängigkeit von den Differenzierbarkeitseigenschaften der gegebenen Größen des Problems „verbessern" und daß diese „Verbesserung" lokalen Charakter[1]) trägt. Für ebene Strömungen kann das mit bekannten Methoden gezeigt werden, da die Randwertaufgabe in diesem Fall der ersten Randwertaufgabe für die Stromfunktion $\psi(x_1, x_2)$ (siehe § 3, Kap. II) äquivalent ist; ψ genügt der Gleichung

$$\nu\, \Delta^2\psi + \psi_{x_1} \Delta\psi_{x_2} - \psi_{x_2} \Delta\psi_{x_1} = - f_{1x_2} + f_{2x_1},$$

wobei die Randwerte von ψ und $\frac{\partial\psi}{\partial n}$ bekannt sind. Im dreidimensionalen Fall läßt sich das Problem nicht einfach auf bereits Bekanntes zurückführen. Es gilt z. B. der

Satz 6. *Ist $\mathfrak{v}(x)$ eine verallgemeinerte Lösung eines der in diesem Kapitel betrachteten Randwertprobleme und ist $\mathfrak{f}(x)$ über einem beschränkten Teilgebiet $\Omega_1 \subset \Omega$ quadratisch summierbar, so ist $\mathfrak{v}(x)$ in Ω stetig und besitzt dort zweite Ableitungen, die über jedem echten Teilgebiet $\Omega_2 \subset \Omega_1$ quadratisch summierbar sind. Ist $\mathfrak{f}$ in Ω_2 H-stetig, so besitzt $\mathfrak{v}$ zweite Ableitungen die in Ω_2 H-stetig mit dem gleichen Exponenten sind.*

$\mathfrak{v}(x)$ sei eine verallgemeinerte Lösung eines der oben betrachteten Randwertprobleme, sie genügt der Identität

$$\int_\Omega (\nu\, \mathfrak{v}_{x_k} \vec{\Phi}_{x_k} - v_k\, \mathfrak{v}\, \vec{\Phi}_{x_k})\, dx = (\mathfrak{f}, \vec{\Phi}) \tag{5}$$

und gehört bekanntlich zu $\mathfrak{W}_2^1(\Omega_1)$.

Könnte man in (5) für $\vec{\Phi}(x)$ die singuläre Fundamentallösung $\mathfrak{u}^k(x, y)$ der homogenen Stokesschen Gleichungen einsetzen, so wäre das Integral $\int_\Omega \nu\, \mathfrak{v}_{x_l} \vec{\Phi}_{x_l}\, dx$ für dieses $\vec{\Phi}$ gleich $\mathfrak{v}$ im Punkt y, und die $v_k(y)$ ließen sich wegen (5) durch Volumen- und Oberflächenintegrale ausdrücken. Mit Hilfe dieser Darstellung könnte man die behaupteten Eigenschaften der Lösung $\mathfrak{v}$ leicht beweisen. $\vec{\Phi}$ muß jedoch in (5) nicht nur quellenfrei sein, sondern es muß auch auf S verschwinden und nebst seinen ersten Ableitungen über Ω quadratisch summierbar sein. Die letzten beiden Eigenschaften besitzt $\mathfrak{u}^k$ nicht. Wir verändern es deshalb so, daß es die nötigen Bedingungen erfüllt, d. h., daß es zu $H(\Omega)$ gehört. Zu diesem Zweck erinnern wir daran, daß $\mathfrak{u}^k(x, y)$ in der Form

$$\mathfrak{u}^k(x, y) = \operatorname{rot}_x \mathfrak{V}^k(x, y)\,, \qquad \mathfrak{V}^k(x, y) = \frac{1}{8\pi\nu} \operatorname{rot} C(|x - y|\, \mathfrak{e}_k) \tag{26}$$

mit $\mathfrak{e}_k = (\delta_k^1, \delta_k^2, \delta_k^3)$ (siehe §1 , Kap. III) dargestellt werden kann.

---

[1]) Vgl. Fußnote, Seite 86. — Anm. d. Red.

$\Omega_2, \Omega_3, \ldots$ sei eine Folge von Gebieten mit der Eigenschaft $\Omega_1 \supset \Omega_2 \supset \Omega_3 \supset \ldots$, wobei Ω_n vom Rand des Gebiets Ω_{n-1} einen positiven Abstand habe.

In (5) setzen wir

$$\vec{\Phi}(x) = \mathrm{rot}_x [\zeta^2(x)\, \mathfrak{B}^k(x, y)]_\varrho \,. \tag{27}$$

Hierbei ist $\zeta(x)$ eine nichtnegative stetig differenzierbare Funktion, die in Ω_3 gleich Eins ist und außerhalb Ω_2 verschwindet. Das Symbol $[\ ]_\varrho$ bedeutet, daß der Inhalt der Klammer mit dem Radius ϱ gemittelt wurde (siehe § 1, Kap. I). Der Radius ϱ sei kleiner als der Abstand des Gebiets Ω_2 vom Rande des Gebiets Ω_1, und es sei $y \in \Omega_3$. Offensichtlich ist $\vec{\Phi} \in H(\Omega)$ und sogar $\vec{\Phi} \in H(\Omega_1)$. Dieses $\vec{\Phi}$ setzen wir in (5) ein und berücksichtigen dabei, daß der Operator der Mittelwertbildung mit der Differentiation vertauschbar ist und daß

$$\int_\Omega u(x)\, v_\varrho(x)\, dx = \int_\Omega u_\varrho(x)\, v(x)\, dx$$

gilt, wenn eine der Funktionen unter dem Integral in Ω finit ist und ϱ kleiner als der Abstand ihres Trägers von S ist. Das ergibt

$$\begin{aligned}(\mathfrak{f}, \vec{\Phi}) &= \int_{\Omega_1} \mathfrak{f}_\varrho\, \mathrm{rot}_x [\zeta^2\, \mathfrak{B}^k(x, y)]\, dx \\ &= \int_{\Omega_1} \{\nu\, \mathfrak{v}_{\varrho x_i} [\mathrm{rot}_x (\zeta^2\, \mathfrak{B}^k)]_{x_i} - (v_i\, \mathfrak{v})_\varrho\, \mathrm{rot}_x (\zeta^2\, \mathfrak{B}^k)_{x_i}\}\, dx \,.\end{aligned} \tag{28}$$

Das erste Integral auf der rechten Seite formen wir mit Hilfe der Differentialgleichung für $\mathfrak{u}^k$ um:

$$\int_{\Omega_1} \nu\, \mathfrak{v}_{\varrho x_i} [\mathrm{rot}_x (\zeta^2\, \mathfrak{B}^k)]_{x_i} dx = \lim_{\varepsilon \to 0} \int_{\substack{\Omega_1 \\ |x-y| \geqq \varepsilon}} \nu\, \mathfrak{v}_{\varrho x_i} [\mathrm{rot}_x (\zeta^2\, \mathfrak{B}^k)]_{x_i}\, dx$$

$$= \lim_{\varepsilon \to 0} \int_{\substack{\Omega_1 \\ |x-y| \geqq \varepsilon}} -\nu\, \mathfrak{v}_\varrho\, \Delta\, (\zeta^2\, \mathrm{rot}_x\, \mathfrak{B}^k + \mathrm{grad}\, \zeta^2 \times \mathfrak{B}^k)\, dx - \lim_{\varepsilon \to 0} \int_{r=|x-y|=\varepsilon} \nu\, \mathfrak{v}_\varrho \frac{\partial}{\partial r}\, \mathrm{rot}\, \mathfrak{B}^k\, dS$$

$$= \lim_{\varepsilon \to 0} \left\{- \int_{\substack{\Omega_1 \\ |x-y| \geqq \varepsilon}} \mathfrak{v}_\varrho\, [\zeta^2\, \mathrm{grad}\, q^k + 2\, \nu (\zeta^2)_{x_i}\, \mathfrak{u}^k_{x_i} + \nu\, \mathfrak{u}^k\, \Delta(\zeta^2) + \nu\, \Delta\, (\mathrm{grad}\, \zeta^2 \times \mathfrak{B}^k)]\, dx\right\}$$

$$- \lim_{\varepsilon \to 0} \int_{r=\varepsilon} \nu\, \mathfrak{v}_\varrho \frac{\partial \mathfrak{u}^k}{\partial r}\, dS = \int_{\Omega_1} \{\mathrm{div}\, (\zeta^2\, \mathfrak{v}_\varrho)\, q^k - \nu\, \mathfrak{v}_\varrho\, [4\, \zeta\, \zeta_{x_i}\, \mathfrak{u}^k_{x_i} + \mathfrak{u}^k\, \Delta(\zeta^2)$$

$$+ \Delta\, (\mathrm{grad}\, \zeta^2 \times \mathfrak{B}^k)]\}\, dx - \lim_{\varepsilon \to 0} \int_{r=\varepsilon} \left(\nu\, \mathfrak{v}_\varrho \frac{\partial \mathfrak{u}_k}{\partial r} - q^k\, \mathfrak{v}_\varrho \frac{\mathfrak{x} - \mathfrak{y}}{|x - y|}\right) dS \,.$$

Der Grenzwert des letzten Integrals ergibt infolge der Gleichung (1), Kap. III, $v_{k\varrho}(y)$; das berücksichtigen wir in (28). Wegen $\operatorname{div} \mathfrak{v}_\varrho = 0$ erhalten wir

$$\int_{\Omega_1} \mathfrak{f}_\varrho \operatorname{rot}_x (\zeta^2 \mathfrak{V}^k)\, dx = -v_{k\varrho}(y) + \int_{\Omega_1} \nu\, \mathfrak{v}_k \Big[\frac{1}{\nu} q^k \operatorname{grad} \zeta^2 - 4\zeta \zeta_{x_i} \mathfrak{u}^k_{x_i}$$

$$- \mathfrak{u}^k \Delta(\zeta^2) - \Delta (\operatorname{grad} \zeta^2 \times \mathfrak{V}^k)\Big] dx - \int_{\Omega_1} (v_i \mathfrak{v})_\varrho \operatorname{rot}_x (\zeta^2 \mathfrak{V}^k)_{x_i} dx, \; y \in \Omega_3 . \quad (29)$$

Wir führen folgende Bezeichnungen ein:

$$\mathfrak{L}^k_1(x, y) = - \operatorname{rot}_x (\zeta^2 \mathfrak{V}^k)\,,$$

$$\mathfrak{L}^k_2(x, y) = \frac{1}{\nu} q^k \operatorname{grad} \zeta^2 - 4\zeta \zeta_{x_i} \mathfrak{u}^k_{x_i} - \mathfrak{u}^k \Delta(\zeta^2) - \Delta (\operatorname{grad} \zeta^2 \times \mathfrak{V}^k).$$

Dann erhält (29) die Form

$$v_{k\varrho}(y) = \nu \int_{\Omega_1} \mathfrak{L}^k_2(x, y)\, \mathfrak{v}_\varrho(x)\, dx + \int_{\Omega_1} \mathfrak{L}^k_{1\,x_i}(x, y)\, (v_i \mathfrak{v})_\varrho\, dx + \int_{\Omega_1} \mathfrak{L}^k_1(x, y)\, \mathfrak{f}_\varrho(x)\, dx\,. \quad (30)$$

In dieser Gleichung lassen wir ϱ gegen Null streben. Für beliebige y können wir keine Konvergenz erwarten, da uns über $\mathfrak{v}(y)$ vorläufig nur bekannt ist, daß es zu $H(\Omega)$ gehört und folglich über Ω mit einem Exponenten $r \leqq 6$ summierbar ist (siehe § 1, Kap. I). Hieraus und aus den Eigenschaften des Operators der Mittelwertbildung folgt, daß $\mathfrak{v}_\varrho(y)$ bezüglich der Norm von $\mathfrak{L}_6(\Omega_3)$ gegen $\mathfrak{v}(y)$ konvergiert. Wir betrachten die übrigen Integrale in (30). Die $\mathfrak{L}^k_j(x, y)$ genügen für beliebige $x \in \Omega_1$, $y \in \Omega_3$ den Abschätzungen

$$|\mathfrak{L}^k_1(x, y)| \leqq \frac{C}{|x-y|}, \quad |\mathfrak{L}^k_{1\,x_i}(x, y)| \leqq \frac{C}{|x-y|^2}, \quad |\mathfrak{L}^k_2(x, y)| \leqq \frac{C}{|x-y|^2}\,. \quad (31)$$

$\mathfrak{f}_\varrho$, $(v_i \mathfrak{v})_\varrho$ und $\mathfrak{v}_\varrho$ sind in den Räumen $\mathfrak{L}_2(\Omega_2)$, $\mathfrak{L}_3(\Omega_2)$ und $\mathfrak{L}_6(\Omega_2)$ für jedes ϱ gleichmäßig beschränkt und konvergieren in diesen Räumen für $\varrho \to 0$ gegen ihre Grenzwerte $\mathfrak{f}$, $v_i \mathfrak{v}$ und $\mathfrak{v}$.

Die Ungleichungen (11), (12) aus § 1, Kap. I, und die Abschätzungen (31) gestatten die Behauptung, daß $\int_{\Omega_1} \mathfrak{L}^k_2 \mathfrak{v}_\varrho\, dx$ bzw. $\int_{\Omega_1} \mathfrak{L}^k_1 \mathfrak{f}_\varrho\, dx$ in Ω_3 gleichmäßig gegen $\int_{\Omega_1} \mathfrak{L}^k_2 \mathfrak{v}\, dx$ bzw. $\int_{\Omega_1} \mathfrak{L}^k_1 \mathfrak{f}\, dx$ konvergieren und daß $\int_{\Omega_1} \mathfrak{L}^k_{1\,x_i} (v_i \mathfrak{v})_\varrho\, dx$ in $\mathfrak{L}_q(\Omega_3)$ für beliebiges $q < \infty$ gegen $\int_{\Omega_1} \mathfrak{L}^k_{1\,x_i} v_i \mathfrak{v}\, dx$ konvergiert.

Aus (30) erhalten wir somit für $\varrho \to 0$ und fast alle y

$$v_k(y) = \nu \int_{\Omega_1} \mathfrak{L}^k_2(x, y)\, \mathfrak{v}(x)\, dx + \int_{\Omega_1} \mathfrak{L}^k_{1\,x_i}(x, y)\, v_i \mathfrak{v}\, dx + \int_{\Omega_1} \mathfrak{L}^k_1(x, y)\, \mathfrak{f}(x)\, dx\,. \quad (32)$$

Da die rechte Seite dieser Gleichung mit einem beliebigen endlichen Exponenten über Ω_3 summierbar ist, ist $\mathfrak{v} \in \mathfrak{L}_q(\Omega_3)$ für jedes $q < \infty$. Ω_3 ist dabei ein beliebiges echtes Teilgebiet von Ω_1. Ω_4 sei ein beliebiges echtes Teilgebiet von Ω_3; für $y \in \Omega_4$ und $x \in \Omega_3$ gilt eine Darstellung vom Typ (32), die wir mit $(32)_{4,3}$ bezeichnen wollen. In dieser Darstellung erfolgt die Integration über Ω_3. Für die $\mathfrak{L}^k_l$

gelten die gleichen Abschätzungen (31), nur die Konstante C ist eine andere. Aus $(32)_{4,3}$ schließen wir mit Hilfe von (31), daß $\mathfrak{v}(y)$ in Ω_4 H-stetig ist. Durch schrittweise Zusammenziehung des Gebiets Ω_k beweisen wir damit, daß $\mathfrak{v}(y)$ erste und zweite Ableitungen besitzt, die über einem echten Teilgebiet $\Omega_k \subset \ldots \subset \Omega_2 \subset \Omega_1$ quadratisch summierbar sind. Fehlte in der Darstellung (32) das die äußere Kraft $\mathfrak{f}$ enthaltende Glied $J(y) = \int_{\Omega_1} \mathfrak{L}_1^k(x, y)\, \mathfrak{f}(x)\, dx$, so könnten wir uns schrittweise überzeugen, daß $\mathfrak{v}(y)$ Ableitungen höherer Ordnung besitzt, d. h., daß $\mathfrak{v}(y)$ beliebig oft differenzierbar ist; dem steht der Summand $J(y)$ entgegen. Wir betrachten ihn genauer. Wenn $\mathfrak{f} \in \mathfrak{L}_2(\Omega_1)$ ist, so gilt

$$J(y) = \int_{\Omega_1} \mathfrak{f}(x) \left(\zeta^2 \operatorname{rot}_x \mathfrak{B}^k(x, y) + \operatorname{grad} \zeta^2 \times \mathfrak{B}^k(x, y)\right) dx \equiv J_1(y) + J_2(y)\,.$$

Das Integral über den zweiten Summanden unter dem Integralzeichen

$$J_2(y) = \int_{\Omega_1} \mathfrak{f}(x) \left(\operatorname{grad} \zeta^2 \times \mathfrak{B}^k(x, y)\right) dx$$

ist beschränkt; $J_2(y)$ kann man unmittelbar zweimal nach y differenzieren, und es ist wegen Lemma 5, § 1, Kap. I, nebst seinen Ableitungen bis zur einschließlich zweiten Ordnung über ein beliebiges beschränktes Gebiet quadratisch summierbar.

Das Integral

$$J_1(y) = \int_{\Omega_1} \mathfrak{f}\, \zeta^2 \operatorname{rot}_x \mathfrak{B}^k\, dx = \int_{\Omega_1} \mathfrak{f}\, \zeta^2\, \mathfrak{u}^k\, dx$$

$$= -\frac{1}{4\pi\nu} \int_{\Omega_1} \frac{f_k\, \zeta^2}{|x - y|}\, dx + \frac{1}{8\pi\nu} \frac{\partial^2}{\partial x_j\, \partial x_k} \int_{\Omega_1} |x - y|\, f_j\, \zeta^2\, dx$$

besitzt wegen $\mathfrak{f}\zeta^2 \in \mathfrak{L}_2(\Omega_1)$ ebenfalls Ableitungen bis zur einschließlich zweiten Ordnung, die über ein beliebiges beschränktes Gebiet quadratisch summierbar sind (siehe § 1, Kap. I). Die Gebiete Ω_k, $k = 1, 2, \ldots$, sollten lediglich die Bedingung $\Omega_1 \supset \Omega_2 \supset \ldots$ erfüllen und der Abstand zwischen ihren Rändern sollte positiv sein. Folglich haben wir bewiesen, daß jede verallgemeinerte Lösung $\mathfrak{v}$ in Ω_1 verallgemeinerte Ableitungen bis zur einschließlich zweiten Ordnung besitzt, die über jedes echte Teilgebiet $\Omega_1' \subset \Omega_1$ quadratisch summierbar sind. Hieraus folgt die Stetigkeit von $\mathfrak{v}$ in Ω_1 (§ 1, Kap. I). Mit Hilfe der gleichen Betrachtungen läßt sich zeigen, daß für $\mathfrak{v}$ die Abschätzung

$$\|\mathfrak{v}\|_{\mathfrak{W}_2^2(\Omega_2)} \leq C \left(\|\mathfrak{v}\|^2_{\mathfrak{W}_2^1(\Omega_1)} + \|\mathfrak{f}\|_{\mathfrak{L}_2(\Omega_1)}\right)^{1)} \tag{32a}$$

gilt. Aus (32a) und den Abschätzungen der vorigen Paragraphen für $\|\mathfrak{v}\|_{\mathfrak{W}_2^1(\Omega)}$ folgt eine Abschätzung für $\|\mathfrak{v}\|_{\mathfrak{W}_2^2(\Omega_2)}$ durch die „Ausgangsgrößen“ der Aufgabe, d. h. durch $\mathfrak{f}$ und die Randwerte von $\mathfrak{v}$.

Ist $\mathfrak{f}$ H-stetig in Ω_1, so hat $J(y)$ und folglich auch $\mathfrak{v}$ zweite Ableitungen, die in $\Omega_2 \subset \Omega_1$ H-stetig mit dem gleichen Exponenten sind. Den Beweis dieser Behauptung lassen wir weg, da er sich wie für das NEWTONsche Volumenpotential

[1]) Vgl. Fußnote, Seite 10. — Anm. d. Red.

führen läßt. Der Satz ist bewiesen. Es wurde gezeigt, wie die Differenzierbarkeitseigenschaften der verallgemeinerten Lösung innerhalb ihres Existenzgebiets untersucht werden können.

Das Verhalten der Lösung in Randnähe kann man folgendermaßen untersuchen. Der Teil S' des Randes S sei eine LJAPUNOW-Fläche. Ohne Beschränkung der Allgemeinheit nehmen wir die Randbedingung für $\mathfrak{v}$ auf S' homogen an. Ω_1 sei ein in Ω enthaltenes Gebiet, dessen Rand S_1 eine LJAPUNOW-Fläche ist, für die $(S_1 \cap S) \subset S'$ gilt und ein $\varrho_0 > 0$ existiert, so daß die ϱ-Umgebung von Ω_1 für alle $\varrho \leqq \varrho_0$ und einen beliebigen aber für Ω_1 festen Vektor $\mathfrak{l}$ bei der Verschiebung um $\varrho\,\mathfrak{l}$ in Ω liegt. Dabei versteht man unter der ϱ-Umgebung von Ω_1 das Gebiet, welches entsteht, wenn man zu Ω_1 alle Kugeln mit dem Radius ϱ hinzufügt, deren Mittelpunkte in Ω_1 liegen. $\mathfrak{G}_k(x, y) = (G_{k1}(x, y),\ G_{k2}(x, y),\ G_{k3}(x, y))$; $r_k(x, y)$ sei der GREENsche Tensor des linearisierten Problems für Ω_1 (vgl. § 4, Kap. III); für ihn gelten die Abschätzungen (46), Kap. III. $\mathfrak{f}$ möge etwa in Ω_1 H-stetig sein. Dann ist $\mathfrak{v}(x)$ nach dem soeben bewiesenen Satz in Ω_1 zweimal stetig differenzierbar.

Aus der Integralidentität (5) läßt sich folgende Darstellung für $\mathfrak{v}$ in Ω_1 gewinnen:

$$v_k(x) = \int_{\Omega_1} G_{ki}(x, y)\,\big(v_l\, v_{i y_l} - f_i(y)\big)\,dy + \int_{S_1 - S \cap S_1} T'_{ij}(\mathfrak{G}_k)\, v_j\, n_i\, dS_y\,. \qquad (*)$$

Sie hat die gleiche Form wie die Darstellung (12), Kap. III, für die klassische Lösung. Um (*) zu erhalten, setzen wir in (5)

$$\vec{\Phi}(y) = \hat{\mathfrak{G}}_{k\varrho}(x, \hat{y})|_{\hat{y}=y-\varrho\mathfrak{l}}\,, \qquad 0 < \varrho \leqq \varrho_0\,.$$

Dabei ist

$$\hat{\mathfrak{G}}_k = \begin{cases} \mathfrak{G}_k(x, y) & \text{für} \quad y \in \Omega_1\,, \\ 0 & \text{für} \quad y \notin \Omega_1\,, \end{cases}$$

$x \in \Omega_1$. Der Index ϱ bezeichnet die in § 1.3, Kap. I, definierte Mittelwertbildung von $\mathfrak{G}_k(x, \hat{y})$ bezüglich $\hat{y}$. Dieses $\vec{\Phi}(y)$ gehört zu $H(\Omega)$.

Jetzt verfahren wir wie beim Beweis von Satz 6. Der einzige Unterschied besteht darin, daß wir von $\mathfrak{v}$ keinen Mittelwert zu bilden brauchen, weil wir bereits wissen, daß $\mathfrak{v}$ stetig ist. Wir übertragen also alle Ableitungen auf $\vec{\Phi}$, gehen zum Grenzwert $\varrho \to 0$ über und erhalten (*). Aus dieser Darstellung und den Abschätzungen (46), § 4, Kap. III, erhalten wir auf bekanntem Weg, daß $v_k(x)$ und die $\dfrac{\partial v_k}{\partial x_i}$ bis zum Rand S' stetig und sogar H-stetig sind.

Erfüllt S' weitere Differenzierbarkeitsvoraussetzungen, ist z. B. eine Fläche aus $\Lambda_{2,h}$, so folgt aus der Darstellung (*) und den Abschätzungen (47), § 4, Kap. III, daß auch die zweiten Ableitungen $\dfrac{\partial^2 v_k}{\partial x_i\, \partial x_j}$ bis zum Rand S' H-stetig mit dem gleichen Exponenten h sind.

Die Differenzierbarkeitseigenschaften der verallgemeinerten Lösungen kann man auf diese Weise bis zum Rand ihres Existenzgebiets untersuchen. Ein Ergebnis enthält

Satz 7. *Ist Ω ein beschränktes Gebiet mit dem Rand $S \in \Lambda_{2,h}$ und $\mathfrak{f} \in C_{0,h}(\Omega)$, so ist $\mathfrak{v} \in C_{2,h}(\Omega)$ und $p \in C_{1,h}(\Omega)$. Die Randwerte von $\mathfrak{v}$ auf S müssen dabei zu $C_{2,h}(S)$ gehören.*

Im nächsten Paragraphen wird das Verhalten der verallgemeinerten Lösung für unbeschränkte Gebiete in der Umgebung des unendlichfernen Punktes untersucht.

§ 6. Das Verhalten der Lösungen für $|x| \to \infty$

$\mathfrak{v}(x)$, $p(x)$ sei eine verallgemeinerte Lösung der inhomogenen NAVIER-STOKESschen Gleichungen (2) mit der homogenen Randbedingung (3) und der Bedingung $\mathfrak{v} \to \mathfrak{v}_\infty = \text{const}$ im Unendlichen. Der Rand S des unbeschränkten Gebiets Ω liege in einem beschränkten Teil des Raumes. Die äußere Kraft $\mathfrak{f}(x)$ sei finit[1]), d. h., es existiere ein $R_0 > 0$, so daß $\mathfrak{f}(x)$ für $|x| \geqq R_0$ verschwindet. Wie oben bewiesen wurde, sind dann $\mathfrak{v}(x)$ und $p(x)$ für $|x| > R_0$ beliebig oft differenzierbar und genügen den homogenen Gleichungen (2). Außerdem wissen wir, daß $\mathfrak{v} - \mathfrak{v}_\infty$ zu $H(\Omega)$ gehört, so daß

$$\int_\Omega \sum_{i,k=1}^{3} v_{i x_k}^2 \, dx + \int_\Omega \sum_{i=1}^{3} (v_i - v_{\infty i})^6 \, dx + \int_\Omega \frac{|\mathfrak{v}(x) - \mathfrak{v}_\infty|^2}{|x-y|^2} \, dx < \infty \qquad (33)$$

ist. Es gilt der folgende

Satz 8. *Die Lösung $\mathfrak{v}(x)$ strebt für $|x| \to \infty$ gleichmäßig gegen einen konstanten Vektor $\mathfrak{v}_\infty = \vec{\alpha}$.*

Zum Beweis verwenden wir neben der singulären Fundamentallösung (siehe § 1, Kap. III)

$$u_i^k(x, y) = -\frac{1}{8\pi\nu}\left[\frac{\delta_i^k}{|x-y|} + \frac{(x_i - y_i)(x_k - y_k)}{|x-y|^3}\right],$$

$$p^k(x, y) = -\frac{1}{4\pi} \cdot \frac{x_k - y_k}{|x-y|^3}$$

noch folgende von LERAY angegebene Lösung der homogenen STOKESschen Gleichungen (4), § 1, Kap. II,

$$\tilde{u}_i^k(x, y) = \frac{1}{8\pi\nu}\left[\frac{\delta_i^k}{R^3}(3R^2 - 2|x-y|^2) + \frac{(x_i - y_i)(x_k - y_k)}{R^3}\right],$$

$$\tilde{p}^k(x, y) = -\frac{5}{4\pi} \cdot \frac{x_k - y_k}{R^3} \qquad (|x-y| \leqq R).$$

Die Summe dieser beiden Lösungen

$$w_i^k(x, y) = u_i^k(x, y) + \tilde{u}_i^k(x, y),$$

$$q^k(x, y) = p^k(x, y) + \tilde{p}^k(x, y)$$

[1]) Dafür könnte man auch voraussetzen, daß $\mathfrak{f}(x)$ H-stetig ist und für $|x| \to \infty$ hinreichend schnell abnimmt.

genügt für festes x dem System

$$\nu\, \Delta_y w_i^k(x, y) + \frac{\partial q^k(x, y)}{\partial y_i} = \delta_i^k\, \delta(x - y)\,, \quad \frac{\partial w_i^k}{\partial y_i} = 0\,, \qquad i, k = 1, 2, 3, \tag{34}$$

und der Randbedingung

$$w_i^k(x, y)|_{y \in |x-y| = R} = 0\,. \tag{35}$$

Auf $\mathfrak{u}(y) = \mathfrak{v}(y) - \vec{\alpha}$, $p(y)$ und $\mathfrak{w}_k = (w_1^k, w_2^k, w_3^k)$, q^k als Funktionen von y im Gebiet $|x - y| \leqq \varrho$ wenden wir die Greensche Formel (10), § 2, Kap. III, an, wobei $|x| > R_0 + 1$ und $\varrho \leqq 1$ sei. Das ergibt

$$u_k(x) = \int\limits_{|x-y| \leqq \varrho} w_i^k(x, y) \left(\nu\, \Delta u_i - \frac{\partial p}{\partial y_i}\right) dy + \int\limits_{|x-y| = \varrho} T'_{ij}(\mathfrak{w}^k)\, u_i\, n_j\, dS_y\,,$$

oder unter Verwendung der Navier-Stokesschen Gleichungen für $\mathfrak{v}$, p und der Tatsache, daß für $|x - y| \leqq \varrho$ $\mathfrak{f} \equiv 0$ ist

$$u_k(x) = \int\limits_{|x-y| \leqq \varrho} w_i^k(x, y)\, (u_l + \alpha_l)\, u_{i\,y_l}\, dy + \int\limits_{|x-y| = \varrho} T'_{ij}(\mathfrak{w}^k)\, u_i\, n_j\, dS_y\,, \tag{36}$$

wobei

$$T'_{ij}(\mathfrak{w}^k) = \delta_i^j q^k + \nu \left(\frac{\partial w_i^k}{\partial y_j} + \frac{\partial w_j^k}{\partial y_i}\right)$$

ist. Aus der Darstellung von $\mathfrak{w}^k$, q^k folgt unmittelbar

$$|w_i^k(x, y)| \leqq \frac{C}{|x - y|}\,, \qquad |q^k(x, y)|\,|_{|x-y| = \varrho} \leqq \frac{C}{\varrho^2}\,; \qquad \left|\frac{\partial w_i^k(x, y)}{\partial y_j}\right|\Bigg|_{|x-y| = \varrho} \leqq \frac{C}{\varrho^2}\,^{1)}. \tag{37}$$

Wir schätzen die rechte Seite von (36) ab, indem wir die Ungleichungen (37) und die Schwarzsche Ungleichung verwenden. Das ergibt

$$|u_k(x)| \leqq C \int\limits_{|x-y| \leqq \varrho} \sum_{i,l=1}^{3} \frac{|u_l + \alpha_l|\,|u_{i\,y_l}|}{|x - y|}\, dy + \frac{C}{\varrho^2} \int\limits_{|x-y| = \varrho} \sum_{j=1}^{3} |u_j|\, dS$$

$$\leqq C \sum_{i,l=1}^{3} \left(\int\limits_{|x-y| \leqq \varrho} \frac{|u_l + \alpha_l|^2}{|x - y|^2}\, dy\right)^{1/2} \left(\int\limits_{|x-y| \leqq \varrho} u_{i\,y_l}^2\, dy\right)^{1/2} + \frac{C}{\varrho^2} \int\limits_{|x-y| = \varrho} \sum_{j=1}^{3} |u_j|\, dS.$$

Beide Seiten dieser Ungleichung integrieren wir über ϱ von 1/2 bis 1 und berücksichtigen, daß wegen (33)

$$\int\limits_{|x-y| \leqq 1} \frac{|u_l + \alpha_l|^2}{|x - y|^2}\, dy \leqq \text{const}$$

ist. Dann ist

$$|u_k(x)| \leqq C_1 \left(\int\limits_{|x-y| \leqq 1} \sum_{i,l=1}^{2} u_{i\,y_l}^2\, dy\right)^{1/2} + 4\, C \int\limits_{|x-y| \leqq 1} \sum_{j=1}^{3} |u_j(y)|\, dy\,.$$

[1]) Vgl. Fußnote, Seite 10. — Anm. d. Red.

Hieraus erhalten wir durch Anwendung der HÖLDERschen Ungleichung auf das letzte Glied

$$|u_k(x)| \leqq C_1 \left(\int\limits_{|x-y| \leqq 1} \sum_{i,l=1}^{3} u_{i\,y_l}^2 \, dy \right)^{1/2} + C_2 \left(\int\limits_{|x-y| \leqq 1} \sum_{j=1}^{3} u_j^6(y) \, dy \right)^{1/6}. \tag{38}$$

Für $\mathfrak{u}(x)$ gilt die Ungleichung (33). Daraus folgt unmittelbar, daß die rechte Seite von (38) kleiner als jedes positive ε gemacht werden kann, sobald man $|x|$ hinreichend groß wählt. Der Satz ist damit bewiesen.

KOMMENTAR ZU KAPITEL V

Das nichtlineare stationäre Problem wurde von Lichtenstein und Odquist „im kleinen" untersucht. LERAY [11] hat einige interessante a priori Abschätzungen der Lösung angegeben. Diese Abschätzungen und spätere Ergebnisse von LERAY und SCHAUDER [23] über die Lösbarkeit nichtlinearer Gleichungen mit vollstetigen Operatoren zeigen implizit die Existenz laminarer Lösungen für beliebige REYNOLDS-Zahlen, sofern die Berandungen der umströmten Körper und die äußeren Kräfte hinreichend glatt[1]) sind. Leider hat LERAY das in seinen späteren Veröffentlichungen nicht explizit formuliert. Das hat dazu geführt, daß die Frage der Existenz laminarer Strömungen für beliebige REYNOLDS-Zahlen bis vor kurzem ([61]) zumindest in der Sowjetunion als ungelöstes Problem angesehen wurde. Viele Hydromechaniker und Mathematiker, die sich mit diesem Problem beschäftigt haben, waren überzeugt, daß laminare Strömungen nicht für beliebige REYNOLDS-Zahlen existieren. Diese Überzeugung beruhte auf zahlreichen Experimenten, die stets zeigten, daß die Strömung für große REYNOLDS-Zahlen turbulent wurde. Aus den Ergebnissen von Kap. V folgt jedoch, daß der Grund für diese Erscheinung nicht darin liegt, daß keine Lösung existiert, sondern darin, daß diese instabil und möglicherweise nicht eindeutig bestimmt ist. Wie in diesem Kapitel bewiesen wurde, besitzt das stationäre Randwertproblem sogar dann eine Lösung, wenn die umströmten Körper Ecken und Kanten haben.

In Kap. V wird auch der Inhalt meiner Arbeit [61] dargelegt. Dort wurden einige Ideen von LERAY [11] über a priori Abschätzungen verwendet.

Satz 7, § 5, verallgemeinert den von LERAY bewiesenen Satz, daß die Lösung des stationären Problems mit $\mathfrak{v}_\infty = 0$ für $|x| \to \infty$ gleichmäßig gegen Null strebt, auf den Fall, daß die Geschwindigkeit im Unendlichen nicht verschwindet. LERAY hat bemerkt, daß sein Beweis für $\mathfrak{v}_\infty \neq 0$ nicht gilt. Satz 7 wurde in der Diplomarbeit von M. D. FADDEJEWA (Universität Leningrad, Physikalische Fakultät, 1959) bewiesen. Hier haben wir einen etwas einfacheren Beweis des Satzes angegeben.

Von I. I. WOROWITSCH und W. I. JUDOWITSCH [51] wird die Möglichkeit untersucht, das GALERKINsche Verfahren zur Lösung des stationären Problems anzuwenden. Sie beweisen die Existenz der verallgemeinerten Lösung des Randwertproblems (1), (15) für den Fall $(\mathfrak{a}, \mathfrak{n})|_{S_k} = 0$ und formulieren einige Behaup-

[1]) Vgl. Fußnote 3) Seite 14. — Anm. d. Red.

tungen über die Abhängigkeit der Differenzierbarkeitseigenschaften dieser Lösungen von den Ausgangsgrößen des Problems.

In der vorliegenden deutschen Übersetzung wurde in Kap. V ein kleiner Zusatz eingefügt, in dem für Lösungen der stationären Probleme a priori Abschätzungen der Normen $\|\mathfrak{u}\|_{H(\Omega)}$ angegeben wurden. Abschätzungen dieser Art stehen in den Arbeiten von R. Finn [74] und H. Futa [75], wo sie mit Hilfe eines Lemmas von E. Hopf [76] unter der Voraussetzung bewiesen wurden, daß $\mathfrak{a}|_S$ und S hinreichend glatt sind.

VI. DIE INSTATIONÄREN NAVIER-STOKESSCHEN GLEICHUNGEN

§ 1. Problemstellung. Eindeutigkeitssatz

In diesem Kapitel betrachten wir das Randwertproblem für die NAVIER-STOKESschen Gleichungen

$$\left.\begin{aligned} L\mathfrak{v} \equiv \mathfrak{v}_t - \nu \Delta \mathfrak{v} + v_k \mathfrak{v}_{x_k} = - \operatorname{grad} p + \mathfrak{f}(x, t)\,,\ \operatorname{div} \mathfrak{v} = 0\,, \\ \mathfrak{v}|_S = 0\,, \quad \mathfrak{v}|_{t=0} = \mathfrak{a}(x) \end{aligned}\right\} \tag{1}$$

im Gebiet $Q_T = \Omega \times [0, T]$.

Die Randbedingungen werden nur wegen einiger Vereinfachungen homogen angenommen. Ohne Beschränkung der Allgemeinheit sei $\mathfrak{f} \in \overset{\circ}{J}(\Omega)$, den Gradientanteil fügen wir zu $-\operatorname{grad} p$ hinzu. Die Bedingung $\mathfrak{f} \equiv 0$ bedeutet dann, daß die äußeren Kräfte ein Potential besitzen. Bezüglich $\mathfrak{a}(x)$ setzen wir

$$\operatorname{div} \mathfrak{a}(x) = 0 \quad \text{in } \Omega\,, \quad \mathfrak{a}|_S = 0 \tag{2}$$

voraus. Die Hauptergebnisse bezüglich der Lösbarkeit des Randwertproblems (1) lauten: Sind alle Ausgangsgrößen des Problems von einer der Koordinaten x_1, x_2, x_3 unabhängig; ist also von ebenen Strömungen die Rede, so ist das Problem im großen, d. h. zu allen Zeitpunkten und ohne Beschränkungen bezüglich Ω, $\mathfrak{f}$ oder $\mathfrak{a}$ eindeutig lösbar (vgl. [38]). Das gleiche gilt für axialsymmetrische Probleme, sofern die Symmetrieachse nicht dem von der Flüssigkeit ausgefüllten Gebiet angehört (vgl. [38]). Im allgemeinen dreidimensionalen Fall wurde die eindeutige Lösbarkeit für alle $t \geqq 0$ unter der Bedingung bewiesen, daß die Kräfte $\mathfrak{f}$ ein Potential besitzen und die verallgemeinerte REYNOLDS-Zahl zur Zeit $t = 0$ kleiner als Eins ist. Ist diese Bedingung nicht erfüllt, so kann die eindeutige Lösbarkeit nur für ein gewisses Zeitintervall $[0, T]$ bewiesen werden, dessen Länge mit Hilfe der Ausgangsgrößen des Problems von unten abgeschätzt werden kann (vgl. [39]).

Diesen Resultaten gingen die von LERAY und HOPF voraus (siehe Einleitung und Kommentare). In § 6 legen wir die Ergebnisse von HOPF dar, und zwar beweisen wir die Existenz einer „schwachen Lösung" für den allgemeinen dreidimensionalen Fall des Randwertproblems (1) und alle $t \geqq 0$. Die Frage, ob der Eindeutigkeitssatz für „schwache Lösungen" gilt und ob somit eine derartige Erweiterung des Lösungsbegriffes sinnvoll ist, bleibt offen.

In § 8 beweisen wir am Beispiel des Anfangswertproblems, daß die „schwache Lösung" die Ableitungen $\mathfrak{v}_t$ und $\mathfrak{v}_{x_i x_j}$ besitzt, die mit dem Exponenten $\frac{5}{4}$ über (x_1, x_2, x_3, t) summierbar sind, und daß sie fast überall den NAVIER-STOKESschen Gleichungen genügt. Ein entsprechendes Ergebnis gilt auch für die Randwertaufgabe. Allerdings liefern diese Kenntnisse über die schwache Lösung im allgemeinen noch keine Möglichkeit, ihre Einzigkeit zu beweisen. Wir vermuten trotzdem, daß das Problem (1) auch im allgemeinen Fall ohne Einschränkungen im großen eindeutig lösbar ist.

Bevor wir zu genaueren Formulierungen übergehen, weisen wir darauf hin, daß die Behauptung „die eindeutige Lösbarkeit des Problems ist bewiesen" von dem Funktionalraum abhängt, in dem die Lösung betrachtet wird. In Abhängigkeit von diesem Raum ändern sich die Bedingungen der Aufgabe, und es entstehen verschiedene Erweiterungen des Lösungsbegriffs — verschiedene „verallgemeinerte Lösungen". Für jedes Problem gibt es davon unendlich viele. Aus dieser Mannigfaltigkeit wählten wir für dieses Buch die Lösung, die in [39] definiert wurde, für sie konnte die eindeutige Lösbarkeit der Randwertaufgaben im großen bewiesen werden.

Nach [38] und [39] erschien eine Anzahl von Arbeiten (siehe Kommentare), in denen verallgemeinerte Lösungen in anderen Räumen betrachtet werden. Die grundlegenden Ergebnisse bezüglich der Lösbarkeit des Problems (1) sind für sie die gleichen wie in [38] und [39]. Sie konnten vorläufig nicht übertroffen werden. Die Wahl der verallgemeinerten Lösungen aus [39] ergab sich daraus, daß für sie die grundlegenden Behauptungen über die eindeutige Lösbarkeit des Problems recht einfach und einheitlich für zwei und drei räumliche Veränderliche ohne spezielle Sätze der Funktionalanalysis bewiesen werden können. Die schönsten Ergebnisse für das Problem (1) im Sinne der Abhängigkeit der Differenzierbarkeitseigenschaften der Lösungen von denen der Ausgangsgrößen des Problems ergeben sich in HÖLDERschen Räumen.

Es wurde in allen oben angeführten Fällen eindeutiger Lösbarkeit bewiesen, daß, sofern $\mathfrak{f}$ und $\mathfrak{a}$ innerhalb des Gebiets H-stetig sind, die in den Differentialgleichungen vorkommenden Ableitungen der Lösung existieren und H-stetig sind, während die Lösung selbst im abgeschlossenen Bereich H-stetig ist.

Der Beweis dieser Behauptungen erfordert recht mühsame und diffizile Betrachtungen (siehe Kommentare). Deshalb ziehen wir es vor, die Lösbarkeit wie für die linearisierten Gleichungen im HILBERT-Raum $\mathfrak{L}_2(Q_T)$ zu untersuchen. Die relative Einfachheit der Betrachtung in diesem Raum hängt damit zusammen, daß die HILBERT-Räume organisch mit der Variationsform der hydrodynamischen Probleme verbunden sind. Das Gesetz der Energiedissipation und andere Gesetzmäßigkeiten in bewegten Flüssigkeiten lassen sich durch Normen ausdrücken (siehe Lemma 1—6). Mit anderen Worten, die a priori Abschätzungen, die die Grundlage für die Untersuchungen sind, lassen sich mit Hilfe von Normen formulieren. Wir beschäftigen uns nun mit dem Randwertproblem (1).

Als verallgemeinerte Lösung[1]) im Gebiet $Q_T = \Omega \times [0, T]$ definieren wir ein Vektorfeld $\mathfrak{v}(x, t)$, für welches das Integral $\int\limits_{\Omega} \sum\limits_{k=1}^{3} v_k^4(x, t)\, dx$ bezüglich $t \in [0, T]$

[1]) In [39], in § 6 und in den Kommentaren werden noch andere verallgemeinerte Lösungen definiert und die entsprechenden Eindeutigkeitssätze bewiesen.

gleichmäßig durch die Konstante C_T beschränkt ist, das die über Q_T quadratisch summierbaren Ableitungen $\mathfrak{v}_{x_k}$, $\mathfrak{v}_t$ besitzt, den Bedingungen

$$\operatorname{div} \mathfrak{v} = 0 , \quad \mathfrak{v}|_S = 0 , \quad \mathfrak{v}|_{t=0} = \mathfrak{a}(x) \tag{3}$$

genügt und die Identität

$$\int_0^T \int_\Omega (\mathfrak{v}_t \vec{\Phi} + \nu\, \mathfrak{v}_{x_k} \vec{\Phi}_{x_k} - v_k\, \mathfrak{v}\, \vec{\Phi}_{x_k} - \mathfrak{f}\, \vec{\Phi})\, dx\, dt = 0 \tag{4}$$

für alle $\vec{\Phi} \in \mathfrak{L}_2(Q_T)$ mit der Eigenschaft

$$\vec{\Phi}_{x_k} \in \mathfrak{L}_2(Q_T) , \qquad \operatorname{div} \Phi = 0 , \qquad \Phi|_S = 0$$

erfüllt. Die klassische Lösung ist in diesem Sinne eine verallgemeinerte Lösung. Zum Beweis wenden wir in der Identität

$$\int_0^T \int_\Omega (\mathfrak{v}_t - \nu\, \Delta \mathfrak{v} + v_k\, \mathfrak{v}_{x_k} + \operatorname{grad} p - \mathfrak{f})\, \vec{\Phi}\, dx\, dt = 0$$

auf das zweite und dritte Glied den Gaussschen Integralsatz an und berücksichtigen (3) und die Orthogonalität von $\operatorname{grad} p$ und $\vec{\Phi}$. Die Identität, die wir erhalten, ist mit (4) identisch. Es gilt auch die Umkehrung, d. h., ist $\mathfrak{v}(x, t)$ eine verallgemeinerte Lösung, für die die Ableitungen $\mathfrak{v}_{x_k x_l}$ existieren und zu $\mathfrak{L}_2(\Omega' \times [0, T])$ gehören, wobei Ω' ein beliebiges echtes Teilgebiet von Ω ist, so genügt sie fast überall (1). Zum Beweis sei $\vec{\Phi}$ in einer Umgebung der Mantelfläche des Zylinders Q_T gleich Null. Dann kann (4) mit Hilfe des Gaussschen Satzes in die Identität

$$\int_0^T \int_\Omega (\mathfrak{v}_t - \nu\, \Delta \mathfrak{v} + v_k\, \mathfrak{v}_{x_k} - \mathfrak{f})\, \vec{\Phi}\, dx\, dt = 0$$

verwandelt werden. Aus Satz 1, § 2, Kap. I folgt, daß der Ausdruck in der runden Klammer Gradient einer Funktion ist, die bis auf das Vorzeichen mit dem Druck p identisch ist. Für klassische Lösungen gilt ein Einzigkeitssatz. Wir zeigen, daß dieser auch in einer umfangreicheren Klasse von Funktionen — nämlich für die oben definierten verallgemeinerten Lösungen — gilt.

Satz 1. *Das Problem* (1) *besitzt höchstens eine verallgemeinerte Lösung.*

Beweis. $\mathfrak{v}$ und $\mathfrak{v}'$ seien verallgemeinerte Lösungen von (1). Von der Identität (4) für $\mathfrak{v}$ subtrahieren wir die entsprechende Identität für $\mathfrak{v}'$. In der so entstandenen Gleichung setzen wir

$$\vec{\Phi} = \begin{cases} \mathfrak{v} - \mathfrak{v}' = \mathfrak{u} & \text{für } \ 0 \leqq t \leqq t_1 , \\ 0 & \text{für } \ t_1 \leqq t \leqq T , \end{cases}$$

und erhalten

$$\int_0^{t_1} \int_\Omega [\mathfrak{u}_t\, \mathfrak{u} + \nu\, \mathfrak{u}_{x_k} \mathfrak{u}_{x_k} - (u_k\, \mathfrak{v}' + v_k\, \mathfrak{u})\, \mathfrak{u}_{x_k}]\, dx\, dt = 0 ;$$

wegen div $\mathfrak{v} = 0$ folgt hieraus

$$\frac{1}{2}\,||\mathfrak{u}(x, t_1)||^2 + \nu \int_0^{t_1} \sum_{k=1}^{3} ||\mathfrak{u}_{x_k}||^2\,dt - \int_0^{t_1}\int_\Omega u_k\,\mathfrak{v}'\,\mathfrak{u}_{x_k}\,dx\,dt = 0\,. \tag{5}$$

Zur Abschätzung des letzten Glieds verwenden wir (5), § 1, Kap. I, und die Ungleichung

$$\int_\Omega \sum_{k=1}^{3}{}' (v_k(x, t))^4\,dx \leqq C_T\,.$$

Außerdem führen wir die Bezeichnung

$$\varphi^2(t) = \int_\Omega \sum_{k=1}^{3} \mathfrak{u}^2_{x_k}(x, t)\,dx$$

ein. Dann ist

$$\left|\int_\Omega u_k\,\mathfrak{v}'\,\mathfrak{u}_{x_k}\,dx\right| \leqq \sqrt{3}\,\varphi(t)\left(\int_\Omega \sum_{k=1}^{3} u_k^4\,dx\right)^{1/4}\left(\int_\Omega \sum_{i=1}^{3} v_i'^4\,dx\right)^{1/4} \leqq$$

$$\leqq \sqrt{3}\,C_T^{1/4}\varphi(t)\left[\varepsilon\,\varphi(t) + C_\varepsilon\left(\int_\Omega \mathfrak{u}^2\,dx\right)^{1/2}\right] \leqq 2\sqrt{3}\,C_T^{1/4}\,\varepsilon\,\varphi^2(t) + \frac{\sqrt{3}\,C_T^{1/4}\,C_\varepsilon^2}{4\,\varepsilon}\,||\mathfrak{u}||^2\,.\text{[1]}$$

Mit Hilfe dieser Abschätzung läßt sich aus (5) die Ungleichung

$$\frac{1}{2}\,||\mathfrak{u}(x, t_1)\,||^2 + \nu \int_0^{t_1} \varphi^2(t)\,dt \leqq C_1 \int_0^{t_1} \left[2\,\varepsilon\,\varphi^2(t) + \frac{C_\varepsilon^2}{4\varepsilon}\,||\mathfrak{u}||^2\right] dt$$

gewinnen, in der $C_1 = \sqrt{3}\cdot C_T^{1/4}$ ist.

Es sei $\varepsilon = \dfrac{\nu}{2\,C_1}$. Dann ist

$$\frac{1}{2}\,||\mathfrak{u}(x, t_1)||^2 \leqq C_2 \int_0^{t_1} ||\mathfrak{u}||^2\,dt\,.\text{[2]}$$

Wir setzen $\int_0^{t_1} ||\mathfrak{u}||^2\,dt = y(t_1)$ und schreiben die letzte Ungleichung in der Form

$$\frac{dy(t_1)}{dt_1} \leqq 2\,C_2\,y(t_1)$$

oder

$$\frac{d}{dt_1}\left(e^{-2\,C_2 t_1}\,y(t_1)\right) \leqq 0\,, \tag{6}$$

[1]) C_ε bedeutet eine von ε abhängige positive Konstante. — Anm. d. Red.
[2]) Vgl. Fußnote, Seite 10. — Anm. d. Red.

wobei t_1 eine beliebige Zahl aus $[0, T]$ ist. Deshalb und wegen $y(t_1) \geqq 0$, $y(0) = 0$, folgern wir aus (6) $y(t) \equiv 0$, d. h., die Lösungen $\mathfrak{v}$ und $\mathfrak{v}'$ sind identisch, q. e. d.

Bei ebenen Strömungen gilt der Eindeutigkeitssatz für „schwache" (HOPFsche) Lösungen (siehe § 6). Das ist eine Folge der Ungleichung (1), Kap. I.

§ 2. A priori Abschätzungen

Wir setzen voraus, daß die Lösung $\mathfrak{v}$ des Randwertproblems (1) verallgemeinerte Ableitungen der Form $\mathfrak{v}_{t x_k}$ hat, die nebst allen niedrigeren Ableitungen zu $\mathfrak{L}_2(Q_T)$ gehören. Dann gelten die Gleichungen

$$(\mathfrak{f}, \mathfrak{v}) = \frac{1}{2} \cdot \frac{d}{dt} \|\mathfrak{v}\|^2 + \nu \sum_{k=1}^{3} \|\mathfrak{v}_{x_k}\|^2 \tag{7}$$

und

$$(\mathfrak{f}_t, \mathfrak{v}_t) = \frac{1}{2} \cdot \frac{d}{dt} \|\mathfrak{v}_t\|^2 + \nu \sum_{k=1}^{3} \|\mathfrak{v}_{t x_k}\|^2 + \int\limits_{\Omega} v_{kt}\, \mathfrak{v}_{x_k} \mathfrak{v}_t \, dx \,, \tag{8}$$

die sich wegen $\operatorname{div} \mathfrak{v} = 0$ und $\mathfrak{v}|_S = 0$ mit Hilfe des GAUSSschen Satzes

$$\int\limits_{\Omega} L\mathfrak{v} \cdot \mathfrak{v}\, dx = \int\limits_{\Omega} (-\operatorname{grad} p + \mathfrak{f})\, \mathfrak{v}\, dx = \int\limits_{\Omega} \mathfrak{f}\, \mathfrak{v}\, dx \,,$$

$$\int\limits_{\Omega} (L\mathfrak{v})_t \cdot \mathfrak{v}_t\, dx = \int\limits_{\Omega} (-\operatorname{grad} p_t + \mathfrak{f}_t)\, \mathfrak{v}_t\, dx = \int\limits_{\Omega} \mathfrak{f}_t\, \mathfrak{v}_t\, dx$$

gewinnen lassen. Wir setzen

$$\varphi^2(t) = \sum_{k=1}^{3} \|\mathfrak{v}_{x_k}\|^2 , \qquad \psi^2(t) = \|\mathfrak{v}_t\|^2 , \qquad F^2(t) = \sum_{k=1}^{3} \|\mathfrak{v}_{t x_k}\|^2 :$$

$\|\ \|$ bezeichnet wie immer die Norm in $\mathfrak{L}_2(\Omega)$, d. h.

$$\|\mathfrak{u}\| = \Big(\int\limits_{\Omega} \mathfrak{u}^2(x, t)\, dx\Big)^{1/2} .$$

Für das Vektorfeld $\mathfrak{v}$ beweisen wir einige Abschätzungen, ohne vorauszusetzen, daß $\mathfrak{v}$ eine Lösung des Problems (1) ist. Wir verlangen nur folgende Eigenschaften:

a) Zu $\mathfrak{v}$ existieren die Funktionen $\varphi(t)$, $F(t)$ und $\frac{d}{dt}\psi^2(t)$ für $t \in [0, T]$, wobei $\varphi(t)$ und $\psi(t)$ absolut stetig und $F^2(t)$ und $\frac{d}{dt}\psi^2(t)$ über $[0, T]$ summierbar sind;

b) $\mathfrak{v}$ genügt den Gleichungen (7) und (8), außerdem ist $\mathfrak{v}(x, 0) = \mathfrak{a}(x)$.

Es gilt folgendes Lemma, das eine bekannte Energiebeziehung verallgemeinert.

Lemma 1. *Genügt das Vektorfeld* $\mathfrak{v}$ *den Bedingungen* a *und* b, *so gelten die Abschätzungen*

$$\|\mathfrak{v}\| \leqq \|\mathfrak{a}\| + \int_0^t \|\mathfrak{f}\|\, d\tau \,, \tag{9}$$

$$\|\mathfrak{v}\|^2 + 2\nu \int_0^t \varphi^2(\tau)\, d\tau \leqq \|\mathfrak{a}\|^2 + 2\|\mathfrak{a}\| \int_0^t \|\mathfrak{f}\|\, d\tau + 2\Big(\int_0^t \|\mathfrak{f}\|\, d\tau\Big)^2 \equiv A(t) \,. \tag{10}$$

Beweis. Beide Abschätzungen lassen sich leicht aus (7) gewinnen. Aus (7) folgt nämlich

$$\|\mathfrak{v}\| \frac{d}{dt} \|\mathfrak{v}\| \leqq \|\mathfrak{f}\| \cdot \|\mathfrak{v}\| ,$$

so daß entweder $\|\mathfrak{v}\| = 0$ oder $\frac{d}{dt} \|\mathfrak{v}\| \leqq \|\mathfrak{f}\|$ ist. Da $\|\mathfrak{v}\|$ eine stetige Funktion von t ist, schließen wir aus diesen Beziehungen

$$\|\mathfrak{v}\| \leqq \|\mathfrak{a}\| + \int_0^t \|\mathfrak{f}\| \, d\tau .$$

Wir integrieren (7) über t von 0 bis t, das ergibt

$$\frac{1}{2} \|\mathfrak{v}(x, t)\|^2 - \frac{1}{2} \|\mathfrak{v}(x, 0)\|^2 + \nu \int_0^t \varphi^2(t) \, dt = \int_0^t (\mathfrak{f}, \mathfrak{v}) \, d\tau .$$

Infolge der Abschätzung für $\|\mathfrak{v}\|$ und der Schwarzschen Ungleichung erhalten wir

$$\|\mathfrak{v}\|^2 + 2\nu \int_0^t \varphi^2(\tau) \, d\tau \leqq \|\mathfrak{a}\|^2 + 2 \int_0^t \|\mathfrak{f}\| \cdot \|\mathfrak{v}\| \, d\tau \leqq$$

$$\leqq \|\mathfrak{a}\|^2 + 2 \int_0^t \|\mathfrak{f}\| \left(\|\mathfrak{a}\| + \int_0^\tau \|\mathfrak{f}\| \, dt_1 \right) d\tau \leqq \|\mathfrak{a}\|^2 + 2 \|\mathfrak{a}\| \int_0^t \|\mathfrak{f}\| \, d\tau + 2 \left(\int_0^t \|\mathfrak{f}\| \, d\tau \right)^2$$

q. e. d.

Zum Beweis der folgenden Lemmata verwenden wir die in § 1, Kap. I, angegebenen Ungleichungen

$$\left(\int_\Omega u^4 \, dx \right)^{1/4} \leqq C_\Omega \left(\int_\Omega \sum_{k=1}^3 u_{x_k}^2 \, dx \right)^{1/2}, \quad u|_S = 0 , \tag{11}$$

und

$$\left(\int_\Omega u^4 \, dx \right)^{1/4} \leqq C_\varepsilon \left(\int_\Omega u^2 \, dx \right)^{1/2} + \varepsilon \left(\int_\Omega \sum_{k=1}^3 u_{x_k}^2 \, dx \right)^{1/2}, \tag{12}$$

die für jedes $u \in \overset{\circ}{W}{}_2^1(\Omega)$ und beliebiges $\varepsilon > 0$ gelten. Die Konstante C_Ω in (11) kann für unbeschränkte Gebiete Ω über jede Grenze wachsen. Die Konstante C_ε ist vom Gebiet Ω unabhängig, strebt aber für $\varepsilon \to 0$ gegen unendlich. Ω sei so beschaffen, daß (11) mit endlichem C_Ω gilt.

Lemma 2. *Genügt* $\mathfrak{v}$ *den Bedingungen* a *und* b *und ist*

$$\nu - \beta \sqrt{\frac{\|\mathfrak{a}\| \cdot \|\mathfrak{v}_t(x, 0)\|}{\nu}} = \gamma > 0, \quad \beta = \sqrt{3}\, C_\Omega^2 \tag{13}$$

und $(\mathfrak{f}, \mathfrak{v}) = (\mathfrak{f}_t, \mathfrak{v}_t) = 0$, *so gelten für alle* $t \geqq 0$ *die Abschätzungen*

$$\varphi^2(t) \leqq \frac{1}{\nu} \|\mathfrak{a}\| \cdot \|\mathfrak{v}_t(x, 0)\| , \; \|\mathfrak{v}_t(x, t)\|^2 + 2\gamma \int_0^t F^2(\tau) \, d\tau \leqq \|\mathfrak{v}_t(x, 0)\|^2 . \tag{14}$$

Zum Beweis verwenden wir (7) und (8). Das letzte Glied in (8) schätzen wir mit Hilfe der SCHWARZschen Ungleichung und der Ungleichung (11) ab

$$|J| = \left| \int_\Omega v_{kt}\, \mathfrak{v}_{x_k} \mathfrak{v}_t \, dx \right| \leqq \left\{ \int_\Omega \sum_{k,l=1}^{3} (v_{kt}\, v_{lt})^2 \, dx \right\}^{1/2} \left\{ \int_\Omega \sum_{k,l=1}^{3} v_{l x_k}^2 \, dx \right\}^{1/2}$$

$$\leqq \sqrt{3}\, \varphi(t) \left\{ \int_\Omega \sum_{l=1}^{3} v_{lt}^4 \, dx \right\}^{1/2} \leqq \beta \sum_{k=1}^{3} ||\mathfrak{v}_{t x_k}||^2 \varphi(t) = \beta\, \varphi(t)\, F^2(t).$$

Dann folgt aus (8)

$$\frac{1}{2} \cdot \frac{d}{dt} ||\mathfrak{v}_t||^2 + \left(\nu - \beta\, \varphi(t)\right) F^2(t) \leqq 0\,. \tag{15}$$

Andererseits ergibt (7)

$$\nu\, \varphi^2(t) = -\frac{1}{2} \cdot \frac{d}{dt} ||\mathfrak{v}||^2 = -\int_\Omega \mathfrak{v}\, \mathfrak{v}_t \, dx \leqq ||\mathfrak{v}|| \cdot ||\mathfrak{v}_t||$$

und

$$||\mathfrak{v}|| \leqq ||\mathfrak{a}||\,,$$

so daß

$$\varphi(t) \leqq \frac{1}{\sqrt{\nu}} \sqrt{||\mathfrak{a}|| \cdot ||\mathfrak{v}_t||} \tag{16}$$

ist. Zur Zeit $t = 0$ ist wegen (13) und (16)

$$\nu - \beta\, \varphi(0) \geqq \nu - \beta \frac{1}{\sqrt{\nu}} \sqrt{||\mathfrak{a}|| \cdot ||\mathfrak{v}_t(x, 0)||} = \gamma > 0\,.$$

Da die Funktion $\nu - \beta\, \varphi(t)$ für $t \geqq 0$ stetig und für $t = 0$ positiv ist, ist sie entweder für alle $t \geqq 0$ positiv, oder es existiert ein $T > 0$, so daß sie für $t < T$ positiv ist und für $t = T$ verschwindet. Der zweite Fall ist jedoch unmöglich; denn ist für $t \in [0, T]$

$$\nu - \beta\, \varphi(t) > 0\,,$$

so ist für dieses t infolge (15) $\frac{d}{dt} ||\mathfrak{v}_t||^2 \leqq 0$, d. h.

$$||\mathfrak{v}_t(x, t)|| \leqq ||\mathfrak{v}_t(x, 0)||\,.$$

Dann ist aber infolge (16)

$$\varphi(t) \leqq \frac{1}{\sqrt{\nu}} \sqrt{||\mathfrak{a}|| \cdot ||\mathfrak{v}_t(x, 0)||}\,. \tag{17}$$

Da $\varphi(t)$ stetig ist, gilt diese Ungleichung auch für $t = T$, so daß

$$\nu - \beta\, \varphi(T) \geqq \nu - \frac{\beta}{\sqrt{\nu}} \sqrt{||\mathfrak{a}|| \cdot ||\mathfrak{v}_t(x, 0)||} = \gamma > 0 \tag{18}$$

ist. Das widerspricht der Annahme $\nu - \beta\, \varphi(T) = 0$, also gilt für alle $t \geqq 0$ $\nu - \beta\, \varphi(t) > 0$. Dann sind für alle $t \geqq 0$ bzw. $T \geqq 0$ (17) und (18) und infolge (15) auch

$$\frac{1}{2} \cdot \frac{d}{dt} ||\mathfrak{v}_t||^2 + \gamma\, F^2(t) \leqq 0$$

richtig. Hieraus folgt

$$\|\mathfrak{v}_t(x,t)\|^2 + 2\gamma \int_0^t F^2(\tau)\,d\tau \leqq \|\mathfrak{v}_t(x,0)\|^2,$$

q. e. d.

In den beiden nächsten Lemmata kann das Gebiet Ω beschränkt oder unbeschränkt sein.

Lemma 3. *Genügt* $\mathfrak{v}$ *den Bedingungen* a *und* b *und ist*

$$A^2 = \left(\|\mathfrak{a}\| + \int_0^T \|\mathfrak{f}\|\,dt\right)\left(\max_{0\leqq t\leqq T}\|\mathfrak{f}\| + \|\mathfrak{v}_t(x,0)\| + \int_0^T \|\mathfrak{f}_t\|\,dt\right) < \frac{\nu^3}{\beta^2}, \tag{19}$$

so gilt für $t \in [0, T]$ *die Abschätzung*

$$\int_0^T F^2(t)\,dt \leqq \frac{\sqrt{\nu}}{\nu^{3/2} - \beta A}\left[\int_0^T \|\mathfrak{f}_t\|\left(\|\mathfrak{v}_t(x,0)\| + \int_0^T \|\mathfrak{f}_t\|\,dt\right)dt + \frac{1}{2}\|\mathfrak{v}_t(x,0)\|^2\right] \equiv C_3. \tag{20}$$

Zunächst beachten wir, daß aus (7) die Ungleichungen (9) und

$$\nu\,\varphi^2(t) \leqq (\|\mathfrak{f}\| + \|\mathfrak{v}_t\|)\,\|\mathfrak{v}\| \leqq (\|\mathfrak{f}\| + \|\mathfrak{v}_t\|)\left(\|\mathfrak{a}\| + \int_0^t \|\mathfrak{f}\|\,d\tau\right) \tag{21}$$

folgen. Andererseits folgt aus (8) und der Abschätzung für J die Ungleichung

$$(\nu - \beta\,\varphi(t))\,F^2(t) \leqq \|\mathfrak{f}_t\|\cdot\|\mathfrak{v}_t\| - \frac{1}{2}\cdot\frac{d}{dt}\|\mathfrak{v}_t\|^2 = \|\mathfrak{v}_t\|\left(\|\mathfrak{f}_t\| - \frac{d}{dt}\|\mathfrak{v}_t\|\right),$$

aus der wir mit Hilfe von (21)

$$B(t)\,F^2(t) \leqq \|\mathfrak{v}_t\|\left(\|\mathfrak{f}_t\| - \frac{d}{dt}\|\mathfrak{v}_t\|\right) \tag{22}$$

schließen, wobei

$$B(t) = \nu - \frac{\beta}{\sqrt{\nu}}\left[\max_{0\leqq\tau\leqq t}(\|\mathfrak{f}(x,\tau)\| + \|\mathfrak{v}_t(x,\tau)\|)^{1/2}\right]\left(\|\mathfrak{a}\| + \int_0^t \|\mathfrak{f}\|\,d\tau\right)^{1/2}$$

ist.

Wegen (19) ist $B(0) > 0$. $B(t)$ ist für $t \geqq 0$ stetig und nimmt mit wachsendem t monoton ab. Es sei $B(t) > 0$ für $t \in [0, T_1]$ und $B(T_1) = 0$; wir schätzen die Zahl T_1 von unten ab. Nach (22) ist für $t \in [0, T_1]$

$$0 \leqq \|\mathfrak{v}_t\|\left(\|\mathfrak{f}_t\| - \frac{d}{dt}\|\mathfrak{v}_t\|\right),$$

also

$$\|\mathfrak{v}_t(x,t)\| \leqq \|\mathfrak{v}_t(x,0)\| + \int_0^t \|\mathfrak{f}_t\|\,d\tau \tag{23}$$

und somit für $t \in [0, T_1]$

$$B(t) \geqq \nu - \frac{\beta}{\sqrt{\nu}} \left[\max_{0 \leqq \tau \leqq t} \|\mathfrak{f}\| + \|\mathfrak{v}_t(x, 0)\| + \int_0^t \|\mathfrak{f}_t\| \, dt \right]^{1/2} \left[\|\mathfrak{a}\| + \int_0^t \|\mathfrak{f}\| \, dt \right]^{1/2}. \quad (24)$$

Berücksichtigen wir die Bedingung (19), die man auch in der Form

$$\nu - \beta \nu^{-\frac{1}{2}} A > 0$$

schreiben kann, so erhalten wir aus (24)

$$B(T) \geqq \nu - \beta \nu^{-\frac{1}{2}} A > 0 .$$

Andererseits ist $B(T_1) = 0$, und $B(t)$ nimmt mit wachsendem t monoton ab, also ist $T_1 > T$ und für $t \in [0, T]$

$$B(t) \geqq \nu - \beta \nu^{-\frac{1}{2}} A > 0 .$$

Deshalb folgt aus (23) und (22) für $t \in [0, T]$

$$\frac{1}{2} \|\mathfrak{v}_t\|^2 \Big|_{t=0}^{t=t} + \left(\nu - \beta \nu^{-\frac{1}{2}} A\right) \int_0^t F^2(\tau) \, d\tau \leqq$$

$$\leqq \int_0^t \|\mathfrak{f}_t\| \cdot \|\mathfrak{v}_t\| \, dt \leqq \int_0^t \|\mathfrak{f}_t\| \left(\|\mathfrak{v}_t(x, 0)\| + \int_0^t \|\mathfrak{f}_t\| \, d\tau \right) dt .$$

Aus diesen Ungleichungen folgt die Behauptung des Lemmas 3.

Wir betrachten schließlich den allgemeineren Fall, daß $\mathfrak{a}$ und $\mathfrak{f}$ keine Größenbeschränkungen auferlegt sind.

Lemma 4. *Genügt* $\mathfrak{v}$ *den Bedingungen* a *und* b, *so existiert eine positive Zahl* $T \leqq T_1$, *so daß für* $0 \leqq t \leqq T$ *die Abschätzungen*

$$\int_0^T F^2(t) \, dt \leqq C_4 \quad \text{und} \quad \|\mathfrak{v}_t(x, t)\| \leqq C_5 \quad (25)$$

[1]

gelten, wobei die positiven Größen T, C_4 *und* C_5 *von den Ausgangswerten des Problems, d. h. von* ν, $\varphi(0)$, $\|\mathfrak{v}_t(x, 0)\|$ *und* $\int_0^{T_1} \|\mathfrak{f}_t\| \, dt$ *abhängen. Das Gebiet* Ω *kann auch unbeschränkt sein.*

Beweis. k, γ und ε seien drei positive Zahlen, und es sei

$$\nu - 2\sqrt{3}\, \varepsilon^2 [\varphi(0) + k] \geqq \frac{\gamma}{2} > 0 . \quad (26)$$

T sei das kleinste t, für das

$$\varphi(t) = \varphi(0) + k \quad (27)$$

[1]) Vgl. Fußnote, Seite 10. — Anm. d. Red.

ist. Wir können uns offensichtlich auf den Fall beschränken, daß T existiert und endlich ist.

In (8) schätzen wir den letzten Summanden mit Hilfe von (12) ab, wobei wir ε der Bedingung (26) unterwerfen

$$|J| \leqq \sqrt{3}\sqrt{\int_\Omega \sum_{k=1}^{3} v_{kt}^4\, dx}\,\varphi(t) \leqq 2\sqrt{3}\varphi(t)\,[C_\varepsilon^2\,||\mathfrak{v}_t||^2 + \varepsilon^2 F^2(t)]\,.$$

Diese Abschätzung berücksichtigen wir in (8) und setzen $2\sqrt{3}C_\varepsilon^2 = C_6$

$$\frac{1}{2}\cdot\frac{d}{dt}\,||\mathfrak{v}_t||^2 + (\nu - 2\sqrt{3}\,\varepsilon^2\varphi(t))\,F^2(t) \leqq C_6\,\varphi(t)\,||\mathfrak{v}_t||^2 + ||\mathfrak{f}_t||\cdot||\mathfrak{v}_t||\,.$$

Wegen (26) und (27) folgt aus dieser Ungleichung für $t \leqq T$

$$\frac{1}{2}\cdot\frac{d}{dt}\,||\mathfrak{v}_t||^2 + \frac{\gamma}{2}\,F^2(t) \leqq C_6\,[\varphi(0)+k]\,||\mathfrak{v}_t||^2 + ||\mathfrak{f}_t||\cdot||\mathfrak{v}_t|| \equiv C_7||\mathfrak{v}_t||^2 + ||\mathfrak{f}_t||\cdot||\mathfrak{v}_t||\,. \tag{28}$$

Hieraus lassen sich Abschätzungen für $||\mathfrak{v}_t||$ und $F(t)$ gewinnen. Lassen wir auf der linken Seite von (28) $\frac{\gamma}{2}F^2(t)$ weg, so erhalten wir

$$||\mathfrak{v}_t||\left(\frac{d}{dt}\,||\mathfrak{v}_t|| - C_7\,||\mathfrak{v}_t||\right) \leqq ||\mathfrak{f}_t||\cdot||\mathfrak{v}_t||\,.$$

Daraus folgt

$$||\mathfrak{v}_t(x,t)|| \leqq e^{C_7 t}\left[||\mathfrak{v}_t(x,0)|| + \int_0^t e^{-C_7\tau}\,||\mathfrak{f}_t(x,\tau)||\,d\tau\right] \equiv D(t) \leqq D(T) \equiv C_5\ ^{1)}\,. \tag{29}$$

Wir integrieren (28) nach t von 0 bis T, lassen auf der linken Seite $||\mathfrak{v}_t(x,T)||^2$ weg und dividieren die erhaltene Ungleichung durch $\frac{\gamma}{2}$; das Ergebnis lautet

$$\int_0^T F^2(t)\,dt \leqq \frac{1}{\gamma}\left[||\mathfrak{v}_t(x,0)||^2 + 2\,C_7\,TD^2(T) + 2\,D(T)\int_0^T ||\mathfrak{f}_t||\,dt\right] \equiv C_4\,.$$

Andererseits ergibt die Definition von φ und F

$$\frac{1}{2}\cdot\frac{d}{dt}\,\varphi^2(t) = \varphi(t)\,\varphi_t(t) \leqq \varphi(t)\,F(t)$$

und deshalb

$$\left|\int_0^t \varphi_t(\tau)\,d\tau\right| = |\varphi(t)-\varphi(0)| \leqq \int_0^t F(\tau)\,d\tau \leqq \sqrt{t\int_0^t F^2(\tau)\,d\tau}\,.$$

Hieraus und aus der Abschätzung für F erhalten wir

$$\varphi(0) + k = \varphi(T) \leqq \varphi(0) + \sqrt{T\int_0^T F^2(t)\,dt} \leqq \varphi(0) + \sqrt{C_4\,T}\,.$$

1) $\equiv$ wird im vorliegenden Buch häufig im Sinne einer Definition verwendet. – Anm. d. Red.

Diese Abschätzung liefert eine untere Schranke für T

$$C_4 T \geqq k^2 > 0 .$$

Damit ist Lemma 4 vollständig bewiesen.

Wir zeigen, daß das Integral $\int\limits_0^t \int\limits_\Omega \sum\limits_{k=1}^2 \mathfrak{v}_{t x_k}^2 (x_1, x_2, t)\, dx_1\, dx_2\, dt$ für ebene Strömungen für alle $t \geqq 0$ ohne Größenbeschränkungen für den Anfangszustand $\mathfrak{a}(x)$ abgeschätzt werden kann. Alle Ausgangsgrößen des Problems seien von x_3 unabhängig, und es sei $f_3 = v_3 \equiv 0$. Ω sei das ebene Strömungsgebiet und S sein Rand. Für die Integrale sollen entsprechend die gleichen Bezeichnungen $\|\ \|$, φ, ψ und F beibehalten werden, die Integration bezüglich x erstreckt sich über das zweidimensionale Gebiet Ω. Die Abschätzungen (9) und (10) in Lemma 1 gelten offensichtlich auch in diesem Fall. Anstelle der übrigen Lemmata gilt

Lemma 5. *Gelten für* $\mathfrak{v} = \big(v_1(x_1, x_2, t), v_2(x_1, x_2, t)\big)$ *die Ungleichungen* (9) *und* (10) *und die Gleichung* (8) *und sind die Integrale*

$$\int\limits_\Omega [\mathfrak{v}^2(x, 0) + \mathfrak{v}_t^2(x, 0)]\, dx \qquad \text{und} \qquad \int\limits_0^t \left[\int\limits_\Omega (\mathfrak{f}^2 + \mathfrak{f}_t^2)\, dx\right]^{1/2} dt$$

endlich, so gelten für $\mathfrak{v}$ *die Abschätzungen*

$$\psi(t) \leqq \exp\left[\frac{1}{\nu^2} A(t)\right]\left[\psi(0) + \int\limits_0^t \|\mathfrak{f}_t\|\, dt\right] \tag{30}$$

und

$$\nu \int\limits_0^t F^2(\tau)\, d\tau \leqq \psi^2(0) + 2\int\limits_0^t \|\mathfrak{f}_t\|\, d\tau \exp\left[\frac{1}{\nu^2} A(t)\right]\left[\psi(0) + \int\limits_0^t \|\mathfrak{f}_t\|\, d\tau\right] +$$

$$+ \frac{2}{\nu^2} A(t) \exp\left[\frac{2}{\nu^2} A(t)\right]\left[\psi(0) + \int\limits_0^t \|\mathfrak{f}_t\|\, d\tau\right]^2 , \tag{31}$$

wobei

$$A(t) = \|\mathfrak{a}\|^2 + 2\,\|\mathfrak{a}\| \int\limits_0^t \|\mathfrak{f}\|\, d\tau + 2\left(\int\limits_0^t \|\mathfrak{f}\|\, d\tau\right)^2$$

ist.

Beweis. In (8) schätzen wir den letzten Summanden

$$J(t) = \int\limits_\Omega \sum_{k,l=1}^2 v_{kt}\, v_{l x_k}\, v_{lt}\, dx_1\, dx_2$$

mit Hilfe der Schwarzschen Ungleichung und der für jedes v_{kt} geltenden Ungleichung (1), § 1, Kap. I, ab

$$|J(t)| \leqq \varphi(t) \left(\int\limits_\Omega \sum_{k,l=1}^2 v_{kt}^2\, v^2{}_{l}\, dx\right)^{1/2} \leqq 2\,\varphi(t)\,\psi(t)\, F(t) .$$

Hieraus und aus (8) folgt

$$\frac{d}{dt}\psi^2(t) + 2\nu F^2(t) \leqq 2\,||\mathfrak{f}_t||\psi(t) + 4\,\varphi(t)\,\psi(t)\,F(t)$$

$$\leqq 2\,||\mathfrak{f}_t||\psi(t) + \frac{4}{\nu}\varphi^2(t)\,\psi^2(t) + \nu F^2(t)$$

oder

$$\frac{d}{dt}\psi^2(t) + \nu F^2(t) \leqq 2\,\psi(t)\,||\mathfrak{f}_t|| + \frac{4}{\nu}\varphi^2(t)\,\psi^2(t)\,. \tag{32}$$

Daraus gewinnt man die Abschätzungen (30) und (31). In (32) lassen wir links $\nu \cdot F^2(t)$ weg, multiplizieren beiderseits mit $\exp\left(-\frac{2}{\nu}\int\limits_0^t \varphi^2(\tau)\,d\tau\right)$ und erhalten

$$\psi(t)\frac{d}{dt}\left[\psi(t)\exp\left(-\frac{2}{\nu}\int\limits_0^t \varphi^2(\tau)\,d\tau\right)\right] \leqq \psi(t)||\mathfrak{f}_t||\exp\left(-\frac{2}{\nu}\int\limits_0^t \varphi^2(\tau)\,d\tau\right). \tag{33}$$

$\psi(t)$ ist eine stetige Funktion von t, deshalb folgt aus (33)

$$\psi(t)\exp\left[-\frac{2}{\nu}\int\limits_0^t \varphi^2(\tau)\,d\tau\right] - \psi(0) \leqq \int\limits_0^t ||\mathfrak{f}_t||\exp\left[-\frac{2}{\nu}\int\limits_0^\xi \varphi^2(\tau)\,d\tau\right]d\xi\,.$$

Hieraus und aus (10) folgt (30). Integrieren wir (32) nach t und lassen links $\psi^2(t)$ weg, so erhalten wir (31). Lemma 5 ist damit bewiesen.

Wir setzen nun voraus, daß Ω ein Gebiet im E_3 ist, welches durch ein in der Halbebene $x_2 = 0$, $x_1 > 0$, gelegenes ebenes Gebiet D, das von der x_3-Achse einen positiven Abstand δ hat, durch Rotation um die x_3-Achse erzeugt wird. Für solche Gebiete gilt

Lemma 6. *Sind alle vorkommenden Funktionen vom Drehwinkel um die x_3-Achse unabhängig, erfüllt $\mathfrak{v}$ die Beziehungen* (8), (9) *und* (10) *und sind die Integrale*

$$\int\limits_\Omega [\mathfrak{v}^2(x,0) + \mathfrak{v}_t^2(x,0)]\,dx_1\,dx_2\,dx_3 \quad \textit{und} \quad \int\limits_0^t\left[\int\limits_\Omega (\mathfrak{f}^2 + \mathfrak{f}_t^2)\,dx\right]^{1/2}d\tau$$

endlich, so gelten für $\mathfrak{v}$ Abschätzungen vom Typ (30) *und* (31).

Der Beweis dieses Lemmas wird wie für Lemma 5 geführt. Wir müssen uns lediglich überzeugen, daß die Abschätzung

$$\int\limits_\Omega u^4(x)\,dx \leqq C_8\int\limits_\Omega u^2(x)\,dx\int\limits_\Omega \sum_{k=1}^3 u_{x_k}^2\,dx \tag{33a}$$

für jede Funktion $u(x_1, x_2, x_3)$ gilt, die auf dem Rand von Ω verschwindet und axialsymmetrisch ist. Zu diesem Zweck führen wir im (x_1, x_2, x_3)-Raum Zylinderkoordinaten ein und schreiben (33a) in der Form

$$\int\limits_D u^4(r,z)\,r\,dr\,dz \leqq 2\pi\,C_8\int\limits_D u^2\,r\,dr\,dz\int\limits_D (u_r^2 + u_z^2)\,r\,dr\,dz\,.$$

Wir setzen $u\, r^{1/4} = w$, für w gilt die Ungleichung (1), § 1, Kap. I,

$$\int_D w^4\, dr\, dz = \int_D u^4\, r\, dr\, dz$$
$$\leqq 2 \int_D u^2\, r^{1/2}\, dr\, dz \int_D \left[\left(u_r\, r^{1/4} + \frac{1}{4} r^{-3/4} u\right)^2 + r^{1/2} u_z^2\right] dr\, dz\,.$$

Wie man leicht sieht, folgt hieraus (33a), da in D $r \geqq \delta > 0$ ist.

§ 3. Existenzsätze

Wir beweisen nun die Lösbarkeit des Randwertproblems (1). Dazu verwenden wir das Galerkinsche Verfahren. In $J_{0,1}(\Omega)$ wählen wir ein Fundamentalsystem $\{\mathfrak{a}^k(x)\}$, das bezüglich $\mathfrak{L}_2(\Omega)$ orthonormiert ist.[1] Laut Definition ist die Menge $J_{0,1}(\Omega)$ in $\mathring{J}(\Omega)$ dicht. Folglich ist die Gesamtheit der Linearkombinationen der $\mathfrak{a}^k(x)$ ebenfalls dicht in $\mathring{J}(\Omega)$. Die in $\mathfrak{L}_2(\Omega)$ orthogonale Ergänzung zu ihnen besteht aus den Gradienten der in Ω eindeutigen Funktionen.

$\mathfrak{a}^1(x)$ sei mit dem Anfangswert $\mathfrak{a}(x)$ der gesuchten Lösung $\mathfrak{v}(x, t)$ identisch

$$\mathfrak{v}(x, 0) = \mathfrak{a}(x) = \mathfrak{a}^1(x)\,.$$

Wir bestimmen Näherungslösungen $\mathfrak{v}^n(x, t)$ des Problems (1) in der Form

$$\mathfrak{v}^n(x, t) = \sum_{l=1}^{n} c_{ln}(t)\, \mathfrak{a}^l(x)\,.$$

Die Funktionen $c_{ln}(t)$ ermitteln wir mit Hilfe der Bedingungen

$$c_{ln}(0) = \delta_1^l\,, \qquad l = 1, 2, \ldots, n\,, \tag{34}$$

und

$$\left(\mathfrak{v}_t^n + v_k^n\, \mathfrak{v}_{x_k}^n - \mathfrak{f}, \mathfrak{a}^l\right) + \nu\left(\mathfrak{v}_{x_k}^n, \mathfrak{a}_{x_k}^l\right) = 0\,, \qquad l = 1, 2, \ldots, n\,,$$

oder, was das gleiche ist,

$$\left(\mathfrak{v}_t^n - \mathfrak{f}, \mathfrak{a}^l\right) - \left(v_k^n\, \mathfrak{v}^n, \mathfrak{a}_{x_k}^l\right) + \nu\left(\mathfrak{v}_{x_k}^n, \mathfrak{a}_{x_k}^l\right) = 0\,, \qquad l = 1, 2, \ldots, n\,. \tag{35}$$

Die Beziehungen (35) folgen formal aus (1), wenn man dort $\mathfrak{v} = \mathfrak{v}^n$ setzt, mit $\mathfrak{a}^l$ multipliziert und über Ω integriert. Man kann sie auch aus der Integralidentität (4) erhalten, wenn man dort $\mathfrak{v} = \mathfrak{v}^n$ und $\vec{\Phi}(x, t) = \mathfrak{a}^l(x)\, \psi(t)$ setzt, wobei $\psi(t)$ eine beliebige stetige Funktion von t ist. Wegen der Willkürlichkeit von $\psi(t)$ kann man die Integration nach t weglassen und somit (35) erhalten. Die Gleichungen (35) besagen nicht, daß die Näherungslösung $\mathfrak{v}^n$ der Identität (4) für alle $\vec{\Phi}$ genügt, sondern nur, daß sie für solche gilt, die sich in der Form $\vec{\Phi} = \sum_{l=1}^{n} \psi_l(t)\, \mathfrak{a}^l(x)$ darstellen lassen, wobei $\psi_l(t)$ beliebige stetige Funktionen von t sind. Die übrigen Bedingungen an eine verallgemeinerte Lösung erfüllt $\mathfrak{v}^n$.

[1] Wir setzen lediglich wegen einiger unwesentlicher Vereinfachungen im weiteren voraus, daß die $\mathfrak{a}^k(x)$ in $\mathfrak{L}_2(\Omega)$ orthonormiert seien.

(35) ist ein System gewöhnlicher Differentialgleichungen für die $c_{ln}(t)$

$$\frac{dc_{ln}(t)}{dt} - \nu \sum_{i=1}^{n} a_{li}\, c_{in}(t) + \sum_{i,p=1}^{n} a_{lip}\, c_{in}(t)\, c_{pn}(t) = f_l(t)\,, \tag{36}$$

$$l = 1, 2, \ldots, n\,,$$

a_{li} und a_{lip} sind Konstante und die $f_l = (\mathfrak{f}, \mathfrak{a}^l)$ können von t abhängen. Wir setzen voraus, daß $\mathfrak{a}(x) = \mathfrak{v}(x, 0)$ zu $J_{0,1}(\Omega)$ gehört und $\int\limits_0^t \Big(\int\limits_\Omega |\mathfrak{f}|^2\, dx\Big)^{1/2} dt$ für beliebiges $t \geqq 0$ endlich ist.

Aus der Abschätzung (9) folgt, daß das System (36) unter den Bedingungen (34) für alle $t \geqq 0$ eindeutig lösbar ist. Da nämlich in (36) die linken Seiten von c_{ln} analytisch abhängen, brauchen wir uns nur von der Beschränktheit der $c_{ln}(t)$ für beliebige endliche $t \geqq 0$ zu überzeugen. Da die $\mathfrak{a}^l$ in $\mathfrak{L}_2(\Omega)$ orthonormiert sind, ist

$$\|\mathfrak{v}^n\|^2 = \sum_{l=1}^{n} c_{ln}^2(t)\,.$$

Jede der Gleichungen (35) multiplizieren wir mit dem zugehörigen $c_{ln}(t)$ und summieren über l von 1 bis n. Nach einfachen Umformungen erhalten wir

$$\frac{1}{2} \cdot \frac{d}{dt} \|\mathfrak{v}^n\|^2 + \nu \left(\mathfrak{v}^n_{x_k}, \mathfrak{v}^n_{x_k}\right) - (\mathfrak{f}, \mathfrak{v}^n) = 0\,, \tag{37}$$

woraus (vgl. Lemma 1) die Beschränktheit der $\|\mathfrak{v}^n\|$ und somit auch die aller $c_{ln}(t)$ für jedes $t \geqq 0$ folgt.

Die Näherungslösungen $\mathfrak{v}^n(x, t)$ werden also durch (34) und (35) eindeutig für alle $t \geqq 0$ definiert. Beim Beweis verwendeten wir von der Folge $\{\mathfrak{a}^k(x)\}$ nur, daß sie eine orthonormierte Basis in $\mathring{J}(\Omega)$ ist.

Im folgenden zeigen wir, daß die $\mathfrak{v}^n$ unter gewissen Bedingungen bezüglich $\mathfrak{a}$ und $\mathfrak{f}$ für $n \to \infty$ gegen die gesuchte Lösung des Problems (1) konvergieren. Zunächst betrachten wir den ebenen Fall.

Satz 2. *Im ebenen Fall konvergieren die Näherungslösungen $\mathfrak{v}^n(x, t)$ für alle $t \geqq 0$ gegen eine verallgemeinerte Lösung $\mathfrak{v}(x, t)$ des Problems (1), sofern*

$$\mathfrak{a}(x) = \mathfrak{v}(x, 0) \in \mathfrak{W}_2^2(\Omega) \cap J_{0,1}(\Omega)\ ^{1})$$

und

$$\int\limits_0^t \Big[\int\limits_\Omega (\mathfrak{f}^2 + \mathfrak{f}_t^2)\, dx\Big]^{1/2} dt < \infty$$

ist. Das Gebiet Ω kann beschränkt oder unbeschränkt sein.

Beweis. Zunächst stellen wir fest, daß $\mathfrak{v}_t(x, 0)$ durch $\mathfrak{a}(x)$ und $\mathfrak{f}(x, 0)$ bestimmt wird. Aus den NAVIER-STOKESschen Gleichungen

$$\mathfrak{v}_t + \operatorname{grad} p = \mathfrak{f} + \nu \Delta \mathfrak{v} - v_k\, \mathfrak{v}_{x_k}$$

[1]) Die Bedingung bezüglich $\mathfrak{v}(x, 0)$ könnten wir etwas abschwächen, indem wir nur die Endlichkeit des Integrals $\int\limits_\Omega [\mathfrak{v}^2(x, 0) + \mathfrak{v}_t^2(x, 0)]\, dx$ fordern. Nur dieses Integral kommt in den Abschätzungen (30), (31) vor. Das würde beim Beweis des Satzes einige diffizile Betrachtungen erfordern. Wir werden die Voraussetzungen des Satzes als erfüllt ansehen.

ist nämlich ersichtlich, daß das rechts stehende Vektorfeld eindeutig $\mathfrak{v}_t$ und grad p bestimmt, da diese orthogonal sind. Für $\mathfrak{v}^n$ gelten, wie wir jetzt zeigen wollen, die Behauptungen des Lemmas 5 (§ 2 dieses Kapitels), d. h., für alle $n = 1, 2, \ldots$ gilt die Abschätzung

$$||\mathfrak{v}_t^n||^2 + \int_0^t \sum_{k=1}^{2} ||\mathfrak{v}_{t\,x_k}^n||^2 \, dt \leqq c(t)\,,^{1)} \tag{38}$$

und damit auch

$$||\mathfrak{v}^n||^2 + \sum_{k=1}^{2} ||\mathfrak{v}_{x_k}^n||^2 \leqq c(t) \tag{39}$$

mit der gleichen monoton wachsenden stetigen Funktion $c(t)$. Zum Beweis genügt es, die Gleichungen (7) und (8) für $\mathfrak{v}$ und $\mathfrak{v}^n$ und die gleichmäßige Beschränktheit von $||\mathfrak{v}^n(x, 0)||$ und $||\mathfrak{v}_t^n(x, 0)||$ nachzuprüfen. Das letztere folgt aus den Voraussetzungen bezüglich $\mathfrak{a}(x)$ und aus $\mathfrak{v}^n(x, 0) = \mathfrak{a}(x)$. (7) ist mit (37) identisch. Differenziert man (35) nach t, multipliziert mit $\frac{dc_{ln}}{dt}$ und summiert über l von 1 bis n, so erhält man (8). (7) und (8) gelten also für $\mathfrak{v} = \mathfrak{v}^n$ $(n = 1, 2, \ldots)$. Infolge der bezüglich n gleichmäßigen Abschätzungen (38) und (39) läßt sich aus $\{\mathfrak{v}^n\}$ eine Teilfolge $\{\mathfrak{v}^{n_k}\}$ so wählen, daß $\{\mathfrak{v}^{n_k}\}$, die $\{\mathfrak{v}_{x_p}^{n_k}\}$, $\{\mathfrak{v}_t^{n_k}\}$, die $\{\mathfrak{v}_{t\,x_p}^{n_k}\}$ bzw. die $\{v_i^{n_k} v_j^{n_k}\}$ in $\mathfrak{L}_2(\Omega_T)$ für beliebiges T schwach gegen $\mathfrak{v}$, die $\mathfrak{v}_{x_p}$, $\mathfrak{v}_t$, die $\mathfrak{v}_{t x_p}$ bzw. die $v_i v_j$ konvergieren. Deshalb gelten für den Limes $\mathfrak{v}$ die Ungleichungen (9), (10) und (31). Man kann beweisen, daß für $\mathfrak{v}$ auch die Ungleichung (30) gilt, wobei man als Anfangszeitpunkt ein beliebiges $t_1 \geqq 0$ wählen kann.[2]) $\mathfrak{v}$ genügt offensichtlich den Bedingungen div $\mathfrak{v} = 0$, $\mathfrak{v}|_S = 0$ und $\mathfrak{v}|_{t=0} = \mathfrak{a}$ im Sinne der Einbettungssätze. Es bleibt zu zeigen, daß $\mathfrak{v}$ die Identität (4) für jedes $\vec{\Phi}$ erfüllt, das den Bedingungen $\vec{\Phi}$, $\vec{\Phi}_{x_k} \in \mathfrak{L}_2(Q_T)$, div $\vec{\Phi} = 0$ und $\vec{\Phi}|_S = 0$ genügt. Die Klasse dieser Vektorfelder $\vec{\Phi}$ werde mit $\mathcal{M}$ bezeichnet. Wie wir uns überzeugen werden, genügt es zu zeigen, daß (4) für Vektorfelder der Form

$$\Phi^m(x, t) = \sum_{l=1}^{m} d_l(t)\, \mathfrak{a}^l(x) \tag{40}$$

---

[1]) Vgl. Fußnote, Seite 10. — Anm. d. Red.

[2]) Zum Beweis der Ungleichung (30) für $\mathfrak{v}(x, t)$ braucht man sich nur davon zu überzeugen, daß man aus $\{\mathfrak{v}^{n_k}\}$ eine Teilfolge $\left\{\mathfrak{v}^{n'_k}\right\}$ wählen kann, für die die $\mathfrak{v}_t^{n'_k}$ in $\mathfrak{L}_2(\Omega)$ für jedes $t \geqq 0$ schwach konvergieren. Wir nehmen an, daß $\max_{x \in \Omega} |\mathfrak{a}^l(x)| < \infty$ ist. Dann sind die Funktionen $\varphi_{nl}(t) = (\mathfrak{v}_t^n, \mathfrak{a}^l)$, $n \geqq l$, für festes l in $[0, T]$ gleichmäßig beschränkt und gleichgradig stetig. Davon kann man sich leicht überzeugen, wenn man (35) und die gleichmäßigen Abschätzungen (38) und (39) berücksichtigt. Daher läßt sich aus $\{n_k\}$ eine Teilfolge $\{n'_k\}$ wählen, für die die $\varphi_{n'_k\, l}(t)$ in $[0, T]$ für jedes $l = 1, 2, \ldots$ gleichmäßig konvergieren. Da die $\mathfrak{a}^l$ in $\mathring{J}(\Omega)$ eine Basis bilden und die $||\mathfrak{v}_t^n||$ gleichmäßig beschränkt sind, kann man leicht zeigen, daß die $\left(\mathfrak{v}_t^{n'_k}, \mathfrak{b}\right)$ für jedes Vektorfeld $\mathfrak{b} \in \mathring{J}(\Omega)$ gleichmäßig konvergieren, d. h., für jedes $t \geqq 0$ konvergieren die $\mathfrak{v}_t^{n'_k}(x, t)$ schwach in $\mathfrak{L}_2(\Omega)$.

mit beliebigen stetigen $d_l(t)$ erfüllt ist. Die in (4) vorkommenden Vektorfelder $\mathfrak{v}_t$, $\mathfrak{v}_{x_k}$, $v_k\,\mathfrak{v}$ und $\mathfrak{f}$ sind über Q_T quadratisch summierbar. Gelingt es uns zu zeigen, daß die $\vec{\Phi}^m$ der Form (40) ein beliebiges $\vec{\Phi}$ der Klasse $\mathcal{M}$ so approximieren, daß $\vec{\Phi}^m$ bzw. die $\vec{\Phi}^m_{x_k}$ in der Norm von $\mathfrak{L}_2(Q_T)$ gegen $\vec{\Phi}$ bzw. die $\vec{\Phi}_{x_k}$ konvergieren, so folgt aus der Gültigkeit von (4) für jedes $\vec{\Phi}^m$ der Form (40) die Gültigkeit von (4) für jedes $\vec{\Phi}$ aus $\mathcal{M}$. Zunächst ist klar, daß sich jedes $\vec{\Phi}$ aus $\mathcal{M}$ auf die gewünschte Weise durch solche $\vec{\Phi}_m$ aus $\mathcal{M}$ approximieren läßt, die für jedes $t \in [0, T]$ über Ω quadratisch summierbar sind und in der Norm von $J_{0,1}(\Omega)$ stetig von t abhängen, d. h., daß $||\vec{\Phi}_m(x, t + \Delta t) - \vec{\Phi}_m(x, t)||_{J_{0,1}(\Omega)}$ für $\Delta t \to 0$ gegen Null strebt. Um das zu sehen, kann man z. B. $\vec{\Phi}$ durch seinen Mittelwert $\vec{\Phi}_\varrho$ bezüglich t ersetzen und den Mittelungsradius ϱ gegen Null streben lassen. Deshalb genügt es zu beweisen, daß sich jedes Vektorfeld vom Typ $\vec{\Phi}_m$ in $\mathfrak{L}_2(Q_T)$ nebst seinen ersten Ableitungen $\vec{\Phi}_{m x_k}$ durch Vektorfelder der Form (40) approximieren läßt. Sei $\vec{\Phi} \in \mathcal{M}$ und als Element von $J_{0,1}(\Omega)$ stetig von t abhängig. In $J_{0,1}(\Omega)$ führen wir ein orthonormiertes Fundamentalsystem $\{\mathfrak{b}^l\}$ ein, das mit $\{\mathfrak{a}^l\}$ durch eine Dreiecksmatrix verknüpft ist.[1]) Die Vektorfelder

$$\vec{\Phi}^m(x, t) = \sum_{l=1}^{m} e_l(t)\,\mathfrak{b}^l(x)\,, \quad \text{mit} \quad e_l(t) = (\vec{\Phi}, \mathfrak{b}^l)$$

konvergieren für jedes feste $t \in [0, T]$ in der Norm von $J_{0,1}(\Omega)$ gegen $\vec{\Phi}$. Zu gegebenem $\varepsilon > 0$ wählen wir endlich viele Punkte $t_1, \ldots t_N$ aus $[0, T]$ derart, daß $||\vec{\Phi}(x, t') - \vec{\Phi}(x, t'')||_{J_{0,1}(\Omega)} < \varepsilon$ ist, falls t' und t'' in einem Intervall $[t_k, t_{k+1}]$ $(1 \leqq k \leqq N - 1)$ liegen. Dann wählen wir m so groß, daß sich die Abschnitte $\vec{\Phi}^m$ der zu $\vec{\Phi}$ gehörigen FOURIER-Reihe in allen Punkten t_k in der Norm von $J_{0,1}$ um weniger als ε von $\vec{\Phi}$ unterscheiden. Die Abweichung $R_m(t) = ||\vec{\Phi}(x, t) - \vec{\Phi}^m(x, t)||_{J_{0,1}(\Omega)}$ läßt sich dann für jedes t aus $[t_k, t_{k+1}]$ wie folgt abschätzen:

$$R_m(t) \leqq ||\vec{\Phi}(x, t_k) - \vec{\Phi}^m(x, t_k)||_{J_{0,1}} + ||\vec{\Phi}(x, t_k) - \vec{\Phi}(x, t)||_{J_{0,1}}$$
$$+ ||\vec{\Phi}^m(x, t_k) - \vec{\Phi}^m(x, t_k)||_{J_{0,1}} \leqq 2\,\varepsilon + ||\vec{\Phi}^m(x, t_k) - \vec{\Phi}^m(x, t)||_{J_{0,1}} \leqq 3\,\varepsilon\,.$$

Die letzte Abschätzung ist richtig, weil $\vec{\Phi}^m(x, t_k) - \vec{\Phi}^m(x, t)$ für das Vektorfeld $\vec{\Phi}(x, t_k) - \vec{\Phi}(x, t)$ Abschnitt der FOURIER-Reihe bezüglich eines orthonormierten Fundamentalsystems ist, dessen Norm nicht größer als ε ist. Damit ist bewiesen, daß $\vec{\Phi}$ durch die $\vec{\Phi}^m$ in der Norm von $J_{0,1}(\Omega)$ gleichmäßig bezüglich $t \in [0, T]$ approximiert werden kann. Die $\vec{\Phi}^m = \sum_{l=1}^{m} e_l\,\mathfrak{b}^l$ lassen sich als endliche Summen der Form (40) darstellen, weil $\{\mathfrak{b}^l\}$ und $\{\mathfrak{a}^l\}$ durch eine Dreiecksmatrix verknüpft sind.

[1]) Diesen Beweis könnte man etwas anders ohne Einführung eines orthonormierten Systems mit Hilfe des BANACH-STEINHAUSschen Satzse führen. (Das haben wir am Anfang des Beweises von Satz 12 getan.)

Wir haben also gezeigt, daß jedes $\vec{\Phi}$ aus $\mathcal{M}$ durch Summen der Form (40) so approximiert werden kann, daß $\vec{\Phi}^m$ bzw. die $\vec{\Phi}^m_{x_k}$ in der Norm von $\mathfrak{L}_2(Q_T)$ gegen $\vec{\Phi}$ bzw. die $\vec{\Phi}_{x_k}$ konvergieren. Es bleibt deshalb nur zu beweisen, daß der oben ermittelte Limes $\mathfrak{v}$ der Identität (4) für alle $\vec{\Phi}$ der Form (40) genügt. Die $\mathfrak{v}^n$ erfüllen für $n \geqq m$ die Identitäten (35) für $l = 1, 2, \ldots, m$. Jede der Gleichungen (35) multiplizieren wir mit dem zugehörigen $d_l(t)$, summieren jeweils über l von 1 bis m und integrieren nach t von 0 bis T. Das ergibt

$$\int_0^T \int_\Omega (\mathfrak{v}_t^n \vec{\Phi}^m + \nu\, \mathfrak{v}^n_{x_k} \vec{\Phi}^m_{x_k} - v_k^n \mathfrak{v}^n \vec{\Phi}^m_{x_k} - \mathfrak{f}\, \vec{\Phi}^m)\, dx\, dt = 0\,. \tag{41}$$

Hier lassen wir n die oben gewählte Teilfolge $\{n_k\}$, die gegen Unendlich strebt, durchlaufen und überzeugen uns, daß (41) auch für den Limes $\mathfrak{v}$ gilt. Damit ist bewiesen, daß $\mathfrak{v}$ eine verallgemeinerte Lösung des Problems (1) ist. Wegen des Eindeutigkeitssatzes für die verallgemeinerte Lösung konvergiert die Folge $\{\mathfrak{v}^n\}$ gegen die verallgemeinerte Lösung $\mathfrak{v}$ des Randwertproblems. Satz 2 ist damit bewiesen.

Wir betrachten nun das räumliche Problem. Wie Satz 2 werden mit Hilfe der a priori Abschätzungen (9), (10), (14), (20) und (25) folgende Sätze bewiesen.

Satz 3. *Besitzen die äußeren Kräfte ein Potential* ($\mathfrak{f} \equiv 0$), *ist* $\mathfrak{a} \in \mathfrak{W}_2^2(\Omega) \cap J_{0,1}(\Omega)$ *und gilt die Bedingung*

$$\|\mathfrak{v}(x, 0)\| \cdot \|\mathfrak{v}_t(x, 0)\| < \frac{\nu^3}{\beta^2} \tag{42}$$

mit

$$\beta = \sqrt{3} \max_{u \in \mathring{W}_2^1(\Omega)} \frac{\left(\int_\Omega u^4(x)\, dx\right)^{1/2}}{\int_\Omega \sum_{k=1}^3 u_{x_k}^2\, dx}\,,$$

so existiert für das Randwertproblem (1) *für beliebige* $t \geqq 0$ *eine verallgemeinerte Lösung.*

Das Gebiet Ω muß so beschaffen sein, daß β endlich ist. Für beschränkte Gebiete Ω ist das erfüllt. In den folgenden Sätzen 4, 5 und 6 kann Ω ein beliebiges beschränktes oder unbeschränktes Gebiet sein.

Satz 4. *Ist* $\mathfrak{a} \in \mathfrak{W}_2^2(\Omega) \cap J_{0,1}(\Omega)$ *und*

$$\left(\|\mathfrak{v}(x, 0)\| + \int_0^T \|\mathfrak{f}\|\, dt\right) \cdot \left(\max_{0 \leqq t \leqq T} \|\mathfrak{f}\| + \|\mathfrak{v}_t(x, 0)\| + \int_0^T \|\mathfrak{f}_t\|\, dt\right) < \frac{\nu^3}{\beta^2}\,, \tag{43}$$

so ist das Randwertproblem (1) *mindestens im Intervall* $0 \leqq t \leqq T$ *im verallgemeinerten Sinne lösbar.*

Satz 5. *Ist* $\mathfrak{a} \in \mathfrak{W}_2^2(\Omega) \cap J_{0,1}(\Omega)$ *und*

$$\int_0^t \left[\int_\Omega (\mathfrak{f}^2 + \mathfrak{f}_t^2)\, dx\right]^{1/2} dt < \infty\,,$$

so existiert eine verallgemeinerte Lösung des Randwertproblems (1) *mindestens in einem Intervall* $0 \leqq t \leqq T$, *dessen Länge von dem angegebenen Integral, von* $\|\mathfrak{a}\|_2$ *und dem Koeffizienten* ν *abhängt.*

Die Größe T kann mit Hilfe des Lemmas 4, § 2, Kap. VI, bestimmt werden.

Wir weisen auf folgenden interessanten Spezialfall hin. D sei ein ebenes Gebiet in der Halbebene $x_2 = 0$, $x_1 > 0$; es habe von der x_3-Achse den positiven Abstand δ. Ω sei das räumliche Gebiet, das entsteht, wenn D um die x_3-Achse rotiert. $\mathfrak{f}$ und $\mathfrak{a}$ mögen nicht vom Drehwinkel um die x_3-Achse abhängen. In diesem Fall gilt wie in Satz 2 die eindeutige Lösbarkeit für alle $t \geqq 0$.

Satz 6. *Sind alle Ausgangsgrößen des Randwertproblems* (1) *bezüglich der* x_3-*Achse rotationssymmetrisch, ist* Ω *ein Gebiet von der zuvor beschriebenen Art, gilt* $\mathfrak{a} \in \mathfrak{W}_2^2(\Omega) \cap J_{0,1}(\Omega)$ *und ist*

$$\int_0^t \left[\int_\Omega (\mathfrak{f}^2 + \mathfrak{f}_t^2)\, dx\right]^{1/2} dt < \infty ,$$

dann ist (1) *für alle* $t \geqq 0$ *eindeutig lösbar.*

Der Beweis des Satzes verläuft wie für Satz 2, wobei die in Lemma 6 angegebenen a priori Abschätzungen zu verwenden sind.

§ 4. Über die Differenzierbarkeitseigenschaften der verallgemeinerten Lösungen

Mit Hilfe der in Kap. V, § 4, erzielten Ergebnisse läßt sich leicht nachweisen, daß die verallgemeinerten Lösungen des Randwertproblems (1) zweite Ableitungen nach den x_k besitzen und den NAVIER-STOKESschen Gleichungen für fast alle (x, t) genügen. $\mathfrak{v}$ sei eine verallgemeinerte Lösung von (1); sie besitzt erste Ableitungen, die zu $\mathfrak{L}_2(Q_T)$ gehören. Außerdem ist $\operatorname{div} \mathfrak{v} = 0$, $\mathfrak{v}|_S = 0$, $\mathfrak{v}|_{t=0} = \mathfrak{a}(x)$ und $\mathfrak{v}$ genügt der Integralidentität (4). In dieser Identität kann $\vec{\Phi}$ in der Form $\psi(t)\vec{\varphi}(x)$ gewählt werden, wobei $\psi(t)$ eine willkürliche stetige Funktion von t und $\vec{\varphi} \in J_{0,1}(\Omega)$ ist. Infolge der Willkürlichkeit von $\psi(t)$ und der erwähnten Eigenschaften von $\mathfrak{v}$ folgt aus (4), daß für fast alle t bei beliebigem $\vec{\varphi} \in J_{0,1}(\Omega)$ die Identität

$$(\mathfrak{v}_t, \vec{\varphi}) + \nu(\mathfrak{v}_{x_k}, \vec{\varphi}_{x_k}) - (v_k \mathfrak{v}, \vec{\varphi}_{x_k}) = (\mathfrak{f}, \vec{\varphi}) \tag{44}$$

gilt. Wir wählen ein t, für das (44) erfüllt ist. Betrachten wir $\mathfrak{f} - \mathfrak{v}_t$ als äußere Kraft, so geht (44) in die Identität (5), Kap. V, für das stationäre Problem über. Für das so gewählte t ist $\mathfrak{f} - \mathfrak{v}_t \in \mathfrak{L}_2(\Omega)$ und deshalb folgt aus Satz 6, § 4, Kap. V, daß $\mathfrak{v}$ alle Ableitungen der Form $\dfrac{\partial^2 \mathfrak{v}}{\partial x_k\, \partial x_l}$ besitzt, die über jedes echte Teilgebiet Ω' von Ω quadratisch summierbar sind. Damit ist folgendes bewiesen:

Satz 7. *Die nach den Sätzen 2—6 existierende verallgemeinerte Lösung des Randwertproblems* (1) *besitzt sämtliche zweiten Ableitungen nach den* x_k, *diese sind über jedes echte Teilgebiet* Ω' *von* Ω *für fast alle* $t \geqq 0$ *quadratisch summierbar.*

Aus der Bemerkung zu Satz 2 folgt nicht nur, daß $\mathfrak{v}$ über Q_T die quadratisch summierbaren Ableitungen $\mathfrak{v}_{t x_k}$ besitzt, sondern auch $\mathfrak{v}_t$ für jedes $t \geqq 0$ über Ω

quadratisch summierbar ist, wobei $\|\mathfrak{v}_t\|$ stetig ist und der Ungleichung (30) genügt. Hieraus folgt, daß die Identität (44) für alle $t \geqq 0$ gilt. Deshalb existieren die Ableitungen $\mathfrak{v}_{x_i x_j}(x, t)$ für alle $t \geq 0$ und gehören zu $\mathfrak{L}_2(\Omega')$; ihre Normen $\|\mathfrak{v}_{x_i x_j}\|_{\mathfrak{L}_2(\Omega')}$ sind gleichmäßig beschränkt. Bei glattem Rand S sind die $\mathfrak{v}_{x_i x_j} \in \mathfrak{L}_2(\Omega)$.

Man kann beweisen, daß für die verallgemeinerte Lösung $\mathfrak{v}$ unter den über $\mathfrak{f}$ gemachten Voraussetzungen die Ableitungen $\mathfrak{v}_{tt}$ und $\mathfrak{v}_{t x_i x_j}$ existieren. Weitere Sätze über die Abhängigkeit der Differenzierbarkeitseigenschaften der Lösung $\mathfrak{v}$ von $\mathfrak{f}$ und $\mathfrak{a}$ lassen sich wie für die linearisierten Gleichungen beweisen.

In HÖLDERschen Räumen gelten folgende

Sätze.

1. *Ist $\mathfrak{f}(x, t)$ in Q_T H-stetig bezüglich (x, t), so besitzt die verallgemeinerte Lösung $\mathfrak{v}(x, t)$ in Q_T die Ableitungen $\mathfrak{v}_t$ und $\mathfrak{v}_{x_i x_j}$, die ebenfalls H-stetig sind.*

Im zweidimensionalen Fall gilt dies für die „schwache Lösung“ (die Definition der „schwachen Lösung“ und den diesbezüglichen Existenzsatz findet man in § 6 dieses Kapitels).

2. *Ist $\mathfrak{f} \in \mathfrak{L}_2(Q_T)$, $\mathfrak{a} \in \overset{\circ}{J}(\Omega)$ und ist $\mathfrak{f}$ in Q_T H-stetig bezüglich (x, t), so besitzt das Randwertproblem* (1) *eine einzige Lösung $\mathfrak{v}$, deren Ableitungen $\mathfrak{v}_t$ und $\mathfrak{v}_{x_i x_j}$ in Q_T H-stetig sind.*

Der Beweis dieser Behauptungen ist nicht sehr kompliziert. Ausgehend von der Integralidentität, die $\mathfrak{v}$ bestimmt, muß man zunächst eine Integraldarstellung für $\mathfrak{v}$ gewinnen. Dazu ist die in § 5, Kap. IV, konstruierte singuläre Fundamentallösung der instationären STOKESschen Gleichungen zu verwenden. Weiter verfährt man wie in § 4, Kap. V, bei der Untersuchung der Differenzierbarkeitseigenschaften verallgemeinerter Lösungen der stationären NAVIER-STOKESschen Gleichungen.

Beide Sätze gelten auch für den abgeschlossenen Bereich $\overline{Q_T}$, sofern $\mathfrak{a}(x)$ und S glatt sind. Der Beweis ist jedoch bedeutend schwieriger (siehe Kommentar).

§ 5. Über die stetige Abhängigkeit der Lösungen von den Ausgangsgrößen und das Verhalten für $t \to \infty$

Wir betrachten ebene Strömungen; dreidimensionale Strömungen können entsprechend behandelt werden.

Satz 8. *Die nach Satz 2 existierende Lösung $\mathfrak{v}(x_1, x_2, t)$ des Randwertproblems* (1) *verschwindet für $t \to \infty$, falls $\int_0^\infty (\|\mathfrak{f}\| + \|\mathfrak{f}_t\|)\, dt < \infty$ ist. Genauer gesagt, verschwinden für $t \to \infty$ die Integrale $\int_\Omega \sum_{k=1}^{2} \mathfrak{v}_{x_k}^2(x, t)\, dx$ und $\int_{\Omega_1} \mathfrak{v}^2(x, t)\, dx$ für jedes beschränkte Teilgebiet $\Omega_1 \subset \Omega$. Für beschränkte Gebiete Ω folgt aus der Konvergenz des Integrals $\int_0^\infty \|\mathfrak{f}\|\, dt$, daß $\|\mathfrak{v}\|$ für $t \to \infty$ gegen Null strebt.*

Beweis. Für $\mathfrak{v}$ gelten die Ungleichungen (10) und (31), aus denen die Endlichkeit der Integrale $\int\limits_0^\infty \varphi^2(t)\,dt$ und $\int\limits_0^\infty F^2(t)\,dt$ folgt, wobei

$$\varphi^2(t) = \int\limits_\Omega \sum_{k=1}^{2} \mathfrak{v}_{x_k}^2(x, t)\,dx\,, \qquad F^2(t) = \int\limits_\Omega \sum_{k=1}^{2} \mathfrak{v}_{t x_k}^2(x, t)\,dx$$

ist. Andererseits ist

$$\left|\frac{d}{dt}\varphi^2\right| = 2\left|\int\limits_\Omega \sum_{k=1}^{2} \mathfrak{v}_{x_k}\mathfrak{v}_{t x_k}\,dx\right| \leqq 2\,\varphi\,F$$

und daher

$$\int\limits_0^\infty \left|\frac{d}{dt}\varphi^2\right| dt < \infty\,.$$

Aus der Endlichkeit der Integrale $\int\limits_0^\infty \varphi^2(t)\,dt$ und $\int\limits_0^\infty \left|\frac{d}{dt}\,\varphi^2(t)\right| dt$ folgt, daß $\varphi^2(t)$ für $t \to \infty$ verschwindet. Aus der Ungleichung $\int\limits_{\Omega_1} \mathfrak{v}^2(x, t)\,dx \leqq C_{\Omega_1}\varphi^2(t)$, die für jedes beschränkte Teilgebiet Ω_1 von Ω gilt (bei beschränktem Ω auch für $\Omega_1 = \Omega$), schließen wir, daß auch $\int\limits_{\Omega_1} \mathfrak{v}^2(x, t)\,dx$ für $t \to \infty$ verschwindet. Die letzte Behauptung des Satzes wird wie für die STOKESschen Gleichungen bewiesen (siehe § 2, Kap. IV).

Wir betrachten zwei Strömungen $\mathfrak{v}'(x, t)$ und $\mathfrak{v}''(x, t)$ und zeigen, daß sie unter gewissen Bedingungen für alle $t \geqq 0$ nur wenig voneinander abweichen.

Satz 9. *$\mathfrak{v}'(x_1, x_2, t)$ und $\mathfrak{v}''(x_1, x_2, t)$ seien zwei Lösungen des Randwertproblems* (1), *die den Anfangsgeschwindigkeiten $\mathfrak{a}'(x)$ bzw. $\mathfrak{a}''(x)$ und den Kräften $\mathfrak{f}'(x, t)$ bzw. $\mathfrak{f}''(x, t)$ entsprechen. Für ihre Differenz $\mathfrak{u}(x, t) = \mathfrak{v}'(x, t) - \mathfrak{v}''(x, t)$ gilt die Abschätzung*

$$\|\mathfrak{u}\| \leqq \|\mathfrak{a}' - \mathfrak{a}''\| \exp\left\{\frac{2}{\nu}\int\limits_0^t \tilde{\varphi}^2(\tau)\,d\tau\right\} + \int\limits_0^t \|\mathfrak{f}' - \mathfrak{f}''\| \exp\left\{\frac{2}{\nu}\int\limits_\xi^t \tilde{\varphi}^2(\tau)\,d\tau\right\} d\xi \qquad (45)$$

mit

$$\tilde{\varphi}^2(t) = \int\limits_\Omega \sum_{k=1}^{2} [\mathfrak{v}_{x_k}''(x, t)]^2\,dx\,.$$

Zum **Beweis** der Ungleichung (45) beweisen wir für $\mathfrak{u}$ eine Integralidentität. Man gewinnt sie, indem man die Differenz der Integralidentitäten für $\mathfrak{v}'$ und $\mathfrak{v}''$

bildet:

$$\int_0^t \int_\Omega (\mathfrak{u}_t \vec{\Phi} + \nu \mathfrak{u}_{x_k} \vec{\Phi}_{x_k} - v_k' \mathfrak{u}_{x_k} \vec{\Phi} + u_k \mathfrak{v}_{x_k}'' \vec{\Phi} - \mathfrak{f} \vec{\Phi}) \, dx \, dt = 0 \, .$$

Dabei ist $\mathfrak{f} = \mathfrak{f}' - \mathfrak{f}''$. Wie oben erwähnt, folgt hieraus für fast alle $t \geqq 0$ die Identität

$$\int_\Omega (\mathfrak{u}_t \vec{\Phi} + \nu \mathfrak{u}_{x_k} \vec{\Phi}_{x_k} + v_k' \mathfrak{u}_{x_k} \vec{\Phi} + u_k \mathfrak{v}_{x_k}'' \vec{\Phi} - \mathfrak{f} \vec{\Phi}) \, dx = 0 \, .$$

Hier setzen wir $\vec{\Phi} = \mathfrak{u}$ und erhalten nach einfachen Umformungen

$$\frac{1}{2} \cdot \frac{d}{dt} \|\mathfrak{u}\|^2 + \nu \varphi^2(t) + \int_\Omega u_k \mathfrak{v}_{x_k}'' \mathfrak{u} \, dx = \int_\Omega \mathfrak{f} \mathfrak{u} \, dx \, , \tag{46}$$

wobei $\varphi^2(t) = \int_\Omega \sum_{k=1}^{2} \mathfrak{u}_{x_k}^2(x, t) \, dx$ ist. Das dritte Glied schätzen wir mit Hilfe der Schwarzschen Ungleichung und der Ungleichung (1), § 1, Kap. I, ab:

$$\left| \int_\Omega u_k \mathfrak{v}_{x_k}'' \mathfrak{u} \, dx \right| \leqq \left(\int_\Omega \sum_{k,\, l=1}^{2} (v_{l x_k}'')^2 \, dx \right)^{1/2} \cdot \left(\int_\Omega \sum_{k,\, l=1}^{2} u_k^2 u^2 \, dx \right)^{1/2} \leqq 2 \, \tilde{\varphi} \, \varphi \, \|\mathfrak{u}\| \, .$$

Hieraus und aus (46) erhalten wir

$$\begin{aligned} \frac{1}{2} \cdot \frac{d}{dt} \|\mathfrak{u}\|^2 + \nu \varphi^2(t) &\leqq 2 \, \tilde{\varphi} \, \varphi \, \|\mathfrak{u}\| + \|\mathfrak{f}\| \cdot \|\mathfrak{u}\| \\ &\leqq \frac{\nu}{2} \varphi^2(t) + \frac{2}{\nu} \tilde{\varphi}^2 \|\mathfrak{u}\|^2 + \|\mathfrak{f}\| \cdot \|\mathfrak{u}\| \, . \end{aligned} \tag{47}$$

Wie in Lemma (5) gewinnen wir aus dieser Ungleichung die Abschätzungen (45):

$$\nu \int_0^t \varphi^2(t) \, dt \leqq \|\mathfrak{u}(x, 0)\|^2 + 2 \int_0^t \|\mathfrak{f}\| \cdot \|\mathfrak{u}\| \, dt + \frac{4}{\nu} \int_0^t \tilde{\varphi}^2 \|\mathfrak{u}\|^2 \, dt \, . \tag{48}$$

Wir setzen nun voraus, daß eine der Lösungen, z. B. $\mathfrak{v}''$, von t unabhängig ist. Die zu $\mathfrak{v}''$ gehörige verallgemeinerte Reynolds-Zahl, d. h., die dimensionslose Größe $\frac{2 \tilde{\varphi} C_\Omega^*}{\nu}$, sei kleiner als Eins. C_Ω^* ist dabei eine nur vom Gebiet Ω abhängige Konstante, die durch

$$C_\Omega^* = \max_{b \in \overset{\circ}{W}{}_2^1(\Omega)} \left[\frac{\int_\Omega b^2(x) \, dx}{\int_\Omega \sum_{k=1}^{2} b_{x_k}^2(x) \, dx} \right]^{1/2}$$

definiert wird; durch die Beziehung $C_\Omega^* = \frac{1}{\sqrt{\lambda_1}}$ hängt sie mit dem kleinsten Eigenwert λ_1 des Randwertproblems $-\Delta u = \lambda u$ in Ω, $\mathfrak{u}|_S = 0$ zusammen (vgl. (7), § 1, Kap. I). $\mathfrak{v}'(x, t)$ sei die Lösung des instationären Problems mit $\mathfrak{f}' = \mathfrak{f}''$ und der Anfangsgeschwindigkeit $\mathfrak{a}' \in \mathfrak{W}_2^2(\Omega) \cap J_{0,1}(\Omega)$. Wir zeigen, daß die Differenz $\mathfrak{u} = \mathfrak{v}' - \mathfrak{v}''$ für $t \to \infty$ in einem gewissen Sinne gegen Null strebt.

Satz 10. *$\mathfrak{v}''(x)$ sei eine Lösung des stationären Problems mit der Kraft $\mathfrak{f}''(x)$, die zugehörige verallgemeinerte* REYNOLDS*-Zahl $\frac{2\tilde{\varphi}\, C_\Omega^*}{\nu}$ sei kleiner als Eins. $\mathfrak{v}'(x, t)$ sei die Lösung des instationären Problems mit der Kraft $\mathfrak{f}'(x) = \mathfrak{f}''(x)$ und der Anfangsgeschwindigkeit $\mathfrak{a}' \in \mathfrak{W}_2^2(\Omega) \cap J_{0,1}(\Omega)$. Für die Differenz $\mathfrak{u}(x, t) = \mathfrak{v}''(x) - \mathfrak{v}'(x, t)$ gilt*

$$||\mathfrak{u}(x, t)|| \leqq ||\mathfrak{u}(x, 0)|| \exp\{-\alpha t\},$$

wobei

$$\alpha = \frac{\nu}{C_\Omega^{*2}}\left(1 - \frac{2\tilde{\varphi}\, C_\Omega^*}{\nu}\right)$$

ist.

Beweis. Für $\mathfrak{u}$ gilt die Ungleichung (47) oder wegen $\mathfrak{f} = \mathfrak{f}' - \mathfrak{f}'' \equiv 0$

$$\frac{1}{2} \cdot \frac{d}{dt} ||\mathfrak{u}||^2 + \nu\, \varphi^2(t) \leqq 2\, \tilde{\varphi}\, \varphi\, ||\mathfrak{u}|| . \tag{49}$$

Infolge der Voraussetzung über $\mathfrak{v}''$ ist

$$2\, \tilde{\varphi}\, \varphi\, ||\mathfrak{u}|| \leqq 2\, \tilde{\varphi}\, \varphi^2\, C_\Omega^* ;$$

deshalb folgt aus (49)

$$\frac{1}{2} \cdot \frac{d}{dt} ||\mathfrak{u}||^2 + \nu \left(1 - \frac{2\tilde{\varphi}\, C_\Omega^*}{\nu}\right) \varphi^2(t) \leqq 0 .$$

Da jedoch $||\mathfrak{u}|| \leqq C_\Omega^*\, \varphi$ ist, gilt

$$\frac{d}{dt} ||\mathfrak{u}||^2 + \frac{2\nu}{C_\Omega^{*2}}\left(1 - \frac{2\tilde{\varphi}\, C_\Omega^*}{\nu}\right) ||\mathfrak{u}||^2 \leqq 0$$

und

$$\frac{d}{dt}\left(e^{\alpha t} ||\mathfrak{u}||^2\right) \leqq 0 .$$

Wir haben eine Reihe von Sätzen bewiesen, die das Verhalten der Lösungen des ebenen instationären Randwertproblems (1) für $t \to \infty$ und bei Änderung der Anfangswerte und der äußeren Kräfte zum Inhalt haben. Entsprechende Sätze gelten für das dreidimensionale Problem. Zum Beispiel verschwindet unter den Voraussetzungen des Satzes 8 die Lösung von (1) für $t \to \infty$. Die eindeutige Lösbarkeit für alle $t \geqq 0$ haben wir unter der Voraussetzung bewiesen, daß die „REYNOLDS-Zahl" im Anfangszeitpunkt kleiner als Eins ist. Deshalb konnte das vollständige Ergebnis bezüglich Existenz und Stabilität der Lösung vorläufig nur unter dieser Voraussetzung gewonnen werden. Der nächste Paragraph behandelt die Existenz einer verallgemeinerten Lösung für alle $t \geqq 0$ ohne Beschränkungen für den Anfangszustand.

§ 6. Über andere verallgemeinerte Lösungen des Problems (1)

Wir betrachten das allgemeine dreidimensionale instationäre Randwertproblem (1). Zunächst sei Ω ein beschränktes Gebiet.

In § 3 wurde gezeigt, daß die GALERKINschen Näherungen $\mathfrak{v}^n(x, t)$ für alle Zeitpunkte $t \geqq 0$ eindeutig bestimmbar sind. Dazu benötigen wir an sich nur, daß $\mathfrak{a}(x) = \mathfrak{v}(x, 0) \in \mathring{J}(\Omega)$ und $\int_0^t \|\mathfrak{f}\|\, dt < \infty$ ist. In diesem Paragraphen setzen wir nur voraus, daß $\mathfrak{a}$ und $\mathfrak{f}$ diesen Bedingungen genügen. Die Näherungen $\mathfrak{v}^n(x, t)$ konstruieren wir wie in § 3, die Koeffizienten c_{ln} an der Stelle $t = 0$ definieren wir durch

$$c_{ln}(0) = (\mathfrak{a}, \mathfrak{a}^l), \quad l = 1, 2, \ldots, n. \tag{50}$$

Für die $\mathfrak{v}^n$ gelten (37), (9) und (10), d. h., für $t \geqq t_1 \geqq 0$ ist

$$\left.\begin{aligned} &\|\mathfrak{v}^n(x, t)\| \leqq \|\mathfrak{v}^n(x, t_1)\| + \int_{t_1}^t \|\mathfrak{f}(x, \tau)\|\, d\tau, \\ &\|\mathfrak{v}^n(x, t)\|^2 + 2\nu \int_{t_1}^t \int_\Omega \sum_{k=1}^3 (\mathfrak{v}^n_{x_k})^2\, dx\, dt \\ &\leqq \|\mathfrak{v}^n(x, t_1)\|^2 + 2\|\mathfrak{v}^n(x, t_1)\| \int_{t_1}^t \|\mathfrak{f}\|\, dt + 2\left(\int_{t_1}^t \|\mathfrak{f}\|\, dt\right)^2. \end{aligned}\right\} \tag{51}$$

Diese a priori Abschätzungen gestatten es, aus der Folge $\{\mathfrak{v}^n\}$ eine Teilfolge $\{\mathfrak{v}^{n_k}\}$ auszuwählen, die nebst ihren ersten Ableitungen nach den x_k in $\mathfrak{L}_2(Q_T)$ schwach gegen ein Vektorfeld $\mathfrak{v}$ konvergiert, wobei T eine beliebige positive Zahl ist. Das folgt aus der schwachen Kompaktheit beschränkter Mengen im HILBERT-Raum $\mathfrak{L}_2(Q_T)$. Der Limes $\mathfrak{v}$ ist nebst seinen ersten Ableitungen $\mathfrak{v}_{x_k}$ über Q_T quadratisch summierbar; außerdem gelten die Beziehungen $\operatorname{div} \mathfrak{v} = 0$ und $\mathfrak{v}|_S = 0$. Die Frage, in welchem Sinne $\mathfrak{v}$ die NAVIER-STOKESschen Gleichungen und die Anfangsbedingung erfüllt, erfordert zusätzliche Betrachtungen. E. HOPF [14] bewies, daß für hinreichend glatte Basisfunktionen folgende Behauptungen gelten:

1. die Teilfolge $\{\mathfrak{v}^{n_k}\}$ kann so gewählt werden, daß sie in $\mathfrak{L}_2(Q_T)$ stark gegen $\mathfrak{v}$ konvergiert,
2. $\mathfrak{v}(x, t)$ gehört für alle $t \geqq 0$ zu $\mathfrak{L}_2(\Omega)$,
3. es strebt $\|\mathfrak{v} - \mathfrak{a}\| \to 0$ für $t \to +0$,
4. $\mathfrak{v}$ erfüllt die Integralidentität

$$\int_0^T \int_\Omega (\mathfrak{v}\, \vec{\Phi}_t + \nu\, \mathfrak{v}\, \Delta\vec{\Phi} + v_k\, \mathfrak{v}\, \vec{\Phi}_{x_k} + \mathfrak{f}\, \vec{\Phi})\, dx\, dt = 0 \tag{52}$$

für alle hinreichend glatten quellenfreien $\vec{\Phi}$, die auf S sowie für $t = 0$ und $t = T$ verschwinden.

Dieses $\mathfrak{v}$ kann man auch verallgemeinerte Lösung des Randwertproblems (1) nennen. Allerdings ist unklar, inwieweit eine solche Erweiterung des Lösungsbegriffs für das Problem (1) zulässig ist. Der Beweis, daß in dieser Klasse von Lösungen der Eindeutigkeitssatz gilt, würde die Erweiterung rechtfertigen. Diese Frage konnte bisher für den allgemeinen Fall nicht entschieden werden. Beispiele nichtlinearer Probleme in der Gasdynamik zeigen, daß die Differentialgleichungen und die zugehörige Integralidentität nicht äquivalent zu sein brauchen. Die Integralidentität kann unendlich viele Lösungen haben, während die Differentialgleichungen für feste Anfangs- und Randbedingungen nur eine besitzt. Im folgenden bringen wir den Beweis der HOPFschen Ergebnisse, wobei wir seine Definition der verallgemeinerten Lösung etwas ändern.

Als schwache Lösung des Randwertproblems (1) bezeichnen wir ein quellenfreies für alle $t \geqq 0$ über Ω quadratisch summierbares Vektorfeld $\mathfrak{v}(x, t)$, dessen erste Ableitungen $\mathfrak{v}_{x_k}$ zu $\mathfrak{L}_2(Q_T)$ gehören, das auf dem Rand S verschwindet und für beliebige glatte quellenfreie $\vec{\Phi}(x, t)$, für die $\vec{\Phi}|_S = 0$ ist, der Identität

$$\int_0^t \int_\Omega (\mathfrak{v}\, \vec{\Phi}_t - \nu\, \mathfrak{v}_{x_k} \vec{\Phi}_{x_k} - v_k\, \mathfrak{v}_{x_k} \vec{\Phi} + \mathfrak{f}\, \vec{\Phi})\, dx\, dt$$
$$- \int_\Omega \mathfrak{v}(x, t)\, \vec{\Phi}(x, t)\, dx + \int_\Omega \mathfrak{a}(x)\, \vec{\Phi}(x, 0)\, dx = 0, \qquad t \in [0, T], \tag{53}$$

genügt. Außerdem soll $\mathfrak{v}(x, t)$ als Element von $\mathfrak{L}_2(\Omega)$ in der schwachen Topologie von $\mathfrak{L}_2(\Omega)$ stetig von t abhängen und den Ungleichungen (51) für alle t, fast alle t_1 und für $t_1 = 0$ genügen.

Satz 11. *Ist* $\mathfrak{a} \in \overset{\circ}{J}(\Omega)$ *und* $\int_0^T \|\mathfrak{f}\|\, dt < \infty$, *so existiert mindestens eine schwache Lösung des Randwertproblems* (1).

Beweis. $\{\mathfrak{v}^n\}$ sei eine Folge von Näherungslösungen, die nachdem GALERKINschen Verfahren ermittelt wurde. $\{\mathfrak{a}(x)\}$ sei in $\overset{\circ}{J}(\Omega)$ ein orthonormiertes Fundamentalsystem, wobei $\mathfrak{a}^l \in \overset{\circ}{\mathfrak{W}}{}_2^1(\Omega)$ und $\max_{x \in \Omega} |\mathfrak{a}^l(x)| < \infty$ sei. Die $\mathfrak{v}^n$ werden mit Hilfe der Beziehungen (35) bestimmt, die man in der Form

$$\frac{d}{dt}(\mathfrak{v}^n, \mathfrak{a}^l) = -\nu(\mathfrak{v}^n_{x_k}, \mathfrak{a}^l_{x_k}) - (v^n_k\, \mathfrak{v}^n_{x_k}, \mathfrak{a}^l) + (\mathfrak{f}, \mathfrak{a}^l), \quad l = 1, 2, \ldots, n, \tag{54}$$

schreiben kann. Es läßt sich leicht nachweisen, daß die Funktionen $\psi_{nl}(t) = (\mathfrak{v}^n, \mathfrak{a}^l)$ für festes l und $n \geqq l$ auf $[0, T]$ gleichmäßig beschränkt und gleichgradig stetig sind. Die gleichmäßige Beschränktheit der $\psi_{nl}(t)$ folgt aus (51), die gleichgradige Stetigkeit aus (54); dazu integrieren wir (54) nach t in den Grenzen von t bis $t + \Delta t$ und schätzen die rechte Seite nach der

SCHWARZschen Ungleichung ab:

$$|\psi_{nl}(t+\Delta t) - \psi_{nl}(t)| \leqq \nu \int_t^{t+\Delta t} \|\mathfrak{v}^n\|_1 \, \|\mathfrak{a}^l\|_1 \, dt + C(l) \int_t^{t+\Delta t} \|\mathfrak{v}^n\| \cdot \|\mathfrak{v}^n\|_1 \, dt$$

$$+ \int_t^{t+\Delta t} \|\mathfrak{f}\| \cdot \|\mathfrak{a}^l\| \, dt \leqq C(l) \sqrt{\Delta t} \left(\int_t^{t+\Delta t} \|\mathfrak{v}^n\|_1^2 \, dt \right)^{1/2}$$

$$+ C(l) \sqrt{\Delta t} \max_t \|\mathfrak{v}^n\| \left(\int_t^{t+\Delta t} \|\mathfrak{v}^n\|_1^2 \, dt \right)^{1/2} + C(l) \int_t^{t+\Delta t} \|\mathfrak{f}\| \, dt \, .$$

Die rechte Seite strebt wegen (51) für festes l, beliebiges $n \geqq l$ und $\Delta t \to 0$ bezüglich n gleichmäßig gegen Null. Wir wählen eine Teilfolge $\{n_k\}$, so daß die Folge $\{\psi_{n_k l}\}$ für beliebiges festes l und $k \to \infty$ gleichmäßig konvergiert. Dann konvergiert $\{\mathfrak{v}^{n_k}(x, t)\}$ bezüglich $t \in [0, T]$ gleichmäßig schwach in $\mathfrak{L}_2(\Omega)$. Da nämlich die $\mathfrak{a}^l$ in $\mathring{J}(\Omega)$ ein Fundamentalsystem bilden und die Normen $\|\mathfrak{v}^n\|$ für alle n und $t \in [0, T]$ gleichmäßig beschränkt sind, ist für beliebige $\vec{\psi} \in \mathfrak{L}_2(\Omega)$

$$\vec{\psi} = \sum_{k=1}^{\infty} \psi_k \mathfrak{a}^k, \quad \psi_k = (\vec{\psi}, \mathfrak{a}^k), \quad \sum_{k=1}^{\infty} \psi_k^2 < \infty$$

und der Ausdruck

$$|(\mathfrak{v}^{n_k} - \mathfrak{v}^{n_m}, \vec{\psi})| \leqq \sum_{l=1}^{N} |\psi_l| \, |(\mathfrak{v}^{n_k} - \mathfrak{v}^{n_m}, \mathfrak{a}^l)|$$

$$+ \left(\sum_{l=N+1}^{\infty} \psi_l^2 \right)^{1/2} \|\mathfrak{v}^{n_k} - \mathfrak{v}^{n_m}\| \leqq \sum_{l=1}^{N} |\psi_l| \, |(\mathfrak{v}^{n_k} - \mathfrak{v}^{n_m}, \mathfrak{a}^l)| + C \left(\sum_{l=N+1}^{\infty} \psi_l^2 \right)^{1/2}$$

kann für hinreichend große n_k und n_m beliebig klein gemacht werden. Der Limes $\mathfrak{v}$ der Folge $\{\mathfrak{v}^{n_k}\}$ gehört für alle $t \in [0, T]$ zu $\mathfrak{L}_2(\Omega)$, und es ist $\|\mathfrak{v}\| \leqq C(T)$ (siehe (51)).

Wir beweisen, daß $\{\mathfrak{v}^{n_k}\}$ in $\mathfrak{L}_2(Q_T)$ stark konvergiert. Dazu verwenden wir 1. die gleichmäßige Beschränktheit der Integrale $\int_0^T \int_\Omega \mathfrak{v}^{n_k}_{x_l} \mathfrak{v}^{n_k}_{x_l} \, dx \, dt$ und 2. das Lemma von FRIEDRICHS (vgl. [3]), welches besagt, daß man für festes Ω und beliebiges $\varepsilon > 0$ N_ε Funktionen $\omega_l(x)$ $(l = 1, 2, \ldots, N_\varepsilon)$ finden kann, so daß für jede Funktion $u(x)$ aus $\mathring{W}_2^1(\Omega)$ die Ungleichung

$$\int_\Omega u^2(x) \, dx \leqq \sum_{l=1}^{N_\varepsilon} \left(\int_\Omega u \, \omega_l \, dx \right)^2 + \varepsilon \int_\Omega (\operatorname{grad} u)^2 \, dx$$

erfüllt ist. Wir setzen $u = v_i^{n_k} - v_i^{n_m}$ und integrieren die letzte Ungleichung nach t von 0 bis T:

$$\int_0^T \int_\Omega (v_i^{n_k} - v_i^{n_m})^2 \, dx \, dt \leqq \sum_{l=1}^{N_\varepsilon} \int_0^T \left[\int_\Omega (v_i^{n_k} - v_i^{n_m}) \, \omega_l \, dx \right]^2 dt$$

$$+ \varepsilon \int_0^T \int_\Omega [\operatorname{grad} (v_i^{n_k} - v_i^{n_m})]^2 \, dx \, dt \, .$$

Das letzte Integral auf der rechten Seite ist bezüglich n_k und n_m gleichmäßig beschränkt. Das erste Integral kann für hinreichend große n_k und n_m infolge der bezüglich t gleichmäßigen Konvergenz von $(v_i^{n_k}, \omega_l)$ für $k \to \infty$ beliebig klein gemacht werden; daher konvergiert die Folge $\{\mathfrak{v}^{n_k}\}$ in $\mathfrak{L}_2(Q_T)$ stark gegen $\mathfrak{v}$.

Wir haben damit die Existenz einer Teilfolge $\{\mathfrak{v}^{n_k}(x, t)\}$ gezeigt, die in $\mathfrak{L}_2(Q_T)$ stark und in $\mathfrak{L}_2(\Omega)$ gleichmäßig bezüglich t schwach gegen $\mathfrak{v}$ konvergiert, wobei die Folge der Ableitungen $\left\{\frac{\partial}{\partial x_m} \mathfrak{v}^{n_k}\right\}$ in $\mathfrak{L}_2(Q_T)$ schwach konvergiert.

Der Limes $\mathfrak{v}$ hat folgende Eigenschaften. Für alle $t \in [0, T]$ ist er Element von $\mathfrak{L}_2(\Omega)$, in der schwachen Topologie von $\mathfrak{L}_2(\Omega)$ hängt er stetig von t ab, er ist über Q_T quadratisch summierbar, besitzt über Q_T quadratisch summierbare verallgemeinerte Ableitungen $\mathfrak{v}_{x_k}$ und genügt für alle t und fast alle t_1 aus $[0, T]$ den Ungleichungen (51).

Außerdem beweist E. HOPF in [14], daß für $t \to 0$

$$\|\mathfrak{v} - \mathfrak{a}\| \to 0$$

strebt. $\mathfrak{v}(x, t)$ ist eine schwache Lösung des Randwertproblems. Die Bedingungen $\operatorname{div} \mathfrak{v} = 0$ und $\mathfrak{v}|_S = 0$ sind offensichtlich erfüllt. Daß $\mathfrak{v}$ auch der Identität (53) genügt, kann wie in § 3 bewiesen werden. Zweifel könnte nur das Glied $\int_0^T \int_\Omega v_i^{n_k} \mathfrak{v}_{x_i}^{n_k} \vec{\Phi}^m \, dx \, dt$ hervorrufen. Da aber die $\mathfrak{v}^{n_k}$ stark gegen $\mathfrak{v}$ und die $\mathfrak{v}_{x_i}^{n_k}$ schwach gegen $\mathfrak{v}_{x_i}$ konvergieren, strebt dieses Integral ebenfalls gegen einen Grenzwert und zwar gegen

$$\int_0^T \int_\Omega v_i \mathfrak{v}_{x_i} \vec{\Phi}^m \, dx \, dt .$$

Damit ist bewiesen, daß für alle $t \in [0, T]$ mindestens eine schwache Lösung des Randwertproblems (1) existiert. Man kann beweisen, daß für diese Lösung die Ableitungen $\mathfrak{v}_t$ und $\mathfrak{v}_{x_i x_j}$ existieren und mit dem Exponenten 5/4 über Q_T summierbar sind (für zwei Ortsvariable mit dem Exponenten 3/2). Wir werden das für schwache Lösungen des Anfangswertproblems in § 8 zeigen. Daraus kann man schließen, daß die Ableitungen $\mathfrak{v}_t$ und $\mathfrak{v}_{x_i x_j}$ der schwachen Lösung $\mathfrak{v}$ des Randwertproblems mit dem Exponenten 5/4 über jedes echte Teilgebiet des Zylinders Q_T summierbar sind.

Trotz dieser Eigenschaften der schwachen Lösung können wir ihre Einzigkeit nicht beweisen. Als nützlich kann sich die unten stehende Beziehung (56) erweisen. Angenommen, zu $\mathfrak{f}(x, t)$ und $\mathfrak{a}(x)$ gehören zwei schwache Lösungen $\mathfrak{v}'(x, t)$ und $\mathfrak{v}''(x, t)$, $x = (x_1, x_2)$, die der Identität (53) genügen. Dann folgt aus (53) für $\mathfrak{u} = \mathfrak{v}' - \mathfrak{v}''$

$$\int_0^t \int_\Omega (-\mathfrak{u} \vec{\Phi}_t + \nu \mathfrak{u}_{x_i} \vec{\Phi}_{x_i} + u_k \mathfrak{v}'_{x_k} \vec{\Phi} + v''_k \mathfrak{u}_{x_k} \vec{\Phi}) \, dx \, dt + \int_\Omega \mathfrak{u} \vec{\Phi} \, dx = 0 . \tag{55}$$

Könnte man hier $\vec{\Phi} = \mathfrak{u}$ setzen, so folgte aus (55)

$$\frac{1}{2} \int_\Omega \mathfrak{u}^2 \, dx + \nu \int_0^t \varphi^2(t) \, dt = - \int_0^t \int_\Omega u_k \mathfrak{v}'_{x_k} \mathfrak{u} \, dx \, dt , \tag{56}$$

wobei $\varphi^2(t) = \int\limits_\Omega \sum\limits_{i,j=1}^{2} u_{i\,x_j}^2\, dx$ ist. (56) wird bewiesen, indem man in (55)

$$\vec{\Phi}(x, t) = \mathfrak{u}_\varrho(x, t) = \frac{1}{2\,\varrho} \int\limits_{t-\varrho}^{t+\varrho} \mathfrak{u}(x, \tau)\, d\tau = \int\limits_0^t \frac{\mathfrak{u}\,(x, \tau + \varrho) - \mathfrak{u}\,(x, \tau - \varrho)}{2\,\varrho}\, d\tau$$

setzt und ϱ gegen Null streben läßt (für $t < 0$ sei $\mathfrak{u}(x, t) = 0$).

Aus (56) und (1), § 1, Kap. I, folgt für den zweidimensionalen Fall $\mathfrak{u} \equiv 0$. Wenden wir nämlich auf (1), § 1, Kap. I, die SCHWARZsche Ungleichung an, so erhalten wir

$$\left|\int\limits_\Omega u_k\, \mathfrak{v}'_{x_k}\, \mathfrak{u}\, dx\right| \leqq \sqrt{2}\tilde{\varphi}(t) \Bigl(\sum_j \int\limits_\Omega u_j^4\, dx\Bigr)^{1/2}$$

$$\leqq \sqrt{2}\, \tilde{\varphi}(t) \sum_j \Bigl(2 \int\limits_\Omega u_j^2\, dx \int\limits_\Omega (\operatorname{grad} u_j)^2\, dx\Bigr)^{1/2} \leqq \frac{\nu}{2}\, \varphi^2(t) + \frac{2}{\nu}\, \tilde{\varphi}^2(t) \int\limits_\Omega \mathfrak{u}^2\, dx\,, \quad (57)$$

wobei $\tilde{\varphi}^2(t) = \int\limits_\Omega \sum\limits_{i,k} v_{i\,x_k}'^2\, dx$ ist. Diese Abschätzung berücksichtigen wir in (56); das ergibt

$$\frac{1}{2}\, ||\mathfrak{u}||^2 + \nu \int\limits_0^t \varphi^2(t)\, dt \leqq \frac{\nu}{2} \int\limits_0^t \varphi^2(t)\, dt + \int\limits_0^t \tilde{\varphi}^2(t)\, ||\mathfrak{u}||^2\, dt\,.$$

Hieraus erhalten wir

$$||\mathfrak{u}||^2 \leqq \frac{4}{\nu} \int\limits_0^t \tilde{\varphi}^2(t)\, ||\mathfrak{u}||^2\, dt\,.$$

Wegen $\int\limits_0^t \tilde{\varphi}^2(t)\, dt < \infty$ folgt $\mathfrak{u} = 0$. Für den dreidimensionalen Fall gilt die Abschätzung (1), § 1, Kap. I, und deshalb auch (57) nicht. Dafür kann man andere Abschätzungen angeben, z. B.

$$\left|\int\limits_\Omega u_k\, \mathfrak{v}'_{x_k}\, \mathfrak{u}\, dx\right| \leqq \sqrt{3}\, \tilde{\varphi}(t) \sum_j \Bigl(\int\limits_\Omega u_j^4\, dx\Bigr)^{1/2}$$

$$\leqq \sqrt{3}\, \tilde{\varphi}(t) \sum_j \left[4\Bigl(\int\limits_\Omega u_j^2\, dx\Bigr)^{1/2} \Bigl(\int\limits_\Omega (\operatorname{grad} u_j)^2\, dx\Bigr)^{3/2}\right]^{1/2} \leqq \frac{\nu}{2}\, \varphi^2 + \frac{243}{2\,\nu^3}\, \tilde{\varphi}^4 ||\mathfrak{u}||^2\,.$$

Weiter verfährt man wie oben im zweidimensionalen Fall und beweist, daß $\mathfrak{u} = 0$ ist, wenn $\mathfrak{v}'$ die Bedingung $\int\limits_0^t \tilde{\varphi}^4(t)\, dt < \infty$ erfüllt. Anstelle dieser Bedingung kann man auch die Endlichkeit des Integrals

$$\int\limits_0^t ||\mathfrak{v}'||_{\mathfrak{L}_4(\Omega)}^8\, dt$$

fordern.

Beim Beweis von Satz 11 haben wir das Gebiet Ω als beschränkt vorausgesetzt. Wie man leicht sieht, kann dieser Satz auch für unbeschränkte Gebiete gelten, z. B. beim Anfangswertproblem. In (53) muß lediglich vorausgesetzt werden, daß $\vec{\Phi}$ bezüglich x finit ist und so schnell abnimmt, daß alle Integrale in (53) konvergieren. Die Richtigkeit dieser Behauptung läßt sich mit Hilfe von Satz 11 leicht beweisen. Zu diesem Zweck wähle man eine Folge von Zylindern $Q_n = \{|x| \leqq R_n, 0 \leqq t \leqq T\}$ mit $R_{n+1} > R_n$. $\mathfrak{v}_n$ seien die zu Q_n gehörigen schwachen Lösungen; zu $\{\mathfrak{v}_n\}$ existiert eine Teilfolge, deren Grenzwert die gesuchte Lösung ist. Alle Grenzübergänge werden wie oben ausgeführt, nur muß $\vec{\Phi}$ beim Beweis von (53) finit angenommen werden.

In bezug auf die schwachen Lösungen stellen wir folgende Frage. Angenommen, das Randwertproblem (1) besitze mehrere solcher Lösungen, so daß man aus $\{\mathfrak{v}^n(x, t)\}$ Teilfolgen wählen kann, die gegen verschiedene Grenzwerte konvergieren. Wir nehmen weiter an, zu (1) existiere eine verallgemeinerte Lösung $\mathfrak{v}$ im Sinne der obigen Definition. Wird diese Lösung $\mathfrak{v}$ Grenzwert der Folge $\{\mathfrak{v}^n\}$ sein? Die Antwort ist positiv, wenn das Fundamentalsystem $\{\mathfrak{a}^k(x)\}$ geeignet gewählt wird.

Satz 12. *$\mathfrak{v}(x, t)$ sei eine verallgemeinerte Lösung des Problems* (1), *$\{\mathfrak{a}^k(x)\}$ ein Fundamentalsystem in $\mathfrak{L}_2(\Omega)$, $H(\Omega)$ und $\mathfrak{L}_4(\Omega)$, in $\mathfrak{L}_2(\Omega)$ sei es orthonormiert. Dann konvergiert die Folge der nach dem GALERKINschen Verfahren mit Hilfe des Fundamentalsystems $\{\mathfrak{a}^k(x)\}$ konstruierten Näherungslösungen gegen $\mathfrak{v}(x, t)$.*

Beweis. P_n sei der Operator, der jedem Vektorfeld $\vec{\varphi}(x)$ die n-te Partialsumme seiner FOURIER-Reihe bezüglich des Systems $\{\mathfrak{a}^k(x)\}$ zuordnet, d. h.

$$P_n \vec{\varphi} = \sum_{k=1}^{n} (\vec{\varphi}, \mathfrak{a}^k)\, \mathfrak{a}^k(x) .$$

Wie man leicht sieht, sind die P_n in $H(\Omega)$ und $\mathfrak{L}_4(\Omega)$ beschränkte Operatoren. Andererseits konvergiert die Folge $\{P_n\}$ auf jedem Element dieser Räume gegen den Einheitsoperator. Nach dem BANACH-STEINHAUSschen Satz sind die Normen der P_n deshalb in beiden Räumen gleichmäßig beschränkt $||P_n||_{H(\Omega)} \leqq C$, $||P_n||_{\mathfrak{L}_4(\Omega)} \leqq C$. Das ergibt für

$$\mathfrak{v}^{(n)}(x, t) = \sum_{k=1}^{n} (\mathfrak{v}, \mathfrak{a}^k)\, \mathfrak{a}^k(x) \equiv \sum_{k=1}^{n} c_k\, \mathfrak{a}^k(x)\ ^{1)}$$

die Abschätzungen

$$||\mathfrak{v}^{(n)}||_{H(\Omega)} = ||P_n \mathfrak{v}||_{H(\Omega)} \leqq C||\mathfrak{v}||_{H(\Omega)}\ ^{2)}$$

und

$$||\mathfrak{v}^{(n)}||_{\mathfrak{L}_4(\Omega)} \leqq C||\mathfrak{v}||_{\mathfrak{L}_4(\Omega)} .$$

Da die Integrale $\int\limits_{\Omega} \sum_{k=1}^{3} (v_k(x, t))^4\, dx$ $(t \in [0, T])$ und $\int\limits_0^T ||\mathfrak{v}||^2_{H(\Omega)}\, dt$ für die verallgemeinerte Lösung $\mathfrak{v}(x, t)$ beschränkt sind, folgt aus dem Gesagten die gleich-

[1]) Hier wird $\equiv$ wieder im Sinne einer Definition benutzt. — Anm. d. Red.

[2]) Vgl. Fußnote, Seite 10. — Anm. d. Red.

mäßige Beschränktheit der Integrale $\int\limits_{\Omega} \sum\limits_{k=1}^{3} [v_k^{(n)}(x, t)]^4 \, dx$ für $t \in [0, T]$, die Konvergenz der $\mathfrak{v}^{(n)}(x, t)$ für $n \to \infty$ in der Norm von $H(\Omega)$ für fast alle $t \in [0, T]$ gegen $\mathfrak{v}(x, t)$ und $\int\limits_0^T \|\mathfrak{v}^{(n)} - \mathfrak{v}\|_H^2 \, dt \to 0$ für $n \to \infty$.

Für die $\mathfrak{v}^{(n)}$ gelten die Beziehungen (35), die man wie folgt schreiben kann:

$$\frac{d}{dt}(\mathfrak{v}^n, \mathfrak{a}^l) + \nu(\mathfrak{v}_{x_i}^n, \mathfrak{a}_{x_i}^l) = (v_k^n \mathfrak{v}^n, \mathfrak{a}_{x_k}) + (\mathfrak{f}, \mathfrak{a}^l), \qquad l = 1, 2, \ldots, n. \tag{58}$$

Entsprechende Gleichungen erfüllt $\mathfrak{v}$ für alle l. Deshalb ist

$$\frac{d}{dt}(\mathfrak{v}^{(n)}, \mathfrak{a}^l) + \nu(\mathfrak{v}_{x_i}^{(n)}, \mathfrak{a}_{x_i}^l) = (v_k^{(n)} \mathfrak{v}^{(n)}, \mathfrak{a}_{x_k}^l) + (\mathfrak{f}, \mathfrak{a}^l) + I_l^n, \quad l \leqq n, \tag{59}$$

mit

$$I_l^n = -\nu(\mathfrak{v}_{x_i} - \mathfrak{v}_{x_i}^{(n)}, \mathfrak{a}_{x_i}^l) + (v_k \mathfrak{v} - v_k^{(n)} \mathfrak{v}^{(n)}, \mathfrak{a}_{x_k}^l).$$

Wir subtrahieren (59) von (58), multiplizieren mit $c_{l\,n}(t) - c_l(t)$, summieren über l von 1 bis n und setzen $\mathfrak{R}^n(x, t) = \mathfrak{v}^n - \mathfrak{v}^{(n)}$. Das ergibt

$$\frac{1}{2} \cdot (\mathfrak{R}^n, \mathfrak{R}^n) + \nu(\mathfrak{R}_x^n, \mathfrak{R}_x^n) = (v_k^n \mathfrak{v}^n - v_k^{(n)} \mathfrak{v}^{(n)}, \mathfrak{R}_{x_k}^n) + I^n, \tag{60}$$

wobei

$$I^n = -\nu(\mathfrak{v}_{x_i} - \mathfrak{v}_{x_i}^{(n)}, \mathfrak{R}_{x_i}^n) + (v_k \mathfrak{v} - v_k^{(n)} \mathfrak{v}^{(n)}, \mathfrak{R}_{x_k}^n)$$

ist. Die in (60) rechts stehenden Glieder schätzen wir mit Hilfe der Hölderschen und Minkowskischen Ungleichung sowie der Ungleichung (3), § 1, Kap. I ab. Für das erste Glied erhalten wir

$$\begin{aligned}
|(v_k^n \mathfrak{v}^n - v_k^{(n)} \mathfrak{v}^{(n)}, \mathfrak{R}_{x_k}^n)| &= |(v_k^n \mathfrak{R}^n, \mathfrak{R}_{x_k}^n) + (R_k^n \mathfrak{v}^{(n)}, \mathfrak{R}_{x_k}^n)| \\
&= |(R_k^n \mathfrak{v}^{(n)}, \mathfrak{R}_{x_k}^n)| \leqq \|\mathfrak{R}^n\|_H \left[\int\limits_{\Omega} \sum_{i,k=1}^{3} (R_k^n v_i^{(n)})^2 \, dx\right]^{1/2} \\
&\leqq \sqrt{3}\, \|\mathfrak{R}^n\|_H \left(\sum_{i=1}^{3} \int\limits_{\Omega} |v_i^n|^4 \, dx\right)^{1/4} \left(\sum_{k=1}^{3} \int\limits_{\Omega} |R_k^n|^4 \, dx\right)^{1/4} \\
&\leqq C\|\mathfrak{R}^n\|_H \, \|\mathfrak{R}^n\|^{1/4} \, \|\mathfrak{R}^n\|_H^{3/4} \leqq C\|\mathfrak{R}^n\|_H \left(\frac{\|\mathfrak{R}^n\|}{4\,\varepsilon^4} + \frac{3\,\varepsilon^{4/3}}{4} \|\mathfrak{R}^n\|_H\right)
\end{aligned}$$

mit beliebigem $\varepsilon > 0$. Wir wählen ε so, daß $\frac{3}{4}\varepsilon^{4/3} C = \frac{\nu}{2}$ ist. Dann ist

$$|(v_k^n \mathfrak{v}^n - v_k^{(n)} \mathfrak{v}^{(n)}, \mathfrak{R}_{x_k}^n)| \leqq \frac{\nu}{2} \|\mathfrak{R}^n\|_H^2 + C_1 \|\mathfrak{R}^n\|_H \, \|\mathfrak{R}^n\|.$$

Für das zweite Glied ergibt sich

$$|I^n| \leqq \nu ||\mathfrak{R}^n||_H \cdot ||\mathfrak{v} - \mathfrak{v}^{(n)}||_H + ||\mathfrak{R}^n||_H \left(\sum_{i,k=1}^{3} \int_\Omega (v_k v_i - v_k^{(n)} v_i^{(n)})^2 \, dx \right)^{1/2}$$

$$\leqq \nu ||\mathfrak{R}^n||_H \cdot ||\mathfrak{v} - \mathfrak{v}^{(n)}||_H + ||\mathfrak{R}^n||_H \left\{ 6 \left[\sum_{k=1}^{3} \int_\Omega v_k^4 \, dx \right]^{1/2} \left[\sum_{i=1}^{3} \int_\Omega (v_i - v_i^{(n)})^4 \, dx \right]^{1/2} \right.$$

$$\left. + 6 \left[\sum_{i=1}^{3} \int_\Omega (v_i^{(n)})^4 \, dx \right]^{1/2} \left[\sum_{k=1}^{3} \int_\Omega (v_k - v_k^{(n)})^4 \, dx \right]^{1/2} \right\}^{1/2} \leqq C_2 ||\mathfrak{R}^n||_H \, ||\mathfrak{v} - \mathfrak{v}^{(n)}||_H .$$

Diese Abschätzungen berücksichtigen wir in (60):

$$\frac{1}{2} \cdot \frac{d}{dt} ||\mathfrak{R}^n||^2 + \nu ||\mathfrak{R}^n||_H^2 \leqq \frac{\nu}{2} ||\mathfrak{R}^n||_H^2 + C_1 ||\mathfrak{R}^n||_H \, ||\mathfrak{R}^n|| + C_2 ||\mathfrak{R}^n||_H \, ||\mathfrak{v} - \mathfrak{v}^{(n)}||_H$$

$$\leqq \frac{\nu}{2} ||\mathfrak{R}^n||_H^2 + \frac{\nu}{4} ||\mathfrak{R}^n||_H^2 + \frac{C_1^2}{\nu} ||\mathfrak{R}^n||^2 + \frac{\nu}{4} ||\mathfrak{R}^n||_H^2 + \frac{C_2^2}{\nu} ||\mathfrak{v} - \mathfrak{v}^{(n)}||_H^2 ,$$

so daß

$$\frac{1}{2} \cdot \frac{d}{dt} ||\mathfrak{R}^n||^2 \leqq \frac{C_1^2}{\nu} ||\mathfrak{R}^n||^2 + \frac{C_2^2}{\nu} ||\mathfrak{v} - \mathfrak{v}^{(n)}||_H^2$$

ist. Hieraus folgt $\lim\limits_{n \to \infty} ||\mathfrak{R}^n|| = 0$, da $\int_0^T ||\mathfrak{v} - \mathfrak{v}^{(n)}||_H^2 \, dt$ für $n \to \infty$ gegen Null strebt, q. e. d.

In [40] wurde versucht, die eindeutige Lösbarkeit des Randwertproblems (1) für das Intervall $t \geqq 0$ ohne Beschränkungen für die Ausgangsgrößen zu beweisen. Die Idee besteht darin: In den NAVIER-STOKESschen Gleichungen wird eine zusätzliche Zähigkeit $\varepsilon > 0$ eingeführt (oder man nimmt einen Mittelwert $(v_k)_\varrho \, \mathfrak{v}_{x_k}$ der nichtlinearen Glieder). Für das neue System wird die eindeutige Lösbarkeit für alle $t \geqq 0$ bewiesen und gezeigt, daß die Lösung $\mathfrak{v}^\varepsilon(x, t)$ für $\varepsilon \to 0$ (oder für $\varrho \to 0$) einen eindeutig bestimmten Grenzwert $\mathfrak{v}(x, t)$ besitzt. Dieser Grenzwert wird naturgemäß als Lösung von (1) definiert. Auf diesem Weg wurde folgendes Teilergebnis erzielt.

Satz 13. *Das Randwertproblem*

$$\left. \begin{aligned} &\mathfrak{v}_t^\varepsilon + \varepsilon \Delta^2 \mathfrak{v}^\varepsilon - \nu \Delta \mathfrak{v}^\varepsilon + v_k^\varepsilon \mathfrak{v}_{x_k}^\varepsilon + \operatorname{grad} p^\varepsilon = \mathfrak{f} , \qquad \operatorname{div} \mathfrak{v}^\varepsilon = 0 , \\ &\mathfrak{v}^\varepsilon|_S = \Delta \mathfrak{v}^\varepsilon|_S = 0 , \qquad \mathfrak{v}^\varepsilon|_{t=0} = \mathfrak{a}(x) \end{aligned} \right\} \tag{61}$$

besitzt eine eindeutig bestimmte Lösung $\mathfrak{v}^\varepsilon$, p^ε, die in Q_T für jedes $T > 0$ definiert ist, wenn

$$\varepsilon > 0 , \quad \nu \geqq 0 , \quad \mathfrak{f} \in \mathfrak{L}_2(Q_T) \quad \text{und} \quad \mathfrak{a} \in \mathfrak{W}_2^2(\Omega) \cap J_{0,1}(\Omega)$$

ist. Gibt es zu jedem $\delta > 0$ *eine nur von* δ *abhängige Konstante* $C = C(\delta)$, *so daß für alle* $\varepsilon > 0$

$$\int\limits_{\Omega} \sum_{k=1}^{3} |v_k^\varepsilon(x, t)|^{3+\delta}\, dx \leqq C(\delta) \tag{62}$$

ist, dann strebt $\mathfrak{v}^\varepsilon$ *für* $\varepsilon \to 0$ *gegen einen eindeutig bestimmten Grenzwert* $\mathfrak{v}$, *und dieser ist eine schwache Lösung des Randwertproblems* (1).

§ 7. Unbeschränkte Gebiete

Die meisten Sätze dieses Kapitels gelten für beschränkte und unbeschränkte Gebiete Ω. Die Bedingung, daß $\mathfrak{a}(x)$ über Ω quadratisch summierbar sein soll, schließt im Unendlichen von Null verschiedene Geschwindigkeiten aus.

Wir wiesen bereits darauf hin, daß diese Fälle durch Einführung eines neuen Feldes $\mathfrak{u}(x, t) = \mathfrak{v}(x, t) - \mathfrak{b}(x)$ anstelle von $\mathfrak{v}$ häufig auf bekannte zurückgeführt werden können. Erfüllt z. B. $\mathfrak{a}(x) = \mathfrak{v}(x, 0)$ die Bedingungen $\mathfrak{a}_{x_k}, \mathfrak{a}_{x_k x_j} \in \mathfrak{L}_2(\Omega)$, $\mathfrak{a} = O(1)$, $\mathfrak{a}_{x_k} = O(1)$ für große $|x|$ und $\operatorname{div} \mathfrak{a} = 0$ in Ω, so konstruieren wir in Ω ein quellenfreies zweimal differenzierbares Vektorfeld $\mathfrak{b}(x)$, das folgende Eigenschaften besitzt:

$$\mathfrak{b}|_S = 0; \quad \mathfrak{b} = O(1)\,, \quad \mathfrak{b}_{x_k} = O(1) \text{ für große } |x|; \quad \mathfrak{b}_{x_k}, \Delta\mathfrak{b}, \mathfrak{a} - \mathfrak{b} \in \mathfrak{L}_2(\Omega)\,.$$

Für $\mathfrak{u}(x, t) = \mathfrak{v}(x, t) - \mathfrak{b}(x)$ erhalten wir

$$\mathfrak{u}_t - \nu\,\Delta\mathfrak{u} + (u_k + b_k)(\mathfrak{u}_{x_k} + \mathfrak{b}_{x_k}) = -\operatorname{grad} p + \mathfrak{f} + \nu\,\Delta\mathfrak{b}\,, \tag{63}$$

$$\operatorname{div} \mathfrak{u} = 0\,,$$

$$\mathfrak{u}|_S = 0\,, \quad \mathfrak{u}(x, 0) = \mathfrak{a}(x) - \mathfrak{b}(x) \in \mathfrak{L}_2(\Omega)\,. \tag{64}$$

Das Problem (63), (64) unterscheidet sich vom Randwertproblem (1) nur durch unwesentliche Glieder. Alle Existenzsätze gelten auch für das System (63), (64). Für $t \to \infty$ zeigen die Lösungen der beiden Probleme unterschiedliches Verhalten. Wegen des Gliedes $u_k \mathfrak{b}_{x_k}$ in (63) brauchen für die Lösung Abschätzungen vom Typ (9) und (10) nicht zu gelten. (Im Dreidimensionalen kann für $\mathfrak{b}$ die Lösung des stationären Problems mit vorgegebener Geschwindigkeit im Unendlichen gewählt werden, dann heben sich die Glieder $b_k \mathfrak{b}_{x_k}$ und $\nu\,\Delta\mathfrak{b}$ gegenseitig auf.) Die Abschätzungen (9) und (10) sind für das Verhalten der Lösung für $t \to \infty$ wesentlich. Wir können ohne sie auch nicht beweisen, daß es eine Norm gibt, in der die Lösung $\mathfrak{u}$ für alle $t \geqq 0$ beschränkt ist. Trotzdem vermuten wir, daß die Lösung $\mathfrak{u}$ des instationären Problems mit im Unendlichen vorgegebener konstanter Geschwindigkeit $\mathfrak{v}_\infty$ für alle $t \geqq 0$ in einer geeignet gewählten Norm beschränkt und deshalb in gewissem Sinne stationär ist. Für hinreichend kleine Reynolds-Zahlen kann man beweisen, daß die Lösung wie in Satz 10 gegen die

Lösung des stationären Problems strebt. Sie wird nicht für beliebige REYNOLDS-Zahlen gegen einen stationären Zustand streben, aber beschränkt sein. Wir sprechen dann von einer stabilen turbulenten Strömung.

§ 8. Über das Anfangswertproblem der NAVIER-STOKESschen Gleichungen

In § 5 des IV. Kapitels wurde bewiesen, daß die Lösung $\mathfrak{v}(x, t)$ des Anfangswertproblems für die STOKESschen Gleichungen mit verschwindenden Anfangswerten und $\mathfrak{f} \in \mathfrak{L}_r\,(\Omega \times [0, T])$ $(r > 1)$ nebst den Ableitungen $\mathfrak{v}_t$, $\mathfrak{v}_{x_k}$, $\mathfrak{v}_{x_k x_j}$ und p_{x_k} mit demselben Exponenten r über $\Omega \times [0, T]$ summierbar ist. Dieses Ergebnis verwenden wir beim Beweis des folgenden.

Satz 14. *Für alle Zeitpunkte $t \geqq 0$ besitzt das Anfangswertproblem der NAVIER-STOKESschen Gleichungen mit $\mathfrak{f} \in \mathfrak{L}_{5/4}\,(\Omega \times [0, T]) \cap \mathfrak{L}_2\,(\Omega \times [0, T])$ bei beliebigem $T > 0$ und $\mathfrak{a} \equiv 0$ mindestens eine Lösung $\mathfrak{v}, p$, die folgende Eigenschaften besitzt:*

$$\mathfrak{v}_{x_k} \in \mathfrak{L}_{5/4}\,(\Omega \times [0, T]) \cap \mathfrak{L}_2\,(\Omega \times [0, T]); \quad \mathfrak{v}, \mathfrak{v}_t, \mathfrak{v}_{x_i x_j}, p_{x_i} \in \mathfrak{L}_{5/4}\,(\Omega \times [0, T]);$$

für alle Zeitpunkte $t \geqq 0$ gehört $\mathfrak{v}(x, t)$ zu $\mathfrak{L}_2(E_n)$ und hängt stetig von t ab. Die NAVIER-STOKESschen Gleichungen werden fast überall erfüllt.

Beweis. Der Kürze halber setzen wir homogene Anfangsbedingungen voraus. Wir wählen einen Streifen $0 \leqq t \leqq T$ von beliebiger fester Breite. Da wir vorausgesetzt haben, daß $\mathfrak{f}(x, t)$ in diesem Streifen quadratisch summierbar ist, existiert (wie in § 6 festgestellt wurde) mindestens eine schwache Lösung $\mathfrak{v}(x, t)$, $p(x, t)$. Diese Lösung genügt der Identität

$$\int_0^T \int_\Omega \left(-\mathfrak{v}\,\vec{\Phi}_t + \nu\,\mathfrak{v}_{x_i}\,\vec{\Phi}_{x_i}\right) dx\,dt = \int_0^T \int_\Omega \left(\mathfrak{f} - v_k\,\mathfrak{v}_{x_k}\right) \vec{\Phi}\,dx\,dt\,. \tag{65}$$

Das Vektorfeld $\vec{\Phi}$ sei hinreichend glatt[1]) und quellenfrei und für $t = T$ und große $|x|$ verschwinde es. Für eine Lösung $\mathfrak{v}$ sind die Integrale $\int_0^T \int_\Omega \sum_i \mathfrak{v}_{x_i}^2\,dx\,dt \leqq C(T)$ und $\int_\Omega \mathfrak{v}^2(x, t)\,dx \leqq C_1$ bekanntlich beschränkt. Folglich sind die Vektorfelder $v_k\,v_{i\,x_k}$ über dem Streifen $0 \leqq t \leqq T$ mit dem Exponenten $5/4$ summierbar. Deshalb ist die Identität (65) nicht nur für finite $\vec{\Phi}(x, t)$ erfüllt, sondern auch für solche $\vec{\Phi}$, die nebst den Ableitungen $\vec{\Phi}_t$ und $\vec{\Phi}_{x_i}$ bezüglich x gleichmäßig wie $\frac{1}{|x|^2}$ abnehmen. Diese Bemerkung wird uns im weiteren von Nutzen sein.

Wir zeigen, daß die $v_k\,v_{i\,x_k}$ über dem Streifen $0 \leqq t \leqq T$ mit dem Exponenten $5/4$ summierbar sind. Die HÖLDERsche Ungleichung und die Ungleichung (3),

---

[1]) Vgl. Fußnote 3) Seite 14. — Anm. d. Red.

§ 1, Kap. I, ergeben

$$\int_0^T \int_\Omega |v_k v_{i\,x_k}|^{5/4}\, dx\, dt \leqq \left(\int_0^T \int_\Omega v_{i\,x_k}^2\, dx\, dt\right)^{5/8} \left(\int_0^T \int_\Omega v_k^{10/3}\, dx\, dt\right)^{3/8}$$

$$\leqq C^{5/8} \left(\int_0^T \int_\Omega v_k^{2/3} v_k^{8/3}\, dx\, dt\right)^{3/8} \leqq C^{5/8} \left\{\int_0^T \left[\left(\int_\Omega v_k^2\, dt\right)^{1/3} \left(\int_\Omega v_k^4\, dx\right)^{2/3}\right] dt\right\}^{3/8}$$

$$\leqq C^{5/8} \left\{\int_0^T \left[C^{1/3} \cdot 4^{2/3} \left(\int_\Omega v_k^2\, dx\right)^{1/3} \int_\Omega \sum_j v_{k\,x_j}^2\, dx\right] dt\right\}^{3/8}$$

$$\leqq C^{5/8} \sqrt{2}\, C^{1/4} \left(\int_0^T \int_\Omega \sum_j v_{k\,x_j}^2\, dx\, dt\right)^{3/8} \leqq C^4 \sqrt{4\,C}\,.$$

Es ist also tatsächlich für alle i $v_k v_{i\,x_k} \in L_{5/4}\,(\Omega \times [0, T])$.

Wir ersetzen in (65) $\mathfrak{f}$ durch $\vec{\psi} = \mathfrak{f} - v_k \mathfrak{v}_{x_k}$ (dieses Vektorfeld ist über dem Streifen $0 \leqq t \leqq T$ mit dem Exponenten 5/4 summierbar) und verstehen unter $\mathfrak{v}$ die verallgemeinerte Lösung des Anfangswertproblems für die STOKESschen Gleichungen mit der äußeren Kraft $\vec{\psi}(x, t)$ und homogenen Anfangsbedingungen. Für $\vec{\Phi}$ wählen wir in (65) die Lösung des adjungierten Problems (25), § 5, Kap. IV, mit einem beliebigen glatten finiten Vektorfeld $\mathfrak{F}(x, t)$ und der Anfangsbedingung $\vec{\Phi}(x, T) = 0$[1]. Für ein solches $\vec{\Phi}$ kann man (65) in der Form

$$\int_0^T \int_\Omega \mathfrak{v}\,(-\vec{\Phi}_t - \nu\, \Delta\vec{\Phi})\, dx\, dt = \int_0^T \int_\Omega \vec{\psi}\, \vec{\Phi}\, dx\, dt \tag{66}$$

schreiben.

Beweis. Die Gleichung

$$\int_0^T \int_\Omega \mathfrak{v}_{x_i} \vec{\Phi}_{x_i}\, dx\, dt = -\int_0^T \int_\Omega \mathfrak{v}\, \Delta\vec{\Phi}\, dx\, dt$$

ist eine Folge der quadratischen Summierbarkeit von $\mathfrak{v}$, $\mathfrak{v}_{x_i}$, $\vec{\Phi}$, und $\Delta\vec{\Phi}$ über $\Omega \times [0, T]$. Durchläuft nämlich R eine gegen Unendlich konvergierende Folge $\{R_k\}$, so konvergieren die rechts und links stehenden Integrale, und das Integral $J = \int_0^T \int_{|x|=R} \mathfrak{v} \frac{\partial\vec{\Phi}}{\partial n}\, dS\, dt$ verschwindet, weil

$$|J| \leqq \frac{1}{2} \int_0^T \int_{|x|=R} \left[\mathfrak{v}^2 + \left(\frac{\partial\vec{\Phi}}{\partial n}\right)^2\right] dS\, dt$$

und

$$\int_0^\infty dR \int_0^T \int_{|x|=R} \left[\mathfrak{v}^2 + \sum_{i=1}^3 \vec{\Phi}_x^2\right] dS\, dt < \infty$$

ist. (66) ist damit bewiesen.

[1] Wie oben (§ 5, Kap. IV) bemerkt wurde, nimmt diese hinreichend schnell ab.

Im weiteren verwenden wir die in § 5, Kap. IV, gewonnenen Ergebnisse. Dort wurde bewiesen, daß jeder äußeren Kraft $\vec{\psi} \in \mathfrak{L}_{5/4}$ ($\Omega \times [0, T]$) eine eindeutig bestimmte Lösung $\mathfrak{v}'(x, t)$ der STOKESschen Gleichungen mit homogenen Anfangsbedingungen $\mathfrak{v}'(x, 0) = 0$ entspricht. Sie genügt der Identität (66) mit den gleichen $\vec{\Phi}$ wie für $\mathfrak{v}$, außerdem sind $\mathfrak{v}'$, $\mathfrak{v}'_t$, $\mathfrak{v}'_{x_i}$, $\mathfrak{v}'_{x_i x_j}$ und p'_{x_i} in $\mathfrak{L}_{5/4}$ ($\Omega \times [0, T]$) enthalten. Wir schreiben die Beziehung (66) für $\mathfrak{v}$ und $\mathfrak{v}'$ auf und bilden die Differenz; das ergibt

$$\int_0^T \int_\Omega (\mathfrak{v} - \mathfrak{v}')(-\vec{\Phi}_t - \nu \Delta \vec{\Phi})\, dx\, dt = 0\,. \tag{67}$$

(67) ist mit

$$\int_0^T \int_\Omega (\mathfrak{v} - \mathfrak{v}')(\mathfrak{F} + \operatorname{grad} Q)\, dx\, dt = 0 \tag{68}$$

äquivalent, da $\vec{\Phi}$ eine Lösung des Anfangswertproblems (25), § 5, Kap. IV, ist. Die Integrale $\int_0^T \int_\Omega (\mathfrak{v} \operatorname{grad} Q)\, dx\, dt$ und $\int_0^T \int_\Omega (\mathfrak{v}' \operatorname{grad} Q)\, dx\, dt$ verschwinden (siehe § 5, Kap. IV); deshalb nimmt (68) die Form

$$\int_0^T \int_\Omega (\mathfrak{v} - \mathfrak{v}')\, \mathfrak{F}\, dx\, dt = 0$$

an. Da $\mathfrak{F}(x, t)$ ein beliebiges glattes finites Vektorfeld sein sollte, sind $\mathfrak{v}$ und $\mathfrak{v}'$ identisch. Damit ist bewiesen, daß die schwache Lösung $\mathfrak{v}$ die Ableitungen $\mathfrak{v}_t$, $\mathfrak{v}_{x_i x_j}$ besitzt, welche nebst den p_{x_i} über $\Omega \times [0, T]$ mit dem Exponenten 5/4 summierbar sind. $\mathfrak{f}$ haben wir dabei keinerlei Beschränktheitsforderungen auferlegt. Die Voraussetzung $\mathfrak{v}(x, 0) = 0$ ist unwesentlich.

Dieses Ergebnis gilt auch für Randwertaufgaben. Wir wollen darauf nicht näher eingehen, da der Beweis, der auf der Theorie der instationären hydrodynamischen Potentiale beruht, recht lang ist und das Ergebnis keine vollständige Lösung des Problems liefert. Denn auch für die oben gefundene verallgemeinerte Lösung $\mathfrak{v}$ bleibt die Frage nach der eindeutigen Bestimmtheit offen; ihre Existenz ist für alle $t \geqq 0$ gesichert.

Wir bemerken noch, daß die Lösung des Anfangswertproblems für $t \to \infty$ im folgenden Sinne stabil ist. Für alle $t \geqq 0$ sei im Unendlichen ($|x| = \infty$) die Strömungsgeschwindigkeit $\mathfrak{b}$ konstant. Die Anfangsgeschwindigkeit $\mathfrak{v}(x, 0) = \mathfrak{a}(x)$ sei so beschaffen, daß $\mathfrak{a} - \mathfrak{b} \in \mathfrak{L}_2(E_n)$ ist. Dann strebt die Lösung $\mathfrak{v}(x, t)$ des inhomogenen Systems (1) für $t \to \infty$ gegen $\mathfrak{b}$, sofern $\int_0^\infty \left[\int_{E_n} \mathfrak{f}^2(x, t)\, dx\right] dt < \infty$ ist. Die Differenz $\mathfrak{u}(x, t) = \mathfrak{v}(x, t) - \mathfrak{b}$ genügt den Differentialgleichungen

$$\mathfrak{u}_t - \nu \Delta \mathfrak{u} + (u_k + b_k)\, \mathfrak{u}_{x_k} = -\operatorname{grad} p + \mathfrak{f}\,, \quad \operatorname{div} \mathfrak{u} = 0\,;$$

deshalb gilt für sie die Abschätzung (10)

$$\int_\Omega \mathfrak{u}^2(x, t)\, dx + 2\nu \int_0^t \int_\Omega \sum_k \mathfrak{u}_{x_k}^2\, dx\, dt \leqq \text{const}\,,$$

welche auch zeigt, daß $\mathfrak{u}$ für $t \to \infty$ in einem gewissen Sinne verschwindet.

KOMMENTAR ZU KAPITEL VI

In diesem Kapitel werden im wesentlichen die in den Arbeiten [38] und [39] gewonnenen Ergebnisse dargestellt. Ihnen gingen Untersuchungen von LERAY [12, 13] und HOPF [14] voraus.

LERAY hat die eindeutige Lösbarkeit des Randwertproblems (1) für ebene Strömungen in konvexen Gebieten „im kleinen" bewiesen. Für dasselbe Problem hat er das Verhalten „turbulenter Lösungen" in möglichen Verzweigungspunkten für alle Zeitpunkte $t \geqq 0$ untersucht. Außerdem hat er bewiesen, daß das Anfangswertproblem für die NAVIER-STOKESschen Gleichungen im Zweidimensionalen für alle $t \geqq 0$ und im Dreidimensionalen für ein kleines Zeitintervall eindeutig lösbar ist. Diese Ergebnisse wurden mit Hilfe der instationären hydrodynamischen Potentiale gewonnen.

HOPF [14] hat für das allgemeine Randwertproblem (1) die Existenz einer schwachen Lösung für alle $t \geqq 0$ bewiesen. Dieses Problem behandelte er mit einer neuartigen Methode. Das Neue bestand darin, daß er von klassischen Lösungen zu verallgemeinerten überging und Verfahren zur unmittelbaren Gewinnung dieser verallgemeinerten Lösungen ausarbeitete. Ich bin bei der Darstellung der instationären Probleme von meiner Arbeit [2] ausgegangen. Im Unterschied zu HOPF [14] motivieren wir dieses Verfahren, indem wir entsprechende Eindeutigkeitssätze für die verallgemeinerten Lösungen beweisen. Die Theorie der „verallgemeinerten Lösungen" geht auf S. L. SOBOLEW [6–10] und FRIEDRICHS [4] zurück. Es sei noch bemerkt, daß sich die Ergebnisse von HOPF [14] bezüglich der Konvergenz des GALERKINschen Verfahrens leicht auf instationäre Probleme für Gleichungen verschiedenen Typs[1]) (u. a. auch auf Differentialgleichungen in HILBERT-Räumen) übertragen lassen.

In § 4 haben wir einige Ergebnisse über Differenzierbarkeitseigenschaften verallgemeinerter Lösungen des Randwertproblems (1) mitgeteilt und Beweisgedanken angegeben. Die Untersuchungen in Q_T sind, wie im Text vermerkt, nicht besonders schwierig. Um das Verhalten der Lösung in der Nähe des Randes zu untersuchen, wäre es nötig, den linearen Operator $\frac{\partial}{\partial t} - \tilde{\Delta}$ in verschiedenen Räumen zu studieren. In L_p-Räumen wurden solche Untersuchungen von K. K.

[1]) Diese Bemerkung findet man auch bei HOPF l. c. Seite 217; inzwischen wurde das Verfahren mit Erfolg z. B. auf die Grundgleichungen der Magnetohydrodynamik angewandt (vgl. R. H. Dyer und D. E. EDMUNDS, Arch. Rat. Mech. Anal. 9 (1962) 403–410. – Anm. d. Red.

GOLOWKIN, W. A. SOLONNIKOW und von mir durchgeführt, in HÖLDER-Räumen von GOLOWKIN und SOLONNIKOW. Von GOLOWKIN und SOLONNIKOW stammen auch die am Anfang von § 1 formulierten Ergebnisse über die Lösbarkeit in HÖLDER-Klassen. Für ebene Strömungen sei auch auf die Arbeit [53] von GOLOWKIN hingewiesen.

Um möglichst scharfe Abschätzungen zu gewinnen, wurden in den genannten Räumen instationäre hydrodynamische Potentiale verwendet, von denen in den Kommentaren zu Kap. IV die Rede war.

In Satz 12, Kap. VI, wird von der Gesamtheit der Vektoren $\{\mathfrak{a}^k(x)\}$ gefordert, daß sie in $\mathfrak{L}_4(\Omega)$ eine Basis bildet. Bis jetzt gibt es keine allgemeinen Kriterien, unter welchen Bedingungen eine Funktionenmenge in einem BANACH-Raum (darunter auch in $\mathfrak{L}_4(\Omega)$) eine Basis bildet. Deshalb ist die Bemerkung von Nutzen, daß die genannte Forderung bezüglich $\{\mathfrak{a}^k(x)\}$ überflüssig ist, wenn für die verallgemeinerte Lösung $\mathfrak{v}$ das Integral $\int_0^t \|\mathfrak{v}\|^8_{H(\Omega)}\,dt$ endlich ist.

In den Mitteilungen von M. A. KRASNOSELSKI, S. G. KREIN und P. E. SOBOLEWSKI [55, 63] und [64] wird das Randwertproblem (1) als Spezialfall des Anfangswertproblems für die gewöhnliche Differentialgleichung im HILBERT-Raum

$$\frac{dv}{dt} = A\,v + g\,(t, v, B_1 v, \ldots, B_n v)\,, \qquad v(0) = v_0, \ldots, \tag{*}$$

betrachtet, wobei A ein linearer selbstadjungierter negativ-definiter Operator, g eine hinreichend glatte Funktion ihrer Argumente und $B_i = \frac{\partial}{\partial x_i}$ ist. Aus dem von ihnen bewiesenen bezüglich t lokalen Existenzsatz für die Lösung des Problems (*) folgern sie die bezüglich t lokale Lösbarkeit des hydrodynamischen Problems in einer gewissen Klasse.

LIONS [65] hat für die Lösung $\mathfrak{v}(x, t)$ des Randwertproblems (1) folgende a priori Abschätzung angegeben:

$$\int_{-\infty}^{\infty} (1 + |\tau|^{\gamma}) \left\| \int_0^{\infty} \mathfrak{v}(x,t)\, e^{i\tau t}\, dt \right\|^2_{\mathfrak{L}_2(\Omega)} d\tau \leqq C\,(J + J^{3/2})\,^{1)},$$

wobei

$$J = \int_0^{\infty} \|\mathfrak{f}\|^2_{\mathfrak{L}_2(\Omega)}\, dt + \|\mathfrak{a}\|^2_{\mathfrak{L}_2(\Omega)}$$

und γ eine beliebige Zahl aus dem Intervall $\left(0, \frac{1}{4}\right)$ ist.

Nachdem dieses Buch geschrieben war, erscheinen drei Arbeiten, die im Zusammenhang mit [38] stehen und der Untersuchung des instationären Problems (1) gewidmet sind. LIONS und PRODI [66] bewiesen einen Einzigkeitssatz für die HOPFsche schwache Lösung im zweidimensionalen Fall. PRODI [67] gibt einen etwas anderen Beweis desselben Satzes und beweist einige Einzigkeitssätze für schwache Lösungen im dreidimensionalen Fall unter zusätzlichen Beschränkt-

---

[1]) Vgl. Fußnote, Seite 10. — Anm. d. Red.

heitsvoraussetzungen für gewisse Integrale. Auf den Seiten 137–138 wurde das kurz dargestellt.

In [68] setzt P. E. Sobolewski seine oben erwähnten Untersuchungen des Problems (1) mit Hilfe der Differentialgleichung (*) fort. Er beweist einen lokalen Existenzsatz für den dreidimensionalen Fall und einen (nicht lokalen) Existenzsatz im Zweidimensionalen für andere Funktionenklassen und unter etwas anderen Voraussetzungen bezüglich $\mathfrak{f}$ und $\mathfrak{a}$ als in den zitierten Arbeiten und meinen vorangegangenen Untersuchungen. Außerdem macht er Aussagen über die Stabilität der Lösungen des Problems (1) im unendlichen Zeitintervall. Sie haben mit den in [38] und § 5, Kap. VI angegebenen Ähnlichkeit.

ANHANG

Als das vorliegende Buch 1960 in der Redaktion war, erschienen weitere Arbeiten über das instationäre Randwertproblem.

In bezug auf die Hauptfrage, ob das allgemeine instationäre Problem für alle $t \geqq 0$ eindeutig lösbar ist, hat sich nichts geändert. Diese Frage bleibt weiterhin offen.

OHYAMA [69] bewies, daß die in [39] konstruierte verallgemeinerte Lösung $\mathfrak{v}$ des Randwertproblems (1) in Q_T die stetigen Ableitungen $\mathfrak{v}_t$ und $\mathfrak{v}_{x_i x_j}$ besitzt, wenn $\mathfrak{f}$ bezüglich (x, t) H-stetig ist. Er stellt ähnliche Überlegungen an, wie wir sie bei der Untersuchung der Differenzierbarkeitseigenschaften verallgemeinerter Lösungen verwendet haben.

W. I. JUDOWITSCH [70] hat gezeigt, daß die allgemeinen NAVIER-STOKESschen Gleichungen bei zeitlich periodischer äußerer Kraft $\mathfrak{f}$ mindestens eine Lösung mit derselben Periode wie $\mathfrak{f}$ besitzen. Zur Ermittlung periodischer Lösungen wird ein Näherungsverfahren vorgeschlagen. Außerdem gibt JUDOWITSCH Eigenschaften des Operators $\frac{\partial}{\partial t} - \tilde{\Delta}$ in $\mathfrak{L}_r(Q_T)$ $(r \geqq 1)$ an und sagt, daß die HOPFsche schwache Lösung $\mathfrak{v}$ die Ableitungen $\mathfrak{v}_t$ und $\mathfrak{v}_{x_i x_j}$ besitzt, die mit dem Exponenten 5/4 über Q_T summierbar sind. JUDOWITSCH sagt nicht, auf welchem Weg er diese Ergebnisse erzielt hat (vgl. Kap. IV, §§ 2 und 5 und Kap. VI, § 4).

P. E. SOBOLEWSKI [71] konnte seine Ergebnisse bezüglich der Differenzierbarkeitseigenschaften verallgemeinerter Lösungen des Randwertproblems (1) mit Hilfe des Anfangswertproblems (*) weiter verbessern. Das wichtigste Resultat ist folgendes: Ist die Kraft $\mathfrak{f}$ bezüglich (x, t) H-stetig mit einem Exponenten $\gamma > \frac{3}{4}$, so existiert in einem kleinen Zeitintervall eine Lösung $\mathfrak{v}$, die für $t > 0$ eine klassische Lösung ist. Die Voraussetzungen über $\mathfrak{a}$ und andere Ergebnisse zur Lösbarkeit des Problems (1) in verschiedenen Klassen führen wir hier nicht an, da die Formulierungen recht umfangreich sind. Seine Erläuterungen zum Beweis der beiden ersten Sätze über das lineare stationäre Problem rufen gewisse Zweifel hervor. Diese Sätze wendet der Autor entscheidend bei der Untersuchung des instationären Problems an. Die Behauptungen selbst sind richtig. Diese und andere Sätze wurden von W. A. SOLONNIKOW [62] bewiesen und in Kap. III, § 5, dargestellt.

In den Artikeln von PRODI [72] und LIONS [73] werden vor allem die Eigenschaften der HOPFschen Lösungen untersucht (in [72] für den zwei- und in [73] für den dreidimensionalen Fall). Von einer schwachen Lösung $\mathfrak{v}(x, t)$ des Randwertproblems (1) wird gefordert, daß im zweidimensionalen Fall die Integrale

$\int\limits_{\Omega} [\mathfrak{v}(x, t)]^2 dx$ und $\int\limits_0^T \int\limits_{\Omega} \sum\limits_i \mathfrak{v}_{x_i}^2 \, dx\, dt$ und im dreidimensionalen Fall die Integrale

$\int\limits_{\Omega} \sum\limits_i [v_i(x,t)]^4 dx$ und $\int\limits_0^T \int\limits_{\Omega} \sum\limits_i \mathfrak{v}_{x_i}^2 \, dx\, dt$ beschränkt sind, und sie die Identität

$$\int\limits_0^T \int\limits_{\Omega} (-\mathfrak{v}\, \vec{\Phi}_t + \nu\, \mathfrak{v}_{x_i} \vec{\Phi}_{x_i} + v_k\, \mathfrak{v}_{x_k} \vec{\Phi} - \mathfrak{f}\, \vec{\Phi})\, dx\, dt - \int\limits_{\Omega} \mathfrak{a}\, \vec{\Phi}(x, 0)\, dx = 0$$

für alle hinreichend glatten[1]) quellenfreien Vektorfelder $\vec{\Phi}(x, t)$, die auf S und für $t = T$ verschwinden, erfüllen. Für diese Lösung $\mathfrak{v}$ wird bewiesen, daß sie bezüglich der Norm von $\mathfrak{L}_2(\Omega)$ stetig von t abhängt und der Beziehung

$$\frac{1}{2} \|v(x, t)\|^2 + \nu \int\limits_0^t \int\limits_{\Omega} \sum_{i,j} v_{i x_j}^2 \, dx\, dt \leqq \frac{1}{2} \|\mathfrak{v}(x, 0)\|^2 + \left| \int\limits_0^t \int\limits_{\Omega} \mathfrak{f}\, \mathfrak{v}\, dx\, dt \right| \leqq \text{const} \qquad (*)$$

sowie einer Integralidentität der Form (53), § 6, Kap. VI genügt. Wir bemerken, daß es vom Standpunkt des Hauptproblems — eindeutige Lösbarkeit des Problems (1) — wünschenswert ist, für alle $t \geqq 0$ die Lösung mit den „besten" Differenzierbarkeitseigenschaften zu konstruieren. Deshalb haben wir bei der Darlegung der HOPFschen Ergebnisse in Kap. VI, § 6 nicht nur das angeführt, was HOPF in seinem Existenzsatz formuliert hat, sondern auch das, was man aus seiner Arbeit über die Eigenschaften der Lösung herleiten kann. Auch diese Eigenschaften (sie ähneln den in [72] und [73] ermittelten) haben wir der Definition der HOPFschen schwachen Lösung zugrunde gelegt.

In [72, 73] wird für den zweidimensionalen Fall die Existenz mindestens einer zeitlich periodischen Lösung der NAVIER-STOKESschen Gleichungen bei periodischer Kraft $\mathfrak{f}$ bewiesen. Der Beweis beruht auf zwei Tatsachen.

1. Die Normen der möglichen Lösungen $\mathfrak{v}$ des Problems (1) in $\mathfrak{L}_2(\Omega)$ sind bei fester periodischer Kraft $\mathfrak{f}$ zu jedem Zeitpunkt $t \geqq 0$ nicht größer als eine Zahl R, wenn sie für $t = 0$ nicht größer als R sind und R hinreichend groß gewählt wird. Das bedeutet, daß die Transformation $\mathfrak{M}_t\, \{\mathfrak{v}(x, 0) \to \mathfrak{v}(x, t)\}$ die Kugel $K_R\, \{\|\mathfrak{v}\|_{\mathfrak{L}_2(\Omega)} \leqq R\}$ auf sich abbildet (das läßt sich leicht aus der Beziehung (*) herleiten).

2. Die Abbildung $\mathfrak{M}_t$ ist in der schwachen Topologie von $\mathfrak{L}_2(\Omega)$ stetig. Der Beweis für die letzte Behauptung ist nicht einfach.

In der oben angegebenen Arbeit [70] wurde die Existenz der periodischen Lösung recht einfach bewiesen, und zwar wurde davon ausgegangen, daß die Kugel mit dem gleichen Radius R für alle GALERKINschen Näherungen $\mathfrak{v}_n$, $n = 1, 2, \ldots$, auf sich abgebildet wird. Da die Räume, in denen die $\mathfrak{v}_n$ enthalten sind,

[1]) Vgl. Fußnote 3), Seite 14. — Anm. d. Red.

endlich dimensional sind, folgt hieraus, daß bei jedem Schritt des GALERKINschen Verfahrens mindestens eine periodische Lösung $\mathfrak{v}_n^*$ existiert. Wegen der für $\mathfrak{v}_n^*$ in $n = 1, 2, \ldots$ gleichmäßigen energetischen Abschätzung existiert eine Grenzfunktion $\mathfrak{v}$, die die gesuchte periodische Lösung ist.

J. SERRIN gab a priori Abschätzungen der Ableitungen $D_t^N \mathfrak{v}$ für Lösungen des zweidimensionalen Problems bei $\mathfrak{f} \equiv 0$. Er hat bewiesen, daß 1. die Normen $|D_t^N \mathfrak{v}|_{C_{n,h}(\Omega)'}$ $(\Omega' \subset \Omega, N \geqq 0)$ für $t \geqq \varepsilon > 0$ beschränkt sind, wenn für $t = 0$ die Integrale

$$\int_\Omega (D_t^k \mathfrak{v})^2 \, dx\,, \qquad k = 1, 2, \ldots, N + 2\,,$$

oder die Normen $|\mathfrak{v}(x, 0)|_{C_{2N+4}(\Omega)}$ beschränkt sind und 2. die Normen $|D_t^N \mathfrak{v}|_{C_{1,h}(\Omega)}$ für $0 \leqq t < \infty$ gleichmäßig beschränkt sind, wenn $|\mathfrak{v}(x, 0)|_{C_{2N+4}(\Omega)}$ beschränkt ist.

Bei der Korrektur bin ich auf eine Arbeit von R. FINN (Arch. Rat. Mech. and Anal. 3, Nr. 5 (1959) 381—396) und auf die soeben erschienene Arbeit von I. I. WOROWITSCH und W. I. JUDOWITSCH (Matem. sborn. 53 (95), No. 4 (1961) 393 bis 427) gestoßen. In der ersten wurden Satz 8, § 5, Kap. V, bewiesen und einige Ergebnisse über das asymptotische Verhalten der Lösungen dreidimensionaler Probleme für $|x| \to \infty$ gewonnen. Die zweite Arbeit ist eine neue, verbesserte Fassung des Artikels und wurde im September 1960 an die Zeitschrift eingereicht. Sie beschäftigt sich mit der Existenz verallgemeinerter Lösungen in beschränkten Gebieten. Die Ergebnisse entsprechen den in § 2 der Arbeit [61] enthaltenen. Weitere Ergebnisse betreffen die Differenzierbarkeitseigenschaften verallgemeinerter Lösungen und entsprechen denen in [62]. Die Methoden unterscheiden sich von den in [62] angewendeten, die auch in Kap. III, § 5, dargelegt wurden.

Der Arbeit von WOROWITSCH und JUDOIWTSCH gingen die Untersuchungen WOROWITSCHs über verallgemeinerte Lösungen voraus. Für das stationäre Problem im beschränkten Gebiet mit homogenen Randbedingungen hat WOROWITSCH 1957 (unabhängig von mir und gleichzeitig) wie das in Kap. V, § 1, dargelegt wurde, die Lösbarkeit im großen bewiesen.

LITERATURVERZEICHNIS

[1] Birkhoff, G., Hydrodynamics, a study in logic, fact and similitude. Princeton University Press 1950.

[2] Ladyshenskaja, O. A. — Ладыженская, О. А., Смешанная задача для гиперболического уравнения. Гостехиздат, 1953. (Das gemischte Problem für hyperbolische Differentialgleichungen. Gostechisdat 1953).

[3] Courant, R., und Hilbert, D., Methoden der mathematischen Physik, Band II. Springer-Verlag, Berlin 1937.

[4] Friedrichs, K. O., Spektraltheorie halbbeschränkter Operatoren und Anwendung auf die Spektralzerlegung von Differentialoperatoren. Math. Ann. **109**, H. 4 (1934).

[5] Sobolew, S. L. — Соболев, С. Л., Problème limite fondamental pour les équations polyharmonique dans un domain au contour dégénéré. ДАН СССР **3** (1936) 311—314. (Doklady **3** (1936) 311—314.)

[6] Sobolew, S. L., Einige Anwendungen der Funktionalanalysis in der mathematischen Physik. Akademie-Verlag, Berlin 1964. (Übers. aus dem Russ.)

[7] Sobolew, S. L. — Соболев, С. Л., Méthode nouvelle á résoudre le problème Cauchy pour les équations lineaires hyperboliques normales. Матем. сборник **1** (1936) 39—72. (Matem. sbornik **1** (1936) 39—72.)

[8]—[10] Sobolew, S. L. — Соболев, С. Л., О почти периодичности решений волнового уравнения. ДАН СССР **48** (1945) 570—573, 646—648; **49** (1945) 12—15).
(Über fastperiodische Lösungen der Wellengleichung. Doklady **48** (1945) 570 bis 573, 646—684; **49** (1945) 12—15.)

[11] Leray, J., Étude de diverses équations, integrales non lineaire et de quelques problèmes que pose l'Hydrodynamique. J. Math. pures et appl., S. IX, **12** (1933) 1—82.

[12] Leray, J., Essai sur le mouvements plans d'un liquide visqueux que limitent des parois. J. Math. pures et appl., S. IX, **13** (1934) 331—418.

[13] Leray, J., Sur le mouvement d'un liquide visqueux emplissant l'espace. Acta Math. **63** (1934) 193—248.

[14] Hopf, E., Über die Anfangswertaufgabe für die hydrodynamischen Grundgleichungen. Math. Nachr. **4** (1950—1951) 213—231.

[15] Odqvist, F. K. G., Über die Randwertaufgaben der Hydrodynamik zäher Flüssigkeiten. Math. Z. **32** (1930) 329—375.

[16] Smirnow, W. I., Lehrgang der höheren Mathematik, Teil V. VEB Deutscher Verlag der Wissenschaften, Berlin 1962. (Übers. aus dem Russ.)

[17] Ladyshenskaja, O. A. — Ладыженская, О. А., Простое доказательство разрешимости основных краевых задач и задачи о собственных значениях для линейных эллиптических уравнений. Вестник ЛГУ **11** (1955) 23—29. (Einfacher Beweis für die Lösbarkeit der Hauptrandwertprobleme und des Eigenwertproblems für lineare elliptische Differentialgleichungen. Westnik LGU **11** (1955) 23—29.)

[18] Günter, N. M., Die Potentialtheorie und ihre Anwendung auf Grundaufgaben der mathematischen Physik. Teubner Verlagsgesellschaft, Leipzig 1957. (Übers. aus dem Russ.)

[19] Miranda, C. — Миранда, К., Уравнения с частными производными эллиптического типа. ИЛ, 1957. Original: Miranda, C., Equazioni alle derivate parziali di tipo ellitico. Springer-Verlag, Berlin/Göttingen/Heidelberg 1955.

[20] Aronszajn, N., Boundary Values of Functions with Finite Dirichlet Integral. Conference on Partial Differential Equations. Studies in Eigenvalue Problems, N 14, Univ. of Kansas 1955.

[21] Babitsch, W. M., und Slobodezki, L. N. — Бабич, В. М., и Слободецкий, Л. Н., Об ограниченности интеграла Дирихле. ДАН СССР **106** (1956) 604—606.
(Über die Beschränktheit des Dirichletschen Integrals. Doklady **106** (1956) 604—606).

[22] Slobodezki, L. N. — Слободецкий, Л. Н., Обобщенные пространства С. Л. Соболева и их приложение к краевым задачам для дифференциальных уравнений в частных производных. Уч. зап. Ленингр. гос. пед. института им. А. И. Герцена **197** (1958) 54—112.
(Verallgemeinerte Sobolewräume und ihre Anwendung auf Randwertprobleme partieller Differentialgleichungen. Wissenschaftliche Mitteilungen des Leningrader Staatlichen Pädagogischen Herzeninstituts **197** (1958) 54—112.

[23] Leray, J., et Schauder, J., Topologie et équations fonctionalles. Ann. scient. Ecole norm. super. **13** (1934) 45—78.

[24] Michlin, S. G. — Михлин, С. Г., Интегрирование уравнения Пуассона в бесконечной области. ДАН СССР **91** (1953) 1015—1017.
(Integration der Poissonschen Differentialgleichung in unendlichen Gebieten. Doklady **91** (1953) 1015—1017.)

[25] Schwartz, L., Théorie des distributions, t. I/II. Hermann, Paris 1950/1951.

[26] Gelfand, I. M., und Schilow, G. E., Verallgemeinerte Funktionen (Distributionen)
Teil I: Verallgemeinerte Funktionen und das Rechnen mit ihnen. VEB Deutscher Verlag der Wissenschaften, Berlin 1960. (Übers. aus dem Russ.)
Teil II: Lineare topologische Räume. Räume von Grundfunktionen und verallgemeinerten Funktionen. VEB Deutscher Verlag der Wissenschaften, Berlin 1962. (Übers. aus dem Russ.)

[27] Rusanow, B. W. — Русанов, Б. В., Медленное неустановившееся обтекание кругового цилиндра вязкой жидкостью. ДАН СССР **89** (1953) 983—986; Вестник ЛГУ **2** (1955) 81—106.
(Instationäre schleichende Umströmung des Kreiszylinders durch eine zähe Flüssigkeit. Doklady **89** (1953) 983—986; Westnik LGU **2** (1955) 81—106.)

[28] Finn, R., and Noll, W., On the Uniqueness and Non-Existence of Stokes Flows. Arch. Rat. Mech. Analys. **1** (1957/58) 97—106).

[29] Michlin, S. G. — Михлин, С. Г., Проблема минимума квадратичного функционала. Гостехиздат, 1952.
(Minimumprobleme quadratischer Funktionale. Gostechisdat, 1952).

[30] Glasman, I. M. — Глазман, И. М., О применении метода расщепления к многомерным сингулярным краевым задачам. Матем. сб. **35**, в. 2 (1954) 231—246.
(Über die Anwendung der Zerlegungsmethode auf mehrdimensionale singuläre Randwertaufgaben. Matem. sbornik **35**, H. 2 (1954) 231—246.)

[31] Ladyshenskaja, O. A. — Ладыженская, О. А., О разрешимости основных краевых задач для уравнений параболического и гиперболического типов. ДАН СССР **97** (1954) 395—398.
(Über die Lösbarkeit der Hauptrandwertaufgaben für parabolische und hyperbolische Differentialgleichungen. Doklady **97** (1954) 395—398.)

[32] Ladyshenskaja, O. A. — Ладыженская, О. А., О решении нестационарных операторных уравнений, ДАН СССР **102** (1955) 207—210; Матем. сб. **39** (81) (1956) 491—524.
(Über die Lösung von instationären Operatorgleichungen. Doklady **102** (1955) 207 bis 210; Matem. sbornik **39** (81) (1956) 491—524.)

[33] Kiseljow, A. A. — Киселев, А. А., Решение линеаризованных уравнений нестационарного течения вязкой несжимаемой жидкости в ограниченной области. ДАН СССР **101** (1955) 43—46.
(Lösungen der instationären Stokesschen Gleichungen in beschränkten Gebieten. Doklady **101** (1955) 43—46.)

[34] Marcinkiewicz, J., Sur les multiplicateurs des séries de Fourier. Studia Math. 8 (1939) 78—91.

[35] Michlin, S. G. — Михлин, С. Г., Интегралы фурье и кратные сингулярные интегралы. Вестник ЛГУ, сер. матем., механики и астрономии, **7** (1957) 143—155.
(Fourier-Integrale und mehrfach singuläre Integrale. Westnik LGU, ser. matem., mech. i astr., **7** (1957) 143—155.)

[36] Nikolski, S. M. — Никольский, С. М., Неравенства для целых функций конечной степени и их применение в теории дифференцируемых функций многих переменных. Труды матем. ин-та им. В. А. Стеклова АН СССР **38** (1951) 244—278 и дальнейшие работы.
(Ungleichungen für ganze Funktionen endlicher Ordnung und ihre Anwendung in der Theorie der differenzierbaren Funktionen mehrerer Veränderlicher. Arbeiten aus dem Steklow-Institut **38** (1951) 244—278 und weitere Arbeiten.)

[37] Kotschin, N. J., Kibel, I. A., Rose, N. W., Theoretische Hydromechanik, Band 2. Akademie-Verlag, Berlin 1954. (Übers. aus dem Russ.)

[38] Ladyshenskaja, O. A. — Ладыженская, О. А., Решение „в целом" краевой задачи для уравнений Навье-Стокса в случае двух пространственных переменных. ДАН СССР **123** (1958) 427—429.
(Lösung des Randwertproblems für die Navier-Stokesschen Gleichungen im unendlichen Zeitintervall für zwei räumliche Veränderliche. Doklady **123** (1958) 427—429; Comm. Pure Appl. Math. **12** (1959) 427—433.)

[39] Kiseljow, A. A., und Ladyshenskaja, O. A. — Киселев, А. А., и Ладыженская, О. А., О существовании и единственности решения нестационарной задачи для вязкой несжимаемой жидкости. Изв. АН СССР, сер. матем., **21** (1957) 655—680.
(Über Existenz und Eindeutigkeit der Lösung eines instationären Problems für zähe inkompressible Flüssigkeiten. Iswestija Akad. Nauk, ser. matem. **21** (1957) 655—680.)

[40] Ladyshenskaja, O. A. — Ладыженская, О. А., О нестационарных уравнениях Навье-Стокса. Вестник ЛГУ, сер. матем., механики и астрономии, **19** (1958) 9—18.
(Über die instationären Navier-Stokesschen Gleichungen. Westnik LGU, ser. matem., mech. i. astr. **19** (1958) 9—18.)

[41] Ladyshenskaja, O. A. — Ладыженская, О. А., О методе фурье для волнового уравнения. ДАН СССР **75** (1950) 765—768.
(Über die Fouriersche Methode für die Wellengleichung. Doklady **75** (1950) 765—768.)

[42] Ladyshenskaja, O. A. — Ладыженская, О. А., О замыканий эллиптического оператора ДАН СССР **79** (1951) 723—725.
(Über die Abschließung elliptischer Differentialoperatoren. Doklady **79** (1951) 723 bis 725.)

[43] Caccioppoli, R., Limitazioni integrali per le soluzioni di un'equazione lineare ellittica a derivate parziali. Ciorn. Mat. Battaglini **80** (1950/51) 186—212.

[44] Bernstein, S. N. — Бернштейн, С. Н., О некоторых априорных оценках в обобщенной задаче Дирихле. ДАН СССР **124** (1959) 735—738.
(Über einige a priori Abschätzungen beim verallgemeinerten Dirichletschen Problem. Doklady **124** (1959) 735–738.)

[45] Bernstein, S. N., Sur la généralisation du problème de Dirichlet (deuxième partie). Math. Ann **69** (1910) 82–136.

[46] Weyl, H., The Method of Orthogonal Projection in Potential Theory. Duke Math. J. **7** (1940) 411–444.

[47] Friedrichs, K. O., Differential Forms on Riemannian Manifolds. Comm. Pure Appl. Math. **8** (1955) 551–590.

[48] Bychowski, E. B. und Smirnow, N. W. — Быховский, Э. Б., и Смирнов Н. В., Об ортогональных разложениях пространства вектор-функций, квадратично суммируемых по заданной облатти. Труды Матем. ин-та им. В. А. Стеклова АН СССР **59** (1960) 6—36.
(Über orthogonale Zerlegungen eines Raumes von Vektorfeldern, die über ein vorgegebenes Gebiet quadratisch summierbar sind. Arbeiten aus dem Steklow-Institut **59** (1960) 6–36.)

[49] Krein, S. G. — Крейн, С. Г., О функциональных свойствах операторов векторного анализа и гидродинамики. ДАН СССР **93** (1953) 969—972.
(Über Funktionaleigenschaften von Operatoren der Vektoranalysis und der Hydrodynamik. Doklady **93** (1953) 969–972.)

[50] Friedrichs, K. O., On the Differentiability of the Solutions of Linear Elliptic Differential Equations. Comm. Pure Appl. Math. **6** (1953) 299–326.

[51] Worowitsch, I. I., und Judowitsch, W. I. — Ворович, И. И., и. Юдович, В. И., Стационарное течение вазкой жидкости. ДАН СССР **124** (1959) 542—545.
(Stationäre Strömungen zäher Flüssigkeiten. Doklady **124** (1959) 542–545.)

[52] Ladyshenskaja, O. A. — Ладыженская, О. А., Стационарное движение вязкой несжимаемой жидкости в трубе. ДАН СССР **124** (1959) 551—553.
(Stationäre Rohrströmung einer zähen inkompressiblen Flüssigkeit. Doklady **124** (1959) 551–553.)

[53] Golowkin, K. K. — Головкин, К. К., О плоском движении вязкой жидкости. Труды Матем. ин-та им. В. А. Стеклова АН СССР **59** (1960) 37—86.
(Über ebene Strömungen zäher Flüssigkeiten. Arbeiten aus dem Steklow-Institut **59** (1960) 37–86.)

[54] Golowkin, K. K., und Ladyshenskaja, O. A. — Головкин, К. К., и Ладыженская, О. А., О решениях нестационарной краевой задачи для уравнений Навье-Стокса. Труды Матем. ин-та им. В. А. Стеклова АН СССР **59** (1960) 100—114.
(Über Lösungen des Randwertproblems für die instationären Navier-Stokesschen Gleichungen. Arbeiten aus dem Steklow-Institut **59** (1960) 100–114.)

[55] Krein, S. G. — Крейн, С. Г., Дифференциальные уравнения в банаховом пространстве и их приложения к гидромеханике. Успехи матем. наук **12**, в. 1 (1957) 208—211.
(Differentialgleichungen in Banachschen Räumen und ihre Anwendung auf die Hydromechanik. Uspechi matem. nauk **12**, H. 1 (1957) 208–211.)

[56] Golowkin, K. K. — Головкин, К. К., О теории потенциала для нестационарных линейных уравнений Навье-Стокса в случае трех пространственных переменных. Труды Матем. ин-та им. В. А. Стеклова АН СССР **59** (1960) 87—99.
(Über die Potentialtheorie für die instationären Stokesschen Gleichungen im dreidimensionalen Fall. Arbeiten aus dem Steklow-Institut **59** (1960) 87–99.)

[57] KATO, T., Growth Properties of Solutions of the Reduced Wave Equation With a Variable Coefficient. Comm. Pure Appl. Math. **12** (1959) 403–425.

[58] LAX, P., On Chauchy's Problem for Hyperbolic Equations and the Differentiability of Solutions of Elliptic Equations. Comm. Pure Appl. Math. 8 (1955) 615–633.

[59] WISCHIK, M. I., und SOBOLEW, S. L. – Вишик, М. И., и Соболев, С. Л., Общая постановка некоторых краевых задач для эллиптических дифференциальных уравнений в частных производных. ДАН СССР **111** (1956) 521—523.
(Allgemeine Formulierung einiger Randwertprobleme für elliptische Differentialgleichungen. Doklady **111** (1956) 521–523.)

[60] LADYSHENSKAJA, O. A. – Ладыженская, О. А., Об интегральных оценках и сходимости приближенных методов для линейных эллиптических операторов. Вестник ЛГУ **7** (1958) 60—69.
(Über Integralabschätzungen und Konvergenz von Näherungsmethoden für lineare elliptische Differentialoperatoren. Westnik LGU **7** (1958) 60–69.)

[61] LADYSHENSKAJA, O. A. – Ладыженская, О. А., Исследование уравнений Навье-Стокса в случае стационарного движения несжимаемой жидкости. Успехи матем. Наук **14** (1959) 75—97.
(Untersuchungen der Navier-Stokesschen Gleichungen für stationäre Strömungen inkompressibler Flüssigkeiten. Uspechi matem. nauk **14** (1959) 75–97.)

[62] SOLONNIKOW, W. A. – Солонников, В. А., Об оценках тензора Грина для некоторых краевых задач. ДАН СССР **130** (1960) 988—991.
(Über Abschätzungen des Greenschen Tensors für einige Randwertprobleme. Doklady **130** (1960) 988–991.)

[63] KRASNOSELSKI, M. A., KREIN, S. G., und SOBOLEWSKI, P. E. – Красносельский, М. А., Крейн, С. Г., и Соболевский, П. Е., О дифференциальных уравнениях с неограниченными операторами в гильбертовом пространстве. ДАН СССР **112** (1957) 990—993.
(Über unbeschränkte Differentialoperatoren im Hilbertraum. Doklady **112** (1957) 990–993).

[64] KRASNOSELSKI, M. A. und KREIN, S. G. – Красносельский, М. А. и Крейн, С. Г., О дифференциальных уравнениях в банаховом пространстве. Труды 3-го Матем. съезда **3** (1958) 73.
(Über Differentialgleichungen in Banachschen Räumen. Trudy 3. matem. sjesda **3** (1958) 73.)

[65] LIONS, J. L., Sur l'existence de solutions des équations de Navier-Stokes. Comptes Rend. Paris **248** (1959) 2847–2849.

[66] LIONS, J. L., et PRODI, G., Un théorème d'existence et unicité dans les équations de Navier-Stokes en dimension 2. Comptes Rend. Paris **248** (1959) 3519–3521.

[67] PRODI, G., Un teorema di unicità per le equazioni di Navier-Stokes. Ann. Matem. pura et appl. **48** (1959) 173–182.

[68] SOBOLEWSKI, P. E. – Соболевский, П. Е., О нестационарных уравнениях гидродинамики вязкой жидкости. ДАН СССР **128** (1959) 45—48.
(Über die instationären Differentialgleichungen der Hydrodynamik zäher Flüssigkeiten. Doklady **128** (1959) 45–48.)

[69] OHYAMA, T., Interior Regularity of Weak Solutions of the Time-Dependent Navier-Stokes Equations. Proc. Japan Acad. **36** (1960) 273–277.

[70] JUDOWITSCH, W. I. – Юдович, В. И., Периодические движения вязкой несжимаемой жидкости. ДАН СССР **130** (1960) 1214—1217.
(Periodische Bewegungen einer zähen inkompressiblen Flüssigkeit. Doklady **130** (1960) 1214–1217.)

[71] SOBOLEWSKI, P. E. – Соболевский, П. Е., О гладкости обобщенных решений уравнений Навье-Стокса ДАН СССР **131** (1960) 758–760.

(Über Differenzierbarkeitseigenschaften verallgemeinerter Lösungen der Navier-Stokesschen Gleichungen. Doklady **131** (1960) 758–760.

[72] Prodi, G., Qualche risultato reguardo alle equazioni di Navier-Stokes nel caso bidimensionale. Rendiconti Sem. Matem. Padova **30** (1960) 1–15.

[73] Lions, J. L., Sur la regularité et l'unicité des solutions turbulentes des équations de Navier-Stokes. Rendiconti Sem. Matem. Padova **30** (1960) 16–23.

[74] Finn, R., On the steady-state solutions of the Navier-Stokes equations, III. Acta Math. **105** (1961) 197–244.

[75] Futa, H., On the existence and regularity of the steady-state solutions of the Navier-Stokes equations. J. Fac. Sci. Univ. Tokyo **9** (1961) 59–102.

[76] Hopf, E., Ein allgemeiner Endlichkeitssatz der Hydrodynamik. Math. Ann. **117** (1940/41) 764–775.

[77] Gusewa, O. W. – Гусева, О. В., О нестационарной краевой задаче гидродинамики всякой несжимаемой жидкости. Вестник ЛГУ, сер. матем., механики и астрономии, **19**, в. 4 (1961) 122—137.
(Über eine instationäre Randwertaufgabe in der Hydrodynamik zäher inkompressibler Flüssigkeiten. Westnik LGU **19**, H. 4 (1961) 122–137.)

FSC
www.fsc.org
MIX
Papier | Fördert
gute Waldnutzung
FSC® C083411

Kolibri 360 GmbH
Ferdinand-Jühlke-Straße 7
99095 Erfurt, Deutschland
produktsicherheit@kolibri360.de